简明自然科学向导丛书

走进能源王国

主编 程 林

山东科学技术出版社

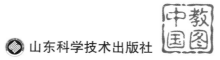

主　编　程　林

副主编　栾　涛　张树生　宋继伟

前言

　　物质、能量和信息是客观世界的三大基础。从科学史观的角度看，世界是由物质构成的，而能量是一切物质保持运动状态的动力，是物质的属性；信息则是客观事物和主观认识相结合的产物。如果没有信息，物质和能量也就不能被人们所认识，也将毫无可用之处了。

　　宇宙间一切运动着的物体或现象都是伴随有能量的存在而转化的，人类的一切活动都与某种形式的能量及其转化紧密相关。能源，顾名思义就是能量的源泉。

　　回顾人类文明发展的历史，可以明显地看出，能源和人类社会发展之间存在着密切的关系，每一次能源形式的更迭都大大促进了人类社会的发展。当人类对能源的利用处于"薪柴时期"时，社会发展迟缓，生产和生活水平极低；当煤炭等矿物能源取代薪柴作为主要能源时，人类便进入了"煤炭时期"；而蒸汽机的出现，促进了产业革命的发生与发展，随着电力渗透到各行各业，社会生产力便有了大幅度的增长，人类的生活水平和文化水平也随之有了极大的提高。20世纪50年代，石油和天然气逐渐走上了历史舞台，超越了煤炭而成为人类的主要能源，人类在能源利用上进入了"石油时期"。汽车、飞机、内燃机车和远洋客货轮的迅猛发展，不但极大地缩短了地区和国家之间发展的差距，也大大促进了世界经济的繁荣。

　　然而，在物质文明空前发展的同时，人类也面临着常规能源的过度开采以及给环境带来的污染等危害。此时，以清洁能源和可再生能源等概念为特点的新能源应时代发展的要求而诞生，带有很强的时代气息。其中，可持续发展的思想在1992年联合国环境与发展会议上第一次提出，新一轮的能源发展浪潮滚滚而来。

　　与此同时，在新能源不断发展的今天，"节能"作为21世纪最具潜力的"特殊能源"正逐渐发展起来，并展现出骄人的魅力。

编　者

目录
CONTENTS

简明自然科学向导丛书
走进能源王国

三、新能源

四、二次能源

五、节能

一、能源概述

能源

火车为什么能承载着乘客奔向目的地？电灯为什么能给黑暗带来光明？人为什么能跑、能跳做出各种运动……这是因为他们"获得"了能量。太阳能"泽被苍生，普照大地"，秋风能"卷我屋上三重茅"，黄河能"奔流到海不复回"，这也是因为它们具有能量。能量是物质运动的源泉。世界上所有的物质随时随地都在发生着运动和变化，具有某种形式的能量就是物质运动和变化的原因。

能量的形式多种多样，如热能、机械能、电能、原子能等。所谓热能，顾名思义就是涉及物质的冷与热的能量，也可以说是与温度有关的能量；人们在日常生活和生产过程中使用的各种电器之所以能够良好地运转，一个重要的保证就是电能；地球上的生物或各种人造器物等能够运动或保持某种运动，是因为它们具有机械能的缘故。能量可以在物质之间传递和转换。例如，蒸汽机火车，就是燃料燃烧时产生的热能转变成为可以推动火车运动的机械能，使火车跑了起来；又如，水力发电站发电，是利用河水运动具有的机械能通过发电机组转化成为电能的过程。

什么是能源呢？简单地说，就是各种形式能量的源泉，即蕴含各种形式能量的资源。具体地说，能源就是能提供某种形式能量的物质或物质的运动。从广义而言，任何物质和物质的运动都可以转化为某种形式的能量，但是转化的数量及转化的难易程度差异是极大的。通常，我们把比较集中而又较易转化的含能物质或宏观运动过程，称为能源。

能源是带有时代性的一个概念，不同时期，能源的范畴是不同的。随着科学技术的进步，人类对物质性质及能量转化方法的认识也在不断深化，对能源的界定也在不断变化。今天看来还是普通的事物，明天就有可能变为炙手可热的能源，今天的能源明天可能变得毫无价值。例如，核电站发电的原料——铀矿石，在古代不过是普通石头罢了，而在科技飞速发展的今天，铀矿石成为当代重要的新能源——核能的重要原料。

能源的分类

能源依据形成条件、使用性能、使用的技术状况等，有不同的分类方法。

能源按照形成的条件，可分为两大类：一类是自然界中天然形成存在的能源，如原煤、原油、植物秸秆、太阳能、风能、地热能、海洋能、潮汐能等，统称为一次能源，也叫做天然能源；另一类是由一次能源直接或间接转化而成的其他种类和形式的能源，如煤气、氢气、电力、汽油、焦炭、热水等，统称为二次能源，也叫做人工能源。

对于一次能源，根据它们是否能够再生（再生是一个时间的范畴，能够再生的能源通常是指在短时间内可以重复使用或能够不断形成的能源），可分为两类：一是可再生能源，是指能够重复产生的自然能源，如太阳能、风能、水能、海洋能、生物质能等，可以供给人类使用很长时期也不会枯竭；二是非再生能源，是指不能在短期内重复产生的天然能源，如原煤、石油、天然气等，这些能源的生成周期极长，往往需要数百万年之久，产生的速率远远跟不上人类对它们的开发速率，总有一天被人类耗尽。

能源按照使用性能，可分为燃料能源和非燃料能源两类。矿物燃料（如煤炭、石油、天然气等）、生物燃料（如木材、沼气等）以及核燃料（如铀、氘等）等属于燃料能源，除核燃料外，其他燃料都包含有化学能；在非燃料能源中，多数包含机械能，如风能、水能、潮汐能等，有些包含热能，如地热能、余热等。有些能源，如太阳能包含着巨大的电磁辐射能，有些能源还包含一定的电能等。

能源按照利用技术状况可分为常规能源和新能源两大类。常规能源通常是指在现阶段的科学技术条件下，人们已经能够广泛使用并且利用技术已经比较成熟的能源，如煤炭、石油、天然气等。而太阳能、风能、地热能等虽然被人们利用的时间比较早，但一直未能像上述矿物燃料那样得到广泛充分地利用，直到近年来，才开始引起人们的重视，把它们视为新能源；其他能源，如核能、海洋能等也在近几十年才逐渐受到人们的重视，而且利用技术等方面还有待于进一步提高和改善，所以统称为新能源。

所谓新能源是与常规能源相对而言的，它既具有时代特征，又具有地域特征，与一个国家或一个时期的科学发展状况有关。例如，煤炭在刚被发现、开采和利用的时候被人类称为新能源，现在煤炭显然属于常规能源；核能在很多发达国家已经广泛应用，属于常规能源，但对我国来说，目前则划归为新能源之列。

能源的利用形式

通过一定的方式，蕴藏在能源中的能量能够得以释放或转化，而被应用于人类的生产、生活等领域。人类生产、生活各个领域都需要能量，因此能源的利用形式呈现出多样性的特点。

在人们的日常生产、生活中，能源利用最普遍的形式是电能。电能属于二次能源，是一种高品质的能源，可以转化为热能、动能、化学能等多种形式的能源，几乎所有的行业领域都需要电能。电能易于控制，利用形式多样，使用方便。电能属于二次能源，不能直接从自然界获得，需要由其他能源转化，目前常用火力、水力、核能等形式发电产生电能。

人类对热能的利用技术是目前最成熟的能源利用技术之一，利用范围也非常普遍，在几乎所有的领域中，通过各种形式利用不同品质的热能。有来自太阳、地热等形式直接获取的能量，也有通过燃料能源获取的能量。此外，热能是目前在发电过程中用以转化为电能的主要能源形式。

从能源使用的角度看，人类直接使用最多的能源是电能和热能，也可以说，人类对其他能源利用的主要目的是使其转化为热能或电能。

对于矿物能源来说，如煤炭、石油、天然气、氢气等，利用方式主要是通过燃烧释放蕴含的化学能，进而生成热能或电能。近几年来出现了许多新技术，实现了化学能或电磁能转化为电能。如燃料电池技术、磁流体发电技术等都可以把燃料的化学能直接转化为电能，效率比把化学能转化为热能、再利用热能来发电要高得多。

对太阳能的利用主要有两种形式，即光热转换和光电转换。光热转换是先把太阳能转化为热能，然后再加以利用，如太阳能热水器、太阳灶等。光电转换是利用光伏电池，把太阳能直接转化为电能，效率比较高，但是目前光伏电池的成本较高，限制了它的应用。

水能和风能是人类很早以前就开始利用的能源，但仅限于舂米、磨面等小规模应用。在现代的技术条件下，对水能、风能的利用主要是水力发电和风力发电。

对核能的利用，目前主要是通过核裂变来供热和发电。未来的趋势是受控核聚变，它是一种资源丰富、清洁的新能源，将会成为人类社会未来最主要的能源形式之一，但是目前处于实验阶段。

能源利用手段及形式的发展是科技水平提高的重要标志。在当前全球面临能源危机的情况下，对能源利用形式要不断研究与开发，特别是立足"节能"的思路，研究开发出能源利用及转化设备等产品，是能源可持续发展的一条重要途径。

能量转化与能量守恒

通俗地讲，能量就是一定数量的能。在一定的条件下，不同种类的能量可以实现相互转化，而整个过程中能量的总量保持不变，这就是能量转化与能量守恒定律。

煤炭通过燃烧释放出热量，实现了化学能转化为热能；水力发电，实现了机械能转化为电能；核能发电，实现了核能转化为电能；太阳能制热，实现了太阳能转化为热能……事实上，人们在认识不同的能量形式转化现象的同时，也认识到能量转化是有条件的，或者说能量转化是有方向性的。

能量虽然可以从一种形式转化为另一种形式，从一个物体转移到另一个物体，但它既不能凭空创造，也不能凭空消失。在转化和转移过程中，能量的总量是保持不变的，因此称为热力学第一定律，即能量转化与能量守恒定律。能量转化与能量守恒定律是自然界中最普遍的规律，是19世纪发现的三大自然规律之一。在它被发现之前，曾有人想制造出不用输入就能不断向外输出能量的机器——永动机，能量转化与能量守恒定律从根本上说明了这样的永动机是不存在的。

正是由于不同形式能量之间可以转化的特点，使人们对能源的利用有了可能，同时也给有效利用能源带来极大的方便，为实现能源转化提供了极大的想象空间，一些使用方便、快捷的能源形式不断出现。例如，电能逐渐成为人们生产、生活中使用率最高的能源形式。随着电气化时代的发展，无论是人们的生产还是生活过程都变得极为便利，效率有了极大提高。

薪柴时期

人类对能源的认识和开发利用过程，经历了三个时期，即薪柴时期、煤炭时期和石油时期。顾名思义，不同的能源时期反映了不同时期的主导能源开发和使用情况。薪柴时期，即以"薪柴"作为当时主导能源的时期。

作为可直接利用的燃料，薪柴的利用贯穿着整个人类的文明发展史。人类从原始穴居开始，以树枝、杂草等生物能源作为原料，用于熟食和取暖，并以人力、畜力和一些简单的水力、风力机械等自然资源取得动力，从事日常的生产活动。以生物质能为主要能源的薪柴时期延续了漫长的时间，利用薪柴使人们摆脱了完全依附自然生存的状态，开拓了物质文明的新局面。薪柴的广泛使用，适应了以刀耕火种为特征的早期农耕文明发展的需要。

薪柴的获得主要来自于对森林资源的砍伐。薪柴时期的能源消耗主要依靠燃烧木本或草本植物来获得，而这种消耗主要是用来满足人们最基本的生存需要，如熟食、取暖和照明等。这个时期的特点是机械化程度低，这是由能源的社会性所决定的。

薪柴时期对森林的乱砍滥伐，对现有森林资源造成了极大的影响，在一定程度上造成了对环境的破坏。我们可以想象，由于受劳动条件的制约，当时砍伐的主要是一些树苗，而且这种连续的砍伐没有给森林资源以再生的时间，导致了森林面积减少和严重的水土流失等，使大自然遭到破坏。

18世纪以后，人类对煤炭资源的发现和利用，使社会经济步入了新的历史阶段，但这并不能说明薪柴时期结束，即使在科学技术高度发达的今天，薪柴的利用还是相当广泛的。在经济欠发达的某些国家（地区）的农村里，薪柴依然为农村经济默默地贡献着。在能源相对枯竭的地区，薪柴的作用更是不容忽视。在中国广大的农村中，节柴改灶的措施正在广泛展开，对森林资源的合理采伐、对水力资源的充分利用等，都是薪柴时期在现代的延续。

煤炭时期

人类开发利用煤炭资源的历史悠久，早在两千多年前我国的春秋战国时期，就已经有了使用煤炭作为燃料的记载。18世纪60年代，产业革命从英国开始爆发，使能源结构发生了第一次革命性变化——能源消费从此进入了煤炭时期。至今，煤炭仍是人类利用的重要能源之一。

煤炭既可以作为动力燃料，又是化工和制焦炼铁的原料，故有"工业粮食"之称。工业界和民间常用煤炭作为燃料以获取生产和生活所需的热量或动力。世界历史上，揭开工业文明篇章的瓦特蒸汽机，便是以煤炭作为燃料驱动的。

煤炭燃烧产生的热能转化为电能，通过输电设备进行长途输运，输送到厂矿企业及家庭，为生产、生活提供更高品质的能源。以煤炭为原料的火力发电，占我国电力结构的比重很大，同时也是世界电能的主要来源之一。在世界电力生产中，燃煤发电高居首位。根据美国能源部能源信息管理局（EIA）统计，1990年全球装机容量为$2.712\,76\times10^9$千瓦，到2001年，全球装机容量达到$3.464\,89\times10^9$千瓦，11年间增长27.72%。其中，火电装机容量从1990年的$1.764\,36\times10^9$千瓦，增加到2001年的$2.325\,57\times10^9$千瓦。

我国的能源消费结构长期以来一直以煤炭为主，这是能源消费的一大特征。近几年，在中国一次能源的产量、消费量及构成中，尽管煤炭生产与消费量的比例有所下降，但煤炭消费的主导地位没有改变。预计到2050年煤炭在一次能源消费中的比例仍将在50%以上，因此在一定的时期内，煤炭在我国一次能源中仍将占有重要地位。

石油时期

　　19世纪末20世纪初的第二次科技革命，使内燃机开始走上了历史舞台，以内燃机为动力设备的机车开始大规模地进入人类社会，极大地促进了石油工业的迅速发展，石油在整个能源结构中所占的比重也在不断上升。"第二次世界大战"后的十几年间，发达国家基本完成了石油代替煤炭成为首要能源的历史性变革。1967年石油在一次能源中的比例达到40.4%，超过了煤炭（38.8%），从此能源的消费步入了石油时期。

　　石油时期大体可以概括为三个阶段：

　　（1）煤油时代：近代石油工业从19世纪50年代开始缓慢发展起来，当时人们仅从石油中提炼煤油，用来点灯照明。煤油灯成为昔日世界上最时髦、最明亮的灯。至于石油中比煤油轻的汽油组分和比煤油重的其他组分，则被当做易燃易爆的危险品或者是脏、臭的废品而弃之。

　　（2）汽油时代：1878年内燃机研制取得成功，1885年第一台汽车问世，而最初的汽车被称为自动车，因为汽车的发动机是通过燃烧汽油或柴油产生动力的，所以简称为汽车。大量的汽车需要汽油燃料，汽车问世之后相继出现的摩托车、螺旋桨飞机、汽艇等同样也是使用内燃机提供动力，它们也需要汽油作为燃料。但石油组分中汽油的含量有限，于是把别的组分加热裂化成汽油组分的裂化工艺应运而生，从而促进了石油工业的发展。1900～1940年，石油主要用来提炼汽油，因此称为汽油时代。

　　（3）燃料和化工原料时代：1940年以后，以石油产品作为优质原料，化学工业逐渐形成了新兴的以石油和天然气为原料的石油化学工业。1951～1967年，美国等发达国家基本完成了石油代替煤炭成为首要能源的历史性变革；近代喷气式飞机和航天事业的发展，要求更高质量的石油产品作为燃料，在这样的背景下，石油工业发展到了燃料和化工原料时代。

　　一般认为，在今后的几十年内，随着世界探明石油天然气储量的增加，以及石油天然气田采收率的提高，石油天然气作为主要能源的地位不会改变。从世界石油天然气能源的发展趋势看，待发现的常规石油资源仍有很大的潜力，未来的能源结构中，以煤炭、石油和天然气等为支柱能源的局面很可能会发生改变：常规原油、重油和超重油、天然气等油气烃类资源，以及煤炭、核能、太阳能等新能源，将各自成为一大能源支柱，但这种变化不仅不会削弱石油在能源结构中的地位，反而恰恰证明石油时期将得以延续。

洁净能源和可持续能源发展时期

有人讲，在汽车工业飞速发展的今天，如果中国每个家庭拥有一辆汽车，那么全球生产的石油都用来供应中国市场也将是供不应求的。因此，能源发展必须逐渐过渡到可持续经济的轨道上来。事实上，作为国民经济基础产业的能源工业，在经济高速增长的今天，整个社会面临着经济增长和环境保护的双重压力，采用洁净能源和可持续能源是必然的选择。

作为不可再生的矿物能源，其储量是有限的，不是取之不尽、用之不竭的。因此，必须寻找新的能源，补充目前能源供应总量的不足，从长远考虑为新能源供应开拓新途径。当今时代能源利用和环境保护的矛盾日益尖锐，常规能源的过度开发，以及世界人口的骤增，在人类文明进步的同时，也给人类生活的环境造成了严重的危害。21世纪人们都在为追求良好的生存环境而努力，在这种背景下，洁净能源的开发和利用也显得很重要。

各国的能源消耗都是多元化发展的，其中风力发电和太阳能发电增长比较迅速，而煤炭和石油几乎处于停滞状态。能源发展的趋势正向着洁净能源和可持续能源发展的方向前进。

从产业化、商业化的角度看，风力发电、太阳能、地热能的综合利用及生物质能的利用是人类现实的选择。据统计，全球太阳能产品的销售达14亿美元，太阳能发电容量已从1985年的2.4万千瓦增加到1997年的12万千瓦。有人预测，在今后50年内，风力发电量将占全球总发电量的20%或者更高；而地热能所蕴藏的热能相当于地球煤炭资源热能的1.7亿倍。从这些有限的数字当中，我们可以预测能源发展的无限未来。毫无疑问，未来将是洁净能源和可持续能源发展的时代。

人类生活离不开能源

能源对人类生活的影响至关重要，不仅满足了人类最基本的生存需求，而且为人类社会的繁荣提供了物质基础。纵观人类历史长河，能源的发展和利用成为每个时代的重要标志和人类进步的重要标志。

早在远古时期，人们就学会了利用太阳的能量来取暖、晾晒。从远古时期到19世纪中期，木材和杂草为人类生活提供了大量的能量，人们利用燃烧薪柴来照明、取暖和煮制食物，还利用风的力量来推动船只航行。19世纪后期，人们对煤炭的利用越来越多，而对于柴草的利用逐渐减少，蒸汽机的发明充分证明了煤炭燃烧所产生的能量，也开创了能源利用的新时代。随着科学技术的发展，人们对能源的消费量逐渐增加，同时也大大改变了能源的结构。1967年，被称为现代工业"血液"的石油首次取代了煤炭，在世界能源消费结构中居首位——石油时代开始了。时代发展到了今天，不论是石油的产量还是储量都满足不了现代社会发展的需要，这就迫切需要有另一种能源来缓解能源消费的压力，天然气以及各种新能源理所当然地充当了这一角色。

现代人类的生活更是离不开能源，观察一下我们的生活吧：早晨起床做饭需要炉灶来加热食物；上班需要乘坐燃油或电力驱动的机车；当我们舒适地坐在单位的办公桌前，开着的空调也需要电能作为驱动能源。另外，我们穿的衣服，戴的首饰等，在生产制造过程中也都消耗了大量的能源，人们无时无刻、无处不需要能源。无论是人类发展的今天还是明天，都离不开能源的支持，而且能源的作用会越来越重要。

能源形态与社会发展的关系

能源形态与社会发展之间有着密切的关系，能源形态在一定程度上反映了社会发展的状况。适合社会发展的能源形态，能够极大地促进社会发展；同时，社会的不断发展，也在促进能源形态不断地向更高级的形态发展。

能源属于生产资料的范畴，其形态是与一定的科学技术相适应的，遵循生产力决定生产关系的法则，某个时期的能源形态发展情况，能够反映当时生产力的发展水平，因此能源形态也就在一定程度上反映了社会发展的状况。能源形态发展了，极大地提高了当时社会的生产效率，并能够创造大量的社会财富，促进当时社会的飞速发展。

社会的发展包括科学技术上的发展和人类观念上的进步。科学技术上的发展允许人类开发和使用新能源，而观念上的进步，要求人们淘汰那些效率低下、污染严重的能源，开发环保、高效率的新能源。

可以这样说，火的使用是人类有意识使用能源的开始，从此人类加速了发展，开始步入文明社会。在以后的上万年的时间里，人类利用的主要能源是薪柴，以及风力、水力、畜力等天然能源，人类社会也一直处于农业社会。

当18世纪60年代到来的时候，英国发生了产业革命，生产技术有了很大的提高。蒸汽机广泛地应用于生产，这时候煤炭得到了大量开采和使用，促使世界能源结构发生了第一次大转变，即从薪柴时期转向煤炭时期，人类从此进入了工业社会。

20世纪20年代，世界上又发生了第二次科学技术革命。内燃机的发明和汽车的广泛使用，使石油逐渐取代了煤炭，成为人们生产、生活中主要利用的一次能源，人类进入了石油时代。

从20世纪中期到现在，新技术革命方兴未艾，使得核能、太阳能、风能、氢能等新能源的利用成为可能；同时，煤炭、石油等矿物能源所造成的环境污染，以及由于矿物能源短缺所造成的能源危机，促使人们去使用效率更高、环保更好的能源。因此，新能源开发和利用技术获得了极大的发展。自此，整个人类社会正在向洁净能源及可持续能源发展时代迈进。

能源与环境

物本来是用之为宝、弃之成害的，能源也不例外。人类在消费使用能源的同时，也给自身惹来了不少"麻烦"，制造了不少"问题"，如环境污染和生态失衡等。环境问题是环境与发展失调的结果，是由人类活动或自然原因引起环境质量恶化或生态系统失调的，给人类的生活和生产带来不利影响或灾害，甚至给人体健康带来有害影响。

目前，比较突出的环境问题主要有以下几个方面：温室效应促使全球气候变暖，冰山融化，海平面上升；每天全球都有物种在消失，缤纷的世界变得越来越单调；化石燃料的燃烧排放了大量的硫氧化物和氮氧化物，与大气混合形成酸雨；还有严重的水土流失、水资源污染……所有以上问题，都是人类不合理地开发使用能源造成的。要解决这些问题，必须采取科学的发展观，使我们对能源的生产和使用走可持续发展的道路，使社会和环境和谐地发展。这种观点在1997年《京都议定书》的政策条款中得到了反映，此议定书的目的是，以明智的决策降低未来气候变化的危险。令人遗憾的是，这个议定书直到现在，还未得到所需要的支持，尤其是那些应对世界污染负大部分责任的高度工业化国家。这就是在社会发展的主题下，能源与环境的关系越来越紧张的原因所在。

亡羊补牢，为时未晚。我们已经对环境造成了巨大的破坏，不能再犯错误，要从现在做起，从自身做起，保护环境，爱护环境，美化环境。毕竟我们只有一个地球母亲!

全球能源分布

煤炭、石油、天然气是全球能源的"三大豪门"，不过，石油和煤炭的消费比重近年来一直呈下降趋势，只有天然气保持着旺盛的增长势头。

煤炭是地球上蕴藏量最丰富、分布地域最广的化石燃料之一。据世界能源委员会评估，世界煤炭可采资源量达4.84×10^4亿吨标准煤，占世界化石燃料可采资源量的66.8%。2000年全球煤炭探明可采储量位于前几位的国家分别为：美国、俄罗斯、中国、澳大利亚、印度、德国、南非等。

全球石油资源分布极不均衡。有关资料显示，2000年全球石油探明可采储量中，中东地区的沙特阿拉伯、伊拉克、阿联酋、科威特等国家位居前列，全球有待发现的经济可采石油资源，也主要分布在中东地区，所占比例约为30.5%；其次，分布在前苏联、北美、中南美洲和非洲地区，均在10%以上；亚太和欧洲地区分别占5.5%和3.9%。未来20年内世界石油资源增长主要来自中东、俄罗斯—中亚、南美、北非等地区。

天然气储量最多的三个地区是前苏联（东欧）、中东和亚太地区，储量分布呈现出鲜明的不平衡性，在石油和煤炭的储量减少的情况下，天然气的探明储量一直在增加，前苏联和中东的储量增加最为迅速。

从总体来看，全球能源分布极不平衡，能源的高消费往往不是能源的富产地，这与地区科技和经济的发展水平有直接关系。

我国能源分布

我国有着丰富的能源资源，世界各国有的能源资源我国基本都有。我国的煤炭资源（探明储量）居世界第三位，水力资源居世界第一位，石油资源居世界第十一位，天然气资源居世界第十四位，太阳能资源居世界第二位，潮汐、地热、风力和核能资源都很丰富，但能源分布很不均衡。

我国煤炭资源分布面广。除上海市外，全国31个省、市、自治区都有不同数量的煤炭资源。从煤炭资源的分布区域看，华北地区最多，占全国保有储量的49.25%，其次为西北地区，占全国的30.39%，再次为西南地区（占8.64%）、华东地区（占5.7%）、中南地区（占3.06%）、东北地区（占2.97%）。按省、市、自治区计算，山西、内蒙古、陕西、新疆、贵州和宁夏6省区最多，保有储量约占全国的81.6%。

我国石油资源以陆相油藏为主，其中含油气盆地分为三个基本类型：东部为拉张型盆地，中部为过渡型盆地，西部为挤压型盆地。全国分为六个含油气区：东部，主要包括东北和华北地区；中部，主要包括陕、甘、宁和四川地区；西部，主要包括新疆、青海和甘肃西部地区；南部，包括苏、浙、皖、闽、粤、湘、赣、滇、黔、桂10省区；西藏区，包括昆仑山脉以南、横断山脉以西的地区；海上含油气区，包括东南沿海大陆架及南海海域。

我国沉积岩分布面积广，陆相盆地多，形成优越的多种天然气储藏的地质条件。中国天然气探明储量集中在10个大型盆地，依次为渤海湾、四川、松辽、准噶尔、莺歌海—琼东南、柴达木、吐—哈、塔里木、渤海、鄂尔多斯。中国气田以中、小型为主，大多数气田的地质构造比较复杂，勘探开发难度大。

有关数据表明，我国的能源资源存在一定的不足，首先是地域分布不平衡，其次是能源的人均占有率偏低，再者是能源开采和利用率低等。

能源的社会需求与能源危机

能源是物质世界的三大基础之一，对社会发展起着举足轻重的作用。可以说，没有能源，社会就无法发展。因此，能源的社会需求量随着社会的发展会越来越大。

自20世纪中期以来，随着社会经济的飞速发展，全球的能源生产和消耗增长很快，尤其是发达国家能源消耗水平越来越高，造成发达国家能耗很大。美国、日本以及西欧几个经济发达国家，人口只占世界总人口的20%，而能源消费量却占60%以上。从这些国家能源的生产量和消费量的相对关系来看，大多数国家需要进口大量的能源，特别是依赖中东地区的石油。能源生产和消费的过分地区依赖性显然是爆发能源危机的潜在因素。

能源危机是指因为能源供应短缺或是价格上涨而影响了经济的发展，这通常涉及石油、电力或其他自然资源的短缺。能源危机通常会导致经济"休克"，很多突如其来的经济衰退通常就是由能源危机引起的。

历史上一共发生过四次全球性的能源危机，均与中东地区有关。尤其是1973年第四次中东战争引发的能源危机，直接导致了资本主义社会持续20多年的"黄金时代"结束，引发了二战后第一次经济危机，给整个世界经济造成了沉重打击。

一次次能源危机的爆发使我们产生了这样的疑问："能源枯竭"离我们有多远？关于这个问题，全球范围一般有两种观点：一种观点认为，"能源枯竭"很快就会来到。因为作为全球主要能源的矿物能源是不可再生的，它们总有消耗殆尽的一天。例如，全球已探明的石油储量只能再用几十年；天然气的储量也很有限，预测比石油晚几十年开采完；即使储量丰富的煤炭资源，也只能维持二三百年。另一种观点认为，"能源枯竭"永远也不会到来。这种观点认为，人类不会坐以待毙，原有的资源消耗掉了，新的资源又开发出来了。随着科学技术的发展，人类可以到许多原先无法到达的地方去开采资源，如海底、宇宙空间等。另外，人类还可以不断开发新能源来替代现有的常规能源。

大力开发太阳能、水能、风能、核能等新能源是未来能源发展的出路。随着高科技的发展，新能源利用技术的不断成熟，在世界未来的能源构成中，必将占有重要的一席之地。

我国能源的发展形势

我国拥有比较丰富而多样的能源资源，各种能源资源的储量和产量都居世界前列。据预测，全国探明煤炭储量居世界第3位，可开发水能资源为3.8亿千瓦，居世界第1位，截至2004年底，我国已探明可开采石油储量约67.91亿吨。2003年，我国生产的能源总量超过了16.03亿吨标准煤，比上年增加了2亿多吨标准煤。

然而，中国人均能源资源量并不多，而且分布很不均衡。据探测，煤炭储量约49.25%集中在华北，水能资源70%集中在西南，远离消费中心。中国化石能源储量的人均拥有量仅占世界平均值的1/2。

我国的能源消费也面临着一些不合理的方面：

（1）我国的经济结构中，高耗能的产业，如炼钢、电解铝等重工业占有很大的比重：我国的能源消耗，尤其是单位产值能耗很大。2003年，我国的能源消耗量高达16.78亿吨标准煤，仅次于美国，是世界第2大能源消耗国。我国的能源生产已经无法满足自身的能源消耗，2004年，我国石油进口量高达1.2亿吨。

（2）我国的能源结构以煤炭为主：我国是世界上最大的煤炭生产国和消费国，也是世界上少数几个一次能源以煤炭为主的国家之一，大量的燃煤造成严重的空气污染。在未来几十年，我国能源需求的增长，仍将主要靠煤炭来满足，这将给环境和运输带来越来越大的压力。

（3）我国的能源利用率与发达国家相比还有很大的差距：许多小企业，设备落后，生产效率低下。在农村，日常能源仍然靠燃烧秸秆、薪柴等来获得，利用效率极低。

总的来说，我国的能源形势是比较严峻的，应该采取各种措施来应对这种局势。目前，在未来的几十年内，煤炭仍是我国的主要能源之一，因此需要大力发展洁净煤技术，有利于减轻煤对环境的污染。此外，还应大力发展节能技术，提高能源利用率；要大力开发新能源，来替代现有的常规能源。

二、能源

常规能源

能源按照利用技术状况可分为常规能源和新能源两大类。常规能源，是指在现阶段科学技术水平下，人们已经广泛利用，并且利用技术较为成熟的能源。煤炭、石油和天然气等都属于常规能源。既然说它们是利用广泛、利用技术成熟的能源，其广泛、成熟体现在何处呢？让我们看看下面这组数据就能得到答案。

最早发现石油的记录源于距今三千多年前的《易经》，现在石油产品的种类已超过几千种；人类开发利用煤炭的历史可以追溯到两千多年前的春秋战国时期；早在公元前6000年~公元前2000年之间，伊朗就首先发现了从地表渗出的天然气，我国对天然气的利用也有2 900年的历史。

从目前来看，世界能源消费结构是：石油占37.5%、煤炭占25.5%、天然气占24%，仅这三项就占整个能源消费的87%。我国能源消费结构：煤炭占67%、石油占27.5%、天然气占2.5%、水电占2.5%，四项之和占我国整个能源消费的99.8%%。

值得注意的是，常规能源与新能源的概念并不是绝对的。随着生产技术水平的不断提高，原来被认为是新能源的能源现在也许已经成为人们眼中的常规能源。同样，现在所谓的新能源，若干年后可能成为常规能源。可见科学技术在人类文明的进程中发挥着多么大的作用！

人类对能源，特别是对常规能源的利用已经有几千年的历史，说明其储量非常丰富。但是，由于近几十年来生产力发展速度达到了惊人的程度，能源消耗量也呈几何级数增长。美国托莱多大学地质学教授克雷格·哈特菲尔德指出："自1979年以来，全世界已烧掉的石油比到那一年为止人类整个烧油史中烧掉的石油还要多。"据美国石油业协会估计，地球上尚未开采的原油储藏量已不足2万亿桶，可供人类开采不超过95年。其后在2250年~2500年，煤炭也将消耗殆尽。因此，节约能源已成为当今社会引起人们广泛关注的问题。今后，科学技术不仅要为能源开发服务，更要致力于节约现有的能源和为能源的可持续发展服务。

矿物能源

能源，既比较集中而又较易转化的含能物质或宏观运动过程。那么，哪些能源才是矿物能源呢？要理解这个概念，应先从什么是矿物谈起。

矿物是地壳内外各种岩石和矿石的组成部分，是具有一定的化学成分和物理性质的自然均一体。大部分矿物是固体，也有的是液体（如自然汞、石油）或气体（如二氧化碳、二氧化硫等）。其中无机物占绝大多数，有机矿物主要是碳氢化合物，如煤炭、琥珀、石油等。虽然矿物的种类繁多，但能称为能源的并不多，人们大多利用的是矿物的某些成分（从中提取有用元素用来冶炼金属或制作化工原料等）和物理性质（根据导电性质制作导电材料或绝缘材料，利用力学性质做成研磨和切割材料，利用热学性质制作保温材料等）。至于为什么有的矿物被用作能源，而有的却不能，了解了矿物的形成原理就知道了。

矿物是自然界中各种地质作用的产物。自然界的地质作用，根据性质和能量来源分为内生作用、外生作用和变质作用三种。内生作用的能量源自地球内部，如火山作用、岩浆作用；外生作用为太阳能、水、大气和生物所产生的作用（包括风化、沉积作用）；变质作用指已形成的矿物在一定的温度、压力下发生改变的作用。例如，石油可以看成是这三种作用的共同产物：在漫长的地质年代，大量生物死亡后，它们的遗体在内生作用及外生作用的影响下，随泥沙一起沉到海底，长年累月一层一层地堆积起来，与外界空气隔绝，经过细菌的分解及变质作用，生物遗体逐渐转化成石油和天然气。在形成过程中，生物体内的生物质能并没有被释放，因此通过燃烧石油便可以得到大量的热能。其他矿物能源也是由于相似的原因，使得内部积聚了大量可被利用的能量从而成为能源的一种。由此可见，具备能源特点的矿物便称为矿物能源。

矿物能源的分类

矿物能源是矿物的一个分支，由于矿物的形成过程往往复杂而漫长，因此矿物能源的显著特点是不可再生性。尽管存在着这样的共性，我们仍然可以发掘不同矿物能源之间的差异。借助能源的分类方法，来看一看矿物能源有哪些种类。

首先，根据能源的初始来源可分为两类：第一类是与太阳有关的能源，太阳能除了直接利用光和热外，还是地球上多种能源的主要源泉。目前，人类所需能量的绝大部分都直接或间接来自太阳。各种植物通过光合作用，把太阳能转变成化学能在植物体内贮存下来，这部分能量为人类和动物界的生存提供了能源，如煤炭、石油、天然气、油页岩等矿物燃料，都是由远古代埋在地下的动植物经过漫长的地质年代形成的，它们实质上是由古代生物固定下来的太阳能。第二类是与原子核反应有关的能源，而矿物能源主要是原子核裂变反应的原料，如铀矿、钍矿等。目前在全球各地运行的440多座核电站，就是使用铀作为产能原料。

根据人们目前利用能源的技术水平，矿物能源分为常规能源和新能源两大类。根据联合国给出的基本定义，新能源一般是指通过新技术和新材料开发利用的能源。矿物能源中的油页岩、油砂等都属于这一类。油页岩是替代化石燃料的重要油气资源，我国的可探明储量列全球第4位。近年来，由于能源化工资源渐趋紧张，加之新技术的研究应用不断发展，全球掀起了油页岩开发热潮。有关专家认为，全球油页岩储量大大超过全球天然石油的可采量。在当今能源日益紧张的情况下，开采油页岩并替代石油，对增强我国经济后劲意义重大。另外，我国目前把核能划分为新能源一类，但随着核能发电技术的发展，核能正在逐步变成一种常规能源。其他的矿物能源，如煤炭、石油、天然气等都属于常规能源。

人们不仅可以通过直接燃烧矿物燃料获得大量热能，更多的是将它们加工成二次能源，以便满足不同情况的需要，如煤气、汽油、柴油等。由此可以看出，矿物能源对人类的贡献是多么巨大！

煤炭的形成

煤炭是一种固态可燃性有机岩，是由植物残骸经过复杂的生物化学作用和物理化学作用转变而成的，此转变过程叫做植物的成煤过程。煤炭是一种矿物，主要是由碳、氢、氧、氮等元素组成的有机成分和少量矿物杂质一起构成的复杂混合物。一般认为，煤炭的形成分为两个阶段，即泥炭化阶段和煤化阶段。前者主要是生物化学过程，后者是物理化学过程。

在地质史上，最有利于成煤的地质年代是晚古生代的石炭纪和二叠纪、中生代的侏罗纪以及新生代的第三纪。因为在这三个时期内，地球上的气候温暖潮湿，地球表面长满了高大的绿色植物。几乎所有的植物遗体都具备成煤条件，都可以转化成煤，但是在不同时期不同类别的植物遗体形成的煤炭有很大的差异，这也是由埋藏深度和埋藏时间不同所决定的。

当海洋或河流的水面升高，或是高大植物倒下，植物因为被水覆盖而与氧气隔绝，植物遗体不会很快被分解、腐烂，不断堆积成层，然后经生物化学作用渐渐形成泥炭层。泥炭含有大量的腐殖酸，其性质已与植物有极大的不同，已完成了煤炭形成的第一步。在远古时代地壳不断运动，泥炭层下沉，被泥沙、岩石等沉积物覆盖，承受着沉重的压力，同时随地层加深、地温升高，在高温高压作用下，泥炭层经过物理化学反应，被不断压实、脱水、肢体老化，其内部结构、性质发生变化，炭的含量增加，氧和腐殖酸的含量逐渐减少，泥炭逐渐变成了褐煤。在整个煤炭形成过程中，温度起着决定性的作用，温度越高，煤炭的变质程度越高。压力也是煤形成过程中的一个重要因素，随着煤炭形成过程中气体的析出，压力的增高，反应速度会减慢，但却能促进煤质物理结构的变化，能够减少变质程度较低煤炭的孔隙率和水分，并且增加了密度。

煤炭的分类

煤炭分类是合理利用煤炭、优化资源配置的一项系统工程。早在1599年，全球范围的煤炭分类研究工作就已经开始，由于各国煤炭资源特点的不同和科学技术水平的差异，全球各主要产煤国纷纷根据本国的特点提出不同的分类方法和分类指标，以适应本国工业发展的需要。我国对煤炭分类的研究，最早可以追溯到1927年，翁文灏发表了中国煤炭分类的第一篇文章。随着煤炭在冶金、制气、动力和化工等方面的应用日益增长，各种工业对煤的类别、品种和质量提出各自特定的技术要求。从20世纪70年代开始，在国家标准局的组织下着手制定新的煤炭分类方法，历经10余年，完成并颁布了"中国煤炭分类"（GB 5751—86）。到90年代，环境对煤炭分类又提出了新的要求。煤炭在利用过程中造成的环境污染，特别是在燃煤过程中排放的微尘、二氧化硫及二氧化碳等温室气体，备受人们关注。在分类系统中，充分考虑到煤炭对生态环境产生的影响，引入了灰分、硫分和有害元素等指标。

根据需要，把各种煤炭归纳和划分成性质相似的若干类别，形成煤炭分类的概念。针对不同的侧重点，煤炭的分类方法如下：

（1）煤炭的成因分类：按照生成煤炭的原始物料和堆积环境分类。

（2）煤炭的科学分类：按照煤炭的元素组成等基本性质分类。

（3）煤炭的实用分类：按照煤炭的工艺性质和用途分类。

我国煤炭的分类和各主要工业国的煤炭分类均属于实用分类。现将我国煤炭实用分类的情况介绍如下：

我国现行煤炭分类是按照煤炭的煤化程度将煤炭分为褐煤、烟煤和无烟煤三大类。又根据煤化度和工业利用的特点再分类：将褐煤分成褐煤1号和褐煤2号两个小类；将无烟煤分成无烟煤1号、无烟煤2号和无烟煤3号三个小类；烟煤中类别的构成，按等煤化程度和等黏结性的原则形成24个单元，再以同类煤炭的加工工艺性质尽可能一致而不同类煤炭间差异最大的原则来组合各单元，将烟煤分成贫煤、贫瘦煤、瘦煤、焦煤、肥煤、1/3焦煤、气肥煤、气煤、1/2中黏煤、弱黏煤、不黏煤和长焰煤十二类。

全球煤炭资源分布概况

煤炭是全球储量最丰富、分布区域最广的化石燃料。据世界能源委员会评估，全球煤炭可开采量达4.84×10^4亿吨，占全球化石燃料可开采能源的66.8%。2000年末，全球煤炭已探明可采储量为9 842亿吨，按目前开采速度大约可继续开采200多年。

全球煤炭资源分布广泛，遍及五大洲许多地区，其至海底某些区域也蕴藏着丰富的煤炭资源，但是煤炭资源的分布极不均衡，北半球优于南半球，尤其集中在北半球中温带和亚寒带地区，据估计，北纬30°～70°地区蕴藏的煤炭资源约占全球煤炭资源的70%，全球约有80个国家和地区拥有煤炭资源。

全球煤炭分布以两大聚煤带最为突出：一条横亘欧亚大陆，西起英国，经德国、波兰、哈萨克斯坦、乌克兰、俄罗斯，直达我国华北地区；另一条呈东西向绵延于北美洲中部地区。南半球煤炭储量较少，主要集中于温带地区。据估计，南极洲的煤炭储量也很丰富。

全球煤炭资源的地理分布特点是，煤炭资源蕴藏丰富、产煤量高的地区经济都比较发达，如欧洲、亚洲及北美洲的产煤量占全球总量的90%以上。

我国煤炭资源分布特点

我国煤炭资源分布面积约60多万平方公里，占国土面积的 6%。我国煤炭资源丰富，储量居世界第三位。

我国煤炭资源分布的自然特征有以下几点：

（1）各主要聚煤期所形成的煤炭资源量差别较大：我国在地质历史上有四个最主要的成煤期，即广泛分布在华北一带的晚炭纪，即早二叠纪；广泛分布在南方各省的晚二叠纪；分布在华北北部、东北南部和西北地区的早中侏罗纪；以及分布在东北地区、内蒙古东部的晚侏罗纪—早白垩纪。其中以侏罗纪成煤最多，占总量的39.6%，以下依次为石炭二叠纪（北方，占38.0%）、白垩纪（占12.2%）、二叠纪（南方，占7.5%）、第三纪（占2.3%）、三叠纪（占0.4%）。这与全球主要聚煤期的储量分布基本一致。

（2）地域上煤炭资源相对比较集中：全国的几个重要的煤炭分布区主要有北方太行山到贺兰山之间，包括晋、陕、蒙、宁、豫和新疆塔里木河以北，以及南方川南、黔西、滇东的富煤区。在东西分布上，大兴安岭—太行山—雪峰山一线以西地区，已发现的煤炭资源占全国的89%，而该线以东仅占11%。

从我国煤炭资源的分布区域看，华北地区资源最多，占全国保有储量的49.25%；其次为西北地区，占全国保有储量的30.39%，依次为西南地区（占8.64%）、华东地区（占5.7%）、中南地区（占3.06%）、东北地区（占2.97%）。我国煤炭的主产区和主消费区呈现不统一的状态。因此，国家制定了"北煤南运"工程。

按照省、市、自治区计算，山西、内蒙古、陕西、新疆、贵州和宁夏六省区的煤炭保有储量约占全国的81.6%。其中以山西省储量最多，约占全国煤炭总储量的1/3，是我国重要的煤炭基地，每年运出大量煤炭支援其他省市。我国长江以南的东部沿海各省煤炭资源较少，但人口稠密，工业比较发达，需要调进大量的煤炭，其中上海市是我国每年调入煤炭最多的城市。

（3）煤炭分布不均衡：从煤炭的类型上看，我国褐煤、烟煤和无烟煤等各种煤炭的资源都有，但数量和分布却极不均衡。我国褐煤量只有2 118亿吨，占已发现资源的12.7%，主要分布在内蒙古东部、云南东部，东北和华南也有少量。在硬煤（指烟煤和无烟煤）中，低变质烟煤所占比例为总量的42.4%，贫煤和无烟煤占17.3%，中变质烟煤（即传统上称为炼焦用煤）的数量却较少，只占27.6%，而且大多数为气煤，占烟煤的46.9%。肥煤、焦煤、瘦煤则较少，分别占烟煤的13.6%、24.3%和15.1%。我国煤炭资源的现状是：预测的资源量多，经过勘查的少，可供当前开发利用的则更少。

煤炭的开采

根据煤炭资源的埋藏深度不同，煤炭的开采分为矿井开采（埋藏较深）和露天开采（埋藏较浅）两种方式。我国煤炭开采以矿井开采为主，如山东、山西以及东北大部分地区。可露天开采的煤矿为数很少，内蒙古锡林郭勒河煤矿是我国最大的露天矿区。可露天开采的煤炭资源在总资源中所占的比重是衡量开采条件的重要指标，我国可露天开采的储量为7.5%，澳大利亚为35%，美国为32%。

与煤炭的露天开采相比，矿井开采显然存在诸多不足，其中主要的一条是矿井中瓦斯的含量。矿井开采条件的好坏与煤矿中所含瓦斯的多少成反比，而我国煤矿普遍含瓦斯较高，其中高瓦斯和瓦斯突出的煤矿占40%

以上。

对于埋藏较深不适合露天开采的煤层采用矿井开采，有三种方法可以开通通向煤层的通道：竖井、斜井和平硐。竖井是从地面开掘垂直井到达某一煤层或某几个煤层；斜井是开采非水平的煤层时从地面开掘到达某一煤层或某几煤层的倾斜巷道；平硐是一种水平或接近水平的隧道，开掘水平或倾斜煤层在地表的露出处。

对于埋藏较浅的煤层，开采完露出地面的煤层，可以移去煤层上面的表土和岩石（覆盖层）使煤层露出，许多露天矿使用设备可以剥除厚度达60余米的覆盖层，露天开采用于地势平坦、矿层水平延伸的矿区最为经济，但露天开采使地面受到严重损害或彻底破坏，应采取措施使地面恢复。

煤炭的开采会给环境带来巨大的压力：煤炭开采会产生大量的废石；煤炭开采时会释放大量有害体，如瓦斯；煤炭开采会产生大量的废水，其中排放量最大的是矿井水；矿井开采可能造成地表塌陷；矿井生产中使用的凿掘机、地面空气压缩机、矿井通风机等会产生噪声，噪声级在90分贝（dB）以上，有的甚至达到120分贝（dB），远远超过国家工业卫生标准，会给人体造成危害；煤矿生产中会产生大量粉尘污染环境等。此外，煤炭还是不可再生的资源，必须采用经济合理的方式实现煤炭的清洁开采。

煤炭的加工

目前，我国的煤炭加工环节比较薄弱，原煤入洗率低，只有1/4左右，大部分原煤在使用前不经洗选，因而商品煤的质量较差，平均灰分为20.5%，平均硫分为0.8%。型煤技术虽已有较长发展历史，但目前技术与设备的改进及提高效果仍不尽如人意，技术推广速度缓慢，型煤产量较低；动力配煤与水煤浆技术的发展均处于初级发展阶段；高效固硫剂、助燃剂等尚处于开发和试用阶段。

我国目前使用的其他煤炭利用技术也多以传统的技术为主，如煤气化技术、炼焦技术、煤制活性碳技术等。

煤炭的气化是让煤炭在氧气不足的情况下进行部分氧化，使煤炭中的有机物转化为可燃气体，以气体燃料的方式经管道输送到车间、实验室、厨房等，也可以作为原料气体送进反应塔。煤炭的气化过程涉及10个基本化学反应，产生的可燃气体[主要有氢气（H_2）、一氧化碳（CO）、甲烷（CH_4）]是重要的化工原料，其中甲烷是比水煤气（一氧化碳+氢气）更安全清洁的居民用燃料。

　　煤炭的焦化也叫做煤炭干馏，是把煤炭置于隔绝空气的密闭炼焦炉内加热，煤炭分解生成固态的焦炭、液态的煤焦油和气态的焦炉气。随着加热温度不同，产品的数量和质量也不同，有低温（500～600℃）、中温（750～800℃）和高温（1 000～1 100℃）干馏之分。低温干馏所得的焦炭数量和质量都较差，但焦油产率较高，其中所含轻油部分经过加氢可以制成汽油；从煤焦油中分离出的沥青可以用于建筑和铺路。中温干馏的主要产品是城市煤气。高温干馏的主要产品是焦炭，焦炭的主要用途是炼铁，少量用作化工原料制造电池、电极等。总之，煤炭经过焦化加工，使其中各成分都能得到有效利用，而且用煤气作燃料要比直接烧煤干净得多。

　　从总体上说，我国的煤炭加工、利用技术与国际先进水平相比，差距是很大的，且煤炭的终端消费结构也很不合理。我国目前使用的煤炭利用技术主要还是20世纪上半叶的工艺和设备，因而，不仅使得煤化工产品的质量难以改善，档次也难以提高，严重制约着煤化工企业经济效益的提高，而且造成煤炭利用效率低下、环境污染严重。因此，作为世界上第一产煤和用煤大国，我国的煤炭洁净加工与高效利用虽然前途光明，却任重而道远。

煤炭的使用

　　早在2 500年前，我国的《山海经》最早记载了煤炭，当时称为"石湟"。辽宁沈阳发掘的新乐遗址内，也发现多种煤雕制品，证实中国先民早在6 000～7 000年前的新石器时代，已经开始利用煤炭了。从西汉（公元前206～公元25年）开始采煤炼铁，随后经历各个历史朝代，采煤规模陆续扩大，煤炭被广泛用作冶金、制作陶瓷的燃料，至唐朝开始用煤炼焦，至明、清朝煤炭技术已经有了相当进步。

随着生产实践经验的积累，技术的进步，能源矿产的开采、利用规模和领域不断扩大。特别是18世纪60年代蒸汽机的发明，英国产业革命兴起，利用煤炭炼焦以及提供蒸汽机动力的燃料量迅速增加，推动了能源利用的结构从薪柴向以煤炭为主的结构转变，在19世纪煤炭业成为资本主义工业化的动力基础。

煤炭既是动力燃料，又是化工和制焦炼铁的原料，素有"工业粮食"之称。在工业生产和生活中，煤炭被用作燃料燃烧以提供热量或动力，煤炭燃烧后释放的热能可以转化成电能，实现能源的远距离传输。火力发电在我国电力结构中占有很大的比重，在全球范围内火力发电也是电能的主要来源之一。煤炭的使用不仅仅局限于燃烧，煤炭燃烧后残留的煤矸石和灰渣可作为建筑材料；炼焦、高温干馏的煤气是重要的化工原料，也可以用来合成氨；低灰、低硫和可磨性好的品种，可以用来制造多种碳素材料等。

煤炭的消费

从煤炭消费的情况看，亚洲和太平洋地区国家对煤炭的需求增长加速，反映了亚洲的经济起飞对能源有更大的需求。

我国的能源消费结构长期以来一直以煤炭为主，这是能源消费的一大特征。尽管煤炭生产与消费量的比例从20世纪五六十年代的90%以下降到1998年的72.0%，但煤炭消费的主导地位没有改变。1985年～1997年间，从行业的煤炭消费量及其构成来看，煤炭消费的大户是发电。1997年，中国煤炭中的39.6%用来转化为电和热，其中：发电占煤炭消费总量的35.17%；炼焦用煤占其次，约13.86%；非金属矿物制品与黑色金属行业分别占9.19%与9.10%；民用占8.79%；化工原料及制品也是属于耗煤较多的行业，占6.8%。上述行业的耗煤量占煤量消费总量的87.34%，是煤炭消费的重点行业。

最近几年能源消费总量约为136亿吨标准煤，煤炭占能源消费总量的71.6%～74.7%，石油占19.6%～24.6%，天然气占17%～2.1%，水电占5.5%～6.5%。预计到2050年煤炭在一次能源消费中的比例仍将在50%以上，因此，在相当长的时期内，煤炭在我国一次能源中的主导地位将难以改变。

　　我国的煤炭消费结构与国外有较大差别，国外消费的煤炭主要用于发电，如美国目前的发电用煤占煤炭消费总量的比例为87%，而我国目前的发电用煤只占煤炭消费总量的1/3左右。我国的煤炭利用以燃烧为主，在每年消费的煤炭中，有80%以上是直接燃烧。其中绝大部分技术落后、设备简陋，不仅煤炭利用效率低，造成煤炭的大量浪费，而且排放大量污染物，严重污染环境。

煤炭的燃烧过程

　　煤炭的燃烧是一种极其复杂的物理、化学过程，主要分为三个阶段：首先是干燥挥发阶段；其次为燃烧阶段；最后为燃尽阶段。

　　不同地区、不同煤层产煤的煤质不同，成分不同，其燃烧过程也大不相同。煤炭的化学组成很复杂，含有数十种元素，主要元素是碳、氢、氧、氮、硫，还有其他含量很少的元素。种类繁多的元素属于煤炭的伴生元素，如铁、锌、铅、钙、钒、钍、铀等。煤炭中的元素以有机物质和无机物质两种形态存在，以有机态为主。

　　构成煤炭有机物质的元素主要有碳、氢、氧、氮、硫等，还有极少量的磷、氟、氯、砷等。碳、氢、氧是有机物质的主体，含量达95%以上。煤化程度越高，则碳的含量越高，氢、氧的含量越少。在煤炭燃烧过程中，碳和氢是产生热量的主要元素，氧是助燃元素，氮则不产生热量，在高温下转变成氮氧化物和氨，然后以游离态析出。硫、磷、氟、氯、砷等是煤炭中的有害成分，其中硫元素的危害最大，绝大部分的硫在煤炭燃烧过程中被转化成二氧化硫气体，然后随烟气排入大气，排入大气中的二氧化硫经过复杂的大气物理和大气化学作用，可转化成酸雨沉降到地表。

　　煤炭中的无机物质含量很少，主要有水分和矿物质。水分在燃烧时变成蒸汽，同时吸收一定的热量，因而降低了煤炭的发热量。矿物质是煤炭的主要杂质，主要有硫化物、硫酸盐、碳酸盐等，其中大部分属于有害成分，矿物质燃烧灰化要吸收热量，大量排渣也要带走热量。煤炭完全燃烧后的固体残渣称为灰分，灰分主要来自于煤炭中不可燃烧的矿物质，灰分部分留于灰渣，部分随烟气排入大气形成烟尘，不同灰分的煤炭，燃烧后的烟尘量有很大差别。按其烟尘粒径的不同可分为降尘和飘尘，后者可以输送到很远距离而不飘落。烟尘可导致很多呼吸道疾病，也会作为其他污染物及细菌载体，还可以影响植物生长，降低大气能见度。

燃烧环境对煤炭的燃烧也有很大的影响，不同的阶段需要不同的空气量，过大或过小都会使燃烧不完全，从而使炭粒排入空气中造成黑烟和不同程度的环境污染。

燃煤与环保的关系

我国能源资源以煤炭为主，在消费的能源中，煤炭占70%。在能源的利用过程中，燃煤是我国大气污染物的主要来源。2000年，全国燃煤排放的二氧化硫（SO_2）和二氧化碳（CO_2）分别占各污染源排放总量的90%和80%，氮氧化物（NOx）和烟尘的排放量也分别占到总排放量的65%和70%左右。

（1）二氧化硫和酸雨：煤炭中80%的硫分是可燃的，煤炭燃烧时硫分大部分以二氧化硫（SO_2）的形式排入大气。二氧化硫对人体的危害很大，尤其是当二氧化硫被氧化成硫酸雾或形成硫酸盐后，与空气中的细小颗粒物结合在一起进入人体呼吸道和肺部，可引起支气管炎、肺炎、肺水肿等恶性疾病。二氧化硫是形成酸雨危害的元凶。酸雨会严重破坏森林生态系统、土壤生态系统和水生生态系统，造成森林枯萎死亡，使森林面积减少；造成土壤酸化，使土壤贫瘠，农作物减产；造成湖泊酸化，使水生生态系统紊乱，影响水生生物的生长和繁殖；腐蚀破坏建筑物和金属材料等。

（2）二氧化碳和温室效应：在所有的化石燃料中煤炭含碳量最高，燃烧时产生的二氧化碳也最多，燃煤排放的二氧化碳量占总排放量的80%左右。二氧化碳能让太阳短波辐射自由通过，同时能强烈吸收地面和空气反射出的长波辐射，阻碍热量外逸，从而造成近地层大气增温，形成温室效应。因此，二氧化碳是世界公认的导致全球气候变暖的主要根源。温室效应和气候变暖严重威胁全球的生态系统和人类生存。在我国，由于气温上升导致约50%的冰川退缩和变薄，雪线上升，冰川后退，300多年来冰川面积减少了27.4%，其结果是北方荒漠面积大大增加，耕地面积减少；近

50年我国沿海海平面平均每年上升2.6毫米，海平面上升将使沿海城市受威胁，沿海低地被淹没，海水倒灌，排水不畅，土地盐渍化；气候变暖的同时还导致极端气候事件，如暴雨、干旱、沙尘暴、厄尔尼诺等的发生频率和强度相应增加。

（3）氮氧化物和光化学烟雾：煤炭燃烧排放的氮氧化物主要有一氧化氮（NO）和二氧化氮（NO_2）。氮氧化物中对人体健康危害最大的是二氧化氮，它主要破坏呼吸系统，可引起支气管炎和肺气肿；当一氧化氮浓度较大时对人体的毒性很大，它可与血液中血红蛋白结合成亚硝酸基血红蛋白或高铁血红蛋白，从而降低血液输氧能力，引起组织缺氧，甚至损害中枢神经系统；氮氧化物还可直接侵入呼吸道深部的细支气管和肺泡，诱发哮喘病。

大气中的氮氧化物和挥发性有机物达到一定浓度后，在太阳光照射下，经过一系列复杂的光化学反应，可生成含有臭氧、醛类、硝酸酯类化合物的光化学烟雾。光化学烟雾是一种具有强烈刺激性的淡蓝色烟雾，可使空气质量恶化，对人体健康和生态系统造成损害。

氮氧化物在大气中还可形成硝酸，同二氧化氮形成的硫酸一起加重酸雨对环境的危害。

（4）烟尘排放及其危害：目前，我国燃煤烟尘排放量占烟尘排放总量的70%左右。烟尘主要以颗粒物的形式在大气中悬浮和传输，烟尘中小于10微米的固态和液态颗粒物是可吸入颗粒物（PM10）的重要组成部分，粒小体轻，可长期飘浮在空气中，还可吸附各种金属粉尘、病原微生物。这些可吸入颗粒物随人的呼吸进入体内，或滞留在呼吸道不同部位，或进入肺泡，对人体健康造成极大的危害。

烟尘还可以降低大气透明度，影响植物的光合作用。

控制煤烟型污染，最根本的一条是改变燃料结构，用更清洁的燃料（如天然气、石油等）替代燃煤，并积极推广太阳能、地热等可再生能源。对我国这样的耗煤大国，提高煤炭利用效率是防治污染的有效手段之一。它意味着每消耗1吨煤，产生的能量越多，地区性污染就越少。生产等量电力，如果煤炭燃烧效率能从30%提高到40%，就可以减少25%的二氧化碳排放量。另外，发展洁净煤技术，提高煤炭利用效率和减少环境污染的煤炭开发、燃烧、转化及污染控制等新技术群，能缓解巨大的环境压力，是我国可持续发展必然的和现实的选择。

煤炭的气化

煤炭的气化是以煤炭为原料，在特定的设备（如气化炉）内，在高温高压下使煤炭中的有机物质和气化剂发生一系列的化学反应，使固体的煤炭转化成可燃性气体的生产过程。通常以氧气、蒸汽或氢气为气化剂，生成的可燃性气体以一氧化碳、氢气及甲烷为主要成分。煤炭气化包括高温使煤炭干燥脱水，加热使挥发物析出，挥发物与剩余的煤炭进行气化反应。

煤炭的直接燃烧会带来严重的环境问题，如生成二氧化硫、一氧化氮等有害气体，大量的有害气体在高空聚集会导致酸雨形成，严重危害建筑物、农作物及人类的身体健康。用直接燃烧的方法不可能充分利用煤炭资源，炉烟带走了大量的热，炉渣中仍含有没有燃烧充分的炭。目前这些问题无法得到经济有效的解决，于是人们考虑能否将煤炭转化为洁净的气体或液体燃料再加以利用，煤炭的气化技术得到了大力发展，煤炭气化后生成的可燃性气体经燃烧后只会生成水、二氧化碳，大大减轻了煤炭利用给环境带来的压力，可以说是未来煤炭洁净利用的技术基础。煤炭的气化过程只生成少量的二氧化碳和水，大部分碳都转化成可燃性气体，大大提高了煤炭的利用效率。煤炭的气化产物煤气在电力生产、城市供暖、液体燃料、化工原料合成等方面可以得到广泛利用，煤炭资源随之可以得到有效的充分利用。

煤炭的液化

煤炭的液化就是在一定条件下(包括温度、压力、催化剂、溶剂、氢气等)，将固体煤炭转化成液体燃料的加工过程。煤炭液化不仅将难处理的固体燃料转变成便于运输、储存的液体燃料，而且还减少煤中的硫、氮化合物和煤尘、煤灰渣对环境的污染。目前很多国家为寻找石油代用品和保护环境的洁净燃料，都在积极地研究开发煤炭液化技术。

在化学组成上，煤炭和石油都是由碳、氢、氧等元素组成的有机物质。要使固体的煤炭能液化成类似石油的液体产品，只要设法增加煤炭中的氢元素，使煤炭中氢元素和碳元素的比例达到与石油一致，因此，煤炭液化技术的关键是采用什么样的方法把氢加到碳分子结构中去，使煤炭的芳香烃结构的大分子破裂成以液体状态为主的小分子物质。

煤炭液化法主要有直接液化法和间接液化法，通常以直接液化法为主。

煤炭的直接液化技术，是指在高温高压条件下，以及溶剂和催化剂存在的条件下，通过加氢使煤炭中复杂的有机化学结构直接转化成为液体燃料的技术，又称为加氢液化。其特点是对煤种要求较严格，但转化后的热效率高，液体产品采收率高。一般情况下，1吨无水无灰煤能转化成0.5吨以上的液化油，加上制氢用煤3吨～4吨原料产1吨成品油，液化油在进行提质加工后，可以生产洁净优质的汽油、柴油和航空燃料等。

煤炭的间接液化法是先使煤气化得到一氧化碳和氢气等气体小分子，然后在一定的温度、压力和催化剂的作用下合成各种烷烃（C_nH_{2n+2}）、烯烃（C_nH_{2n}）和乙醇（C_2H_5OH）、乙醛（CH_3CHO）等。一般情况下，5吨～7吨原煤产1吨成品油，其特点是适用煤种广、总效率较低、投资大。

我国的煤炭资源远比石油丰富，煤炭作为相对充足的能源资源，可获得性好，价格低廉，将煤炭转变为优质液体燃料，逐步建成中国煤炭液化新产业，正在成为国内能源界、科技界和经济界的共识。我国经过多年的试验研究，完成了国内液化用煤炭的煤种评价、工艺评价等基础性工作，有望在近期开发出适合中国煤质的煤液化工艺，并争取尽快建成商业规模的煤液化厂。在煤炭的间接液化技术方面，我国也取得了重要成果。这涉及关键设备及其工程化、煤炭的预处理技术、高效催化剂开发与制备，以及回收技术、液体燃料的提取加工和残渣利用技术等。

煤炭液化技术产业化对平衡我国能源结构，解决石油短缺，保证能源安全稳定供给具有重大的战略意义和现实意义。近年来随着国际石油价格的上涨，煤炭液化技术将会呈现较大的经济空间。

水煤浆

水煤浆是一种煤基的液体燃料，一般是指由60%～70%的煤粉、

30%～40%的水和1%左右的化学添加剂制成的浆体。水煤浆是新型节能环保型代油燃料，具有极大的能源、技术优势，有很广阔的应用前景。

水煤浆可以稳定地着火燃烧，与煤炭相比，其燃烧效率高。由于原煤碾磨成煤粉后经特殊技术洗选，脱去其中污染的成分，使其含灰量、含硫量大为降低，所以其燃烧产物污染较少，灰渣处理容易。我国煤炭资源虽然比较丰富，但是分布极其不均匀，煤炭运输负担重，且会造成沿途污染。水煤浆有良好的稳定性、流变性，便于运输，可以像石油一样通过长距离管道运输，也可以用汽车罐车、铁路罐车、船舶运输。由于水煤浆含有水分，不易燃，不易爆，安全性比石油、天然气、煤炭都好。与气化、液化相比，水煤浆制备工艺简单，经济性好，利用率高。

水煤浆的使用最早可以追溯至1879年Mussell和Smith将煤粉同水和其他流体调制成煤浆进行燃烧的设想，但当时大量的廉价开发石油资源，使水煤浆技术发展缓慢，直至20世纪70年代石油危机出现，水煤浆作为代油资源才引起各国的广泛关注。我国对于水煤浆的研究起始于20世纪70年代，近几年水煤浆的生产能力有了较大的提高，但是水煤浆的用户不足，水煤浆只有代替油料才能显示出经济效益，用来代替煤粉燃烧则毫无经济价值可言。水煤浆的制备对原煤的要求较高，生产过程耗水耗电量较大。

水煤浆的产业化是一项系统工程，从制浆、运输到使用等多个环节相辅相成，缺一不可。

燃煤设备

煤炭是最常见的固体燃料，把燃料煤的化学能转变成热能的燃煤装置称为燃烧炉。固体燃料在炉内的燃烧方式可分为层燃燃烧、悬浮燃烧和沸腾燃烧三种，与之相适应的燃烧设备称为层燃炉、悬浮炉和沸腾炉。

层燃燃烧是将固体燃料置于固定的或移动的炉箅上，与通过炉箅送入燃料层的空气进行燃烧，在燃烧过程中燃料不离开燃料层，故称为层燃。属于层燃燃烧的炉子很多，主要有手烧炉、链条炉、抛煤机炉、振动炉等。其中，链条炉是目前中等容量（10吨～65吨/小时锅炉中采用的比较广泛的一种燃烧装置。近年来，层燃也被推广应用于3吨～4吨/小时）的小型工业锅炉。由于它无需价格昂贵的制粉设备，机械化程度较高，且运行操作方便，劳动强度低，燃烧效率也较高，因此颇受用户欢迎。

悬浮燃烧是将磨成微粒或细粉状的燃料与空气混合后从喷燃器喷出，在炉膛空间呈悬浮状态时的一种燃烧。悬浮燃烧按空气流动方式可分为直流式燃烧和旋风式燃烧两种。直流式燃烧采用的燃烧设备，叫做煤粉炉；旋风式燃烧采用的燃烧设备，叫做旋风炉。煤粉炉的基本特点是，炉膛内的燃料粉末和空气不进行旋转。它们在炉膛内的停留时间很短，一般只有2～3秒。要在这么短时间内完成燃烧过程，必须把燃料磨得很细（平均直径在100微米以下）。在旋风炉中，由于气流旋转，燃料在炉内停留时间较长，因此可以燃用较粗的煤粉或煤粒，直径可达5～6毫米，甚至更大。燃料颗粒越大，在旋风炉中旋转的次数越多，停留时间也越长，这正好符合燃烧规律的需要。另一方面，旋风炉中由于燃料停留时间较长，因而炉内燃料储备比煤粉炉要多得多，燃烧过程易于稳定，受燃料流和空气流供应的影响不太敏感。

沸腾燃烧，是介于层燃燃烧和悬浮燃烧之间的一种燃烧方式，是近二三十年发展起来的一种新型燃烧技术，又叫做流化床燃烧技术。采用流化床燃烧方式的锅炉称为流化床锅炉。循环流化床锅炉是从鼓包床沸腾炉发展起来的，其工作原理是，将煤破碎成10毫米以下的颗粒后送入炉膛，同时炉内存有大量床料，由炉膛下部配风，使燃料在床料中呈流态化燃烧，并在炉膛出口安装旋风分离器，将分离下来的固体颗粒通过飞灰送回装置再次送入炉膛燃烧。流化床燃烧有许多优点，例如，燃料适应性广，能燃劣质煤；在燃烧过程中能有效控制有害气体氮氧化物和二氧化硫的产生和排放；燃烧热强度大，能缩小炉膛体积；床内传热能力强，能节省受热面的金属消耗；负荷调节性能好，且调节范围大；灰渣可以综合利用等。

煤炭利用的新技术

在煤炭利用过程中必须面对许多问题，例如，煤炭资源的不可再生性，煤炭开采对植被的破坏性，以及煤炭燃烧过程中释放的有害气体、杂质给环境带来的巨大压力，大量温室气体排放造成的愈演愈烈的温室效应等。所以，发展煤炭利用新技术的目的是如何有效、合理地利用煤炭，实现经济最优化和清洁生产。

从20世纪80年代开始，石油危机以及酸雨、温室效应等环境问题一直困扰着各国。美国首先提出洁净煤技术，基于长远利益考虑，世界各国也相继开展洁净煤技术的研究。

在全球范围内，尤其是在中国，大部分煤炭资源主要是用来发电，目前洁净煤发电的新技术有循环流化床（CFBC）燃烧技术、增压流化床联合循环（PFBC－CC）技术、整体煤气化联合循环（IGCC）技术等。

（1）循环流化床燃烧技术：是近年来国际上发展起来的新一代高效、低污染清洁燃烧技术，它最成熟、最经济，应用最广泛。在流化床锅炉内，固体颗粒在自下而上的气流作用下，在床内呈流动状态。此种燃烧技术燃烧效率高，煤种适应性强，由于其特殊的燃烧方式，其污染物的排放率也比较低。

（2）增压流化床联合循环技术：是一种高效率、低污染的新型洁净煤发电技术，由两大部分组成，即增压流化床燃烧部分及燃气蒸汽联合循环发电部分。增压流化床联合循环技术的重要特点是燃烧与脱硫效率高。

（3）整体煤气化联合循环技术：是一种将煤气气化技术、煤气净化技术与高效的联合循环发电技术相结合的先进动力系统，它在获得高循环发电效率的同时，又解决了燃煤污染排放控制问题，是极具潜力的洁净煤发电技术。目前整体煤气联合循环的初投资太大。

石油的形成

关于石油形成的原因，地质界一直存在着争论，其中占主导地位的观点是石油的"有机成因论"。持这种观点的科学家认为，数亿年前地球上绝大部分都是海洋，海洋中存在大量的海洋动植物，随着时间的流逝，大量生物遗体沉降于海底并被泥沙覆盖，在缺氧的环境下，这些生物遗体经细菌作用，使其中的碳水化合物中的氧逐渐消耗掉，从而成为碳氢化合物。随着地壳运动的变化，这些有机物越埋越深，在地层深处的高温高压环境中，沉积的有机物逐渐受热裂解成为石油和天然气。值得注意的是，一般所说的油田并非是一个盛满石油的巨大的"洞"，相反地是，油滴通常是和水一起一点一点地从岩石表面的洞和缝隙中渗透出来的。因为石油的密度比水轻，所以它浮在水的上层，而有时它也会渗出地表。

一般来说，可以生成石油的岩层为页岩和泥岩，沿地表深入地壳，平均每3 000米就有含油岩层。煤矿与石油的成因类似，但煤炭是植物形成的固态化石。

迄今为止，世界上所有的大型油气田都是以这一理论作为指导勘探找到的。然而，随着全球范围内石油勘探难度的增加和人们对油田的认识加深，越来越多的现象用"石油有机成因"的理论却无法解释，长期失宠的"无机成油理论"又重新受到世界石油地质学家的普遍重视。"石油无机生成"的论点认为，在石油的形成过程中，率先上涌的岩浆由于在地壳裂缝中所受的压强极小而大幅度地发生热膨胀，形成大量的岩浆气，按照一定的组分组成气体分子，如乙炔、水等。大量的气体使裂缝中的压力增强、温度升高，进而导致气体分子内聚力增强，使其倾向于形成更复杂的结构：乙炔→乙烯→甲烷→乙烷→丙烷→丁烷。当气体浓度和裂缝内压力进一步升高时，就会使低碳烃聚合为高碳烃烷，进而发生相态变化，也就是说，气体的烃类变成了液体的烃类——石油。按照这种观点，无论在陆地还是海底，只要地壳深部存在形成裂隙的地质条件，那里就可能存在生成石油的构造。

两种有科学根据的不同学说的争论，体现着科学精神，而且这种争论具有重大理论和实践意义：油气资源来源的确定，将会使石油勘探的部署做出战略性调整，从而扩大勘探靶区，增加石油的储量，进而使我国乃至世界的原油产量保持稳步增长。

石油的分类

由于地质构造、成油条件和年代不同，世界各地区所产原油（往往笼统地称为石油）的性质和组成可能会有很大的差别，即使是同一地区的原油，由于开采石油的地质层位不同，石油的性质也可能不同。明确原油的性质和组成，对加工、储运等方案的确定具有重要的意义。根据原油特性进行分类，对制订原油加工方案，预测产品的种类、产率和质量都是十分必要的。

原油的组成十分复杂，对其确切分类非常困难，通常从工业、地质、物理和化学等不同角度进行分类，其中应用较广泛的是工业分类法和化学分类法。这里也仅讨论这两种分类法。

（1）原油的化学分类法：是以其化学组成为基础，但由于有关石油化学组成的分析较复杂，通常利用石油的几个与化学组成有直接关系的物理性质作为分类基础。在原油的化学分类中，最常用的有特性因数法和关键馏分特性法。一般认为，按这两种分类方法可以对原油特性有初步了解，作出粗略的对比。

特性因数分类法在欧美国家普遍采用，它是利用特性因数K来反映原油的馏分油性质（如汽油、煤油、柴油的密度，柴油的苯胺点，润滑油的黏度指数，直馏汽油的辛烷值等）的方法。

关键馏分特性分类法，其原理是用原油简易蒸馏装置在常压下蒸为250～275℃的馏分作为第一关键馏分；残油用没有填料的蒸馏瓶在40毫米汞柱残压下蒸馏，取275～300℃馏分作为第二关键馏分。根据上述两种关键馏分的相对密度进而确定原油属于哪一类，两种分类法都有其优势和缺陷。

（2）原油的工业分类法：又称为商品分类法，可以作为化学分类方法的补充。工业分类的依据有很多，如按原油密度、含硫量、含氮量、含蜡量和含胶质量等分类，各国没有统一的标准，国际石油市场多用比重指数API度和含硫量分类。按重度可分为重、中、轻三种；按含硫量可分为高硫、含硫、低硫三种。原油品种可分为低硫轻油、含硫轻油、含硫中油和重油、高硫中油和重油等。其中，低硫轻油经济价值最高，而品质较低的含硫中油、重油和高硫中油、重油数量最多。

为了更全面地反映原油的性质，石油化工科学研究院建议把工业分类法中的硫含量分类作为关键馏分特性分类的补充，从而制定出更加实用的分类方法。不论按哪种方法，同一种类的原油都具有明显的共性，根据这些特点大致推测它适宜加工成哪种产品、产品质量如何等，从而指导我们的生产。

全球石油资源分布概况

根据现有的科技手段所获得探测结果，全球石油资源分布的特点可以用一句话概括：全球石油资源在地理分布上虽有一定的广泛性，但是其分布的相对集中性也甚为明显。

为什么说石油资源的分布广泛呢？全球从东半球到西半球，从海洋到陆地，世界各个大洲、大洋都有石油资源被勘测到。在近代石油史上，由于政治、经济、技术等因素的影响，西半球被视为世界石油资源的主要蕴藏地，含油量达9%。二次大战后，特别是20世纪70年代以来，世界石油勘探活动的规模达到了前所未有的程度，亚、非、拉地区的巨大石油资源日益被勘探和发现，使得东半球取代西半球成了世界石油资源的主要蕴藏地。而且近几十年来，由于全世界对石油资源需求量的急剧增加，加上海底勘探技术的迅速进步，海底石油的探测工作进展迅猛，目前地球上已探明石油资源的1/4和最终可采储量的45%埋藏于海底。今后世界石油探明储量的蕴藏中心将有可能由陆地移向海洋。

全球石油资源分布的相对集中性又表现在哪里呢？根据英国石油公司关于全球石油资源储量及产量的统计，至2003年底，世界探明石油总储量为1 567亿吨，主要分布在中东、南美、俄罗斯、北非及中亚等地。目前，全世界的储油国大约有60多个，其中探明储量在10亿吨以上的仅16个，合计起来占全球储油量的92%左右。西亚的沙特阿拉伯，即有200多亿吨的石油储量，独占世界的25%左右，成为世界上最大的储油国。述及世界石油蕴藏量分布，特别要强调的是阿拉伯—波斯湾地区的重要地位。1988年初，世界石油总储量的64%左右就集中在这里的8个国家，有"世界油极"之称。再从大油田的布局来看，在全世界已有的30多个特大油田中，亚非拉地区就占85%左右，其中阿拉伯—波斯湾地区尤为高度集中。上述数据充分说明，石油资源分布特点是集中性的。

我国石油资源分布特点

众所周知，油气资源是重要的能源矿产和战略性资源，与国民经济、社会发展和国家安全息息相关。党中央、国务院高度重视油气资源，将其与粮食、水资源一同列为影响经济社会可持续发展的三大战略资源，并将保护资源列为基本国策。因此，作为这个国家的一分子大体了解我国的石油资源分布情况是很有必要的。

首先，我国石油资源的开采前景并不乐观，我国的石油储量情况具有以下特点：

（1）地理分布不均，主要集中在几个大的盆地：根据石油可采资源量的分析，陆地石油资源主要分布在松辽、渤海湾、塔里木、准噶尔和鄂尔多斯五大盆地，共有石油可开采资源为114.4亿吨，占陆地总资源量的87.3%。海上石油资源主要分布在渤海，为9.2亿吨，占海域总资源量的48.7%。

（2）总量比较丰富，但未开采资源中低品位石油资源所占比重较大：低品位石油资源是指油质较差、贮存条件复杂、开采难度较大的石油地质储量。截至2003年底，我国累计探明低品位石油地质储量（包括可开采及难开采储量）约120亿吨，占总探明石油地质储量的50.9%。

（3）可开采储量不足，供给矛盾较为突出：由于西部和海域的油气勘探尚未取得战略性的突破，石油可开采储量，特别是可供开采的优质储量不足，我国已有多年出现了新增可开采石油储量和石油产出量入不敷出的局面。目前我国原油进口量逐年增大，已成为原油净进口国。我国的石油资源储量情况在很多方面让人忧虑，但总体来说油气资源探明程度较低，50%的陆地沉积盆地面积（沉积盆地是主要的石油生成地质结构）未普查，远景区面积有4/5尚未得到充分勘探。根据2000年来三大石油公司对不同类型盆地油气勘探，新增储量规律和各种方法的分析，测算出我国石油可开采资源量为150亿～160亿吨，而截止到2004年底，我国石油探明可开采储量为67.91亿吨。因此，我们的资源勘探潜力还是很大的。我国石油资源现状表现出机遇与挑战并存、困难与美好前景同在的形势。

石油的陆地开采

石油开采的过程，是一个多专业、多学科、多工种及各种工艺技术相互配合的复杂过程，它的技术处在不断完善和发展过程中。石油的开采全过程可概括为八个方面：①对油田地下情况进行调查研究；②编制油田开发方案；③钻井；④采油井场建设；⑤地面油气集输设施建设；⑥油田开采动态监测分析；⑦调整方案；⑧搞好提高油田采收率技术。以上各项工作可同时进行，也可交叉进行。

石油是液体矿物，人们常称它为"工业的血液"。这种矿物大都埋藏在地下几百米甚至几千米，在地表一般来说是看不见、摸不着的，而且它不像固体矿物可以直接采掘，所以要开发好一个油田，首先要对油田做充分的调查研究，掌握油田地下地质资料，认识油层的性质，了解石油储藏在什么样的岩层中，这些岩层的岩石性质是什么，又是如何分布的，在油层中究竟储藏着多少石油，将来用什么方法开采等。收集到以上这些基本资料，然后才可以运用这些资料编制油田开发方案，编制方案时还要考虑充分利用天然资源，确定如何保持油层能量的方法和技术措施。要根据国家计划的需要，结合油田的实际，选定合理的布井方式。开发方案制订以后，依据方案设计钻井，使石油能顺利地从地下喷出地面。另外，还要进行采油井场建设。石油开采出来以后，为了将其集中起来并迅速地输送出去，需要在油田地面上铺设纵横交错的集油管线和输油管线，建设起一批转油站、储油库等设施。提高油田采收率技术，需主要考虑混相驱、化学药剂驱和热力驱以及微生物采油等几方面的工作。

石油的海洋开采

全球海洋石油资源量占全球石油资源总量的34%，据统计，全球海洋石油蕴藏量约1 000多亿吨，其中已探明储量的为380亿吨。目前全球已有100多个国家在进行海上石油勘探，其中开展对深海海底勘探的有50多个国家。

我国近海海域发现了一系列沉积盆地，总面积近100万平方公里，具有丰富的含油气远景。这些沉积盆地自北向南包括：渤海盆地、北黄海盆地、南黄海盆地、东海盆地、冲绳海槽盆地、台西盆地、台西南盆地、台东盆地、珠江口盆地、北部湾盆地、莺歌海—琼东南盆地、南海南部诸盆地等。中国海上油气勘探主要集中在渤海、黄海、东海及南海北部大陆架。

海上钻井的工艺和设备与陆地钻井大致相同，但由于海洋自然条件的特殊性，受到风、海浪、潮汐、海流、海冰等自然条件的影响，海上钻井有其自身存在的许多特点：①要有一套安装钻井设备的辅助平台，即在海面上建设一个安装钻井设备和进行钻井的一块小"陆地"，以便安装钻井设备、储备器材和进行钻井施工等。②为了有效地与海水隔离，要有一套特殊的井口装置，使钻具能够顺利进入井中并控制井下情况。③由于受到海上台风、海流等气候的影响，会形成很高的海浪，对钻井装置的固定问题、稳定问题以及钻井工艺都有特殊的高要求；又因为海水的含盐量高，会对钻井等设备造成较严重的腐蚀，还要注意做好相关的防腐工作等。

石油的炼制

石油炼制是指把原油或石油馏分加工或精制成为目的产品的方法或过程。生产燃料产品的现代石油炼制工艺大体可分为三大类：

（1）原油的常压或减压蒸馏：指通过在常压或减压的状态下蒸馏，把原油中固有的各种不同沸点范围的组分分离成各种馏分。所谓馏分是指原油蒸馏时分离出的具有一定馏程（沸点范围）的组分，如液化气、汽油、煤油、柴油等馏分。通过减压蒸馏获得的馏分称为减压馏分。馏分只是在沸点范围上类似，还不是石油产品，需要进一步加工才能成为满足规格要求的石油产品。炼油厂一般是以原油蒸馏的处理能力作为加工规模（如500万吨/年）。

（2）原油的二次加工：从原油中直接得到的轻馏分是有限的，大量的重馏分和渣油需要进一步加工，即二次加工，以便得到更多的轻质油品。二次加工工艺包括催化裂化、加氢裂化、重整、焦化等。原油的二次加工是以化学反应为主的加工过程。

催化裂化，在分子筛或硅酸铝催化剂的存在下，使重质油（减压馏分油或掺渣油）进行裂化反应，转化成汽油、柴油和液化气等轻质产品的过程。重整是指对分子结构进行重新整理和排列。其中，催化重整是在含铂催化剂存在下，将汽油馏分中的正构烷烃和环烷烃转化为芳香烃和异构烷烃，得到高辛烷值汽油和苯类产品。现代重整工艺主要分为固定床半再生和移动床连续再生两种类型。焦化是使减压渣油、二次加工尾油等重质油进行深度热裂化和缩合反应的过程。其特点是，除生成气体、汽油、柴油、蜡油外，还生成石油焦（可制成电极或作为冶炼工业燃料）。延迟焦化是指先在加热炉中加热，然后再延迟到焦炭塔中生焦，从而实现大规模连续生产。1963年，我国第一套30万吨/年延迟焦化生产装置在抚顺建成投产；1965年，我国第一套自力更生建设的10万吨/年催化重整工业装置在大庆建成投产。

（3）油品精制和提高油品质量的有关工艺：包括加氢精制和脱硫醇等工艺。加氢精制是当代重要的石油加工技术之一，可以处理从气态烃到渣油等不同种类的进料，从中生产优质的石油产品和化工原料，以及为下一步加工过程提供合格的进料。一般情况下，加氢精制过程大多指加氢脱硫、脱氮以及烯烃和芳烃的加氢过程。

石油的使用

石油、天然气与煤炭并称为全球三大重要的一次能源。我国是世界上最早发现和使用石油的国家，据记载，我国最早发现石油的记录源于《易经》，而最早采集和利用石油的记载，则是南朝范晔所著的《后汉书·郡国志》。那时石油主要用作燃料、润滑剂、药物及军事等方面。

当代，石油成为一种重要的能源。自20世纪60年代以来，由于石油的广泛应用，促成了西方社会的"能源革命"，许多国家大规模地弃煤用油，使石油在全球能源消费中的比重大幅度上升，成为推动现代工业和经济发展的主要动力。今天，石油已经成为衡量一个国家综合国力和经济发展程度的重要标志，成为国家安全、繁荣的关键和文明的基础，成为现代工业的"血液"。

石油工业带动了机械、炼油、化工、运输业以及为这些产业部门提供原料和动力的钢铁、电力和建材等产业的发展。石油贸易在世界贸易中也占有极为重要的地位，对全球进出口贸易平衡、国际收支平衡和全球的金融市场发挥着重要作用。石油作为一种战略物资，与半个多世纪以来的全球政治和军事斗争紧密地交织在一起，在当今全球石油市场的竞争中，各大石油公司的背后都由某个政府在支持，表面上是公司之间的竞争，实际上是国家利益的争夺，带有很强的政治色彩。石油作为一种与人们生活密切相关的商品，已经构成现代生活方式和社会文明的基础，渗透到了人们衣、食、住、行的各个方面。到2001年为止，以石油为原料的石化产品已达7万多种，各种现代交通运输工具、现代生活和办公设施、各种建筑装饰材料，几乎都要使用石油和石化产品。正如美国世界石油问题与国际事

务专家丹尼尔·耶金在其著作《石油风云》中所说："如果世界上的油井突然枯竭，这个文明将会瓦解。"

自新中国成立以来，石油工业取得了巨大成就，对国民经济发展作出了重大贡献。但是，我国是发展中的石油消费大国，同时又是人均占有油气资源相对贫乏的国家。自1993年起，我国已由石油出口国变为净进口国，1996年原油和石油产品进出口相抵，净进口量达1 393万吨，今后的石油净进口量还会逐年增大。如何保障长期的、稳定的石油供应，是未来我国经济安全面临的一个重大问题。

石油的消费状况

从前面的叙述可以看出，石油是一种极为重要的能源，石油对于各国来说，其消费量与国家经济的发展程度是密切相关的。美国、日本一直是主要的石油消费国，中国由于人口众多和经济发展迅速，目前已经成为全球第二大石油消费国。据2002年的统计数据表明，美国、欧盟、中国和日本的消费量占世界石油消费量的60%。北美、欧盟的石油消费增长缓慢，亚洲的石油消费增长迅速。北美是全球石油的主要生产地，同时也是最大的消费地，由于石油消费增长的迅速，本地供给远远不能满足需求，因此北美地区也是全球最大的石油进口地区。俄罗斯和挪威是欧洲的主要产油国，但是也不能满足整个欧洲的需求，欧洲的石油进口主要来自中东地区。

我国所处的亚太地区的石油供需矛盾尤为尖锐。1994～2004年，该地区石油消费量年增长5.4%，大大高于世界平均水平。我国作为发展中的大国，国民经济迅速增长，产业结构迅速变化，导致我国的石油消费量快速增长。近十年来，石油消费量年均增长6%以上，而国内石油供应量年增长率仅为1.7%。这种供求矛盾使我国自1993年成为石油净进口国以后，石油进口量迅速上升。据统计显示，1996～2002年，中国原油净进口量已从2 000多万吨增加到约7 000万吨。发达国家石油消费经验显示，国民经济在以第二产业为主的经济结构条件下，石油消费量以较低的增长率增长；在第三产业成长为国民经济主导产业以前的工业化过程中，石油消费量快速增长，石油消费量的总量水平迅速扩大；在完成工业化以后，石油消费在较高的总量水平上将以较低的增长率增长。由此预测，从现在起到2020年之前，正是我国经济完成工业化过程的关键时期，石油消费将处于迅速增长阶段。我国交通部水运和上海航运交易所在一份进口石油海上运输的调查报告中认为，2010年，我国的原油进口量将达到1.5亿吨，到2020年将达到2.5亿～3亿吨。我国将面临越来越严峻的能源形势!如何缓解这一危机，已经实实在在地摆在了国人面前。

石油的品质

谈到石油的品质，我们将以生产、生活中常见的汽油、柴油、煤油和重油为例作简要介绍。

（1）汽油：按照用途可分为车用汽油和航空汽油。

车用汽油就生产和使用范围及其对国民经济发展的意义来说，在第一类石油燃料中占主要地位。对车用汽油品质的要求是极高的，有时甚至是相互矛盾的，为了满足这些要求，需要使用复杂的石油二次加工方法和使用各种添加剂。1980年，由国家标准委员会下属的石油产品试验国家部级委员会批准的综合鉴定试验方法，除了应按照TCT 2084—77的技术要求指标检验车用汽油的质量外，还规定更深入地评定蒸发性、可燃性和燃烧性、泵送性、腐蚀活性、防护性和安定性等使用性能。

航空汽油与车用汽油质量的要求相比，航空汽油对组分组成的规定、芳香烃和不饱和烃的含量，以及物理、化学安定性指标的标准等都更为严格。

（2）柴油：对柴油的要求取决于发动机曲轴旋转频率。曲轴的转速越高，能够让燃料蒸发和油气混合气发火准备的时间就越短，因此，高速柴油机使用的柴油较中速和低速柴油机所使用的柴油要轻。对于高速柴油机使用的柴油来说，在一系列指标上还有更严格的要求，如蒸发性、发火性、燃烧性、可燃性、泵送性、腐蚀活性、防护性、沉积物生成倾向、抗磨性和安定性。

（3）煤油：是一种无色透明的或淡黄褐色的轻质石油产品，主要用于照明、生活炊事、取暖、动力燃料、溶剂等。根据用途不同，可分为航空煤油、灯用煤油、动力煤油、信号灯煤油、矿灯煤油、溶剂用煤油等。

不同用途的煤油，其化学成分不同，同一种煤油因制取方法和产地不同，其理化性质也有差异。各种煤油在常温下均不溶于水，易溶于醇和其他有机溶剂，易挥发、易燃，与空气混合形成爆炸性的混合气，一般沸点为110～350℃，爆炸极限为2%～3%。煤油的质量要求依次降低的顺序为航空、动力、溶剂、灯用、燃料、洗涤煤油。

（4）重油：是由石油提炼出汽油、煤油、柴油等轻质油以后残余的部分调入适量轻质油而成。按照石油炼制工艺的不同，重油可分为直馏重油、减黏裂化重油、裂化重油三类。表观特性为颜色深、黏度大。与重油使用有关的基本性质是：重度、黏度、凝固点、发热量、闪点、燃点、静电特性、残碳、灰分、机械杂质、水分和安全性。

燃油设备

从前面的介绍可以看出，石油的用途极为广泛，除作为化工原料外，最主要的用途是作为各种燃油设备的燃料。石油的可燃物成分高，燃烧迅速且不易结渣，在大多数场合下是一种理想的燃料。主要的燃油设备有内燃机、燃油锅炉、喷气发动机等。

（1）内燃机：是燃料在机器内部进行燃烧，并将燃烧释放出来的热能转换成机械能的一种动力装置。通常所说的内燃机主要是指往复活塞式内燃机，它具有体积小、移动灵活、热效率高和操作方便等特点，广泛应用在交通运输、工程机械、农业机械、小型发电设备等领域。这种内燃机是由气缸盖、气缸体、曲柄连杆机构、曲轴箱、油底壳、配气机构等构成的。工作时，燃料（柴油、汽油）在气缸内燃烧，使得气体温度、压力升高，并在气缸内膨胀和推动活塞运动，再通过曲柄连杆机构将活塞的往复运动转换成曲轴组件的旋转运动，由飞轮对外输出动力。

（2）燃油锅炉：是一种以重油或渣油作为燃料的锅炉设备。油的沸点低于其燃点，因此油总是先蒸发成气体，并以气态的形式进行燃烧。油的燃烧速度决定油的蒸发速度。为此，在锅炉中，为了极大地扩大油的蒸发面积，燃油总是先通过雾化器雾化成细滴后再燃烧。燃油锅炉炉膛均采用水平或微倾斜的封闭炉底，通常是将后墙（或前墙）下部水冷壁管弯转，并沿炉膛底面延长而构成炉底。为了提高炉内温度，可在炉底上覆盖耐火材料保温。在小型燃油锅炉中，有时为了简化机构，炉底上也可不布设水冷壁管而直接用耐火砖砌成。油燃烧器在炉膛中的布置方式与煤粉炉一样，通常有前墙布置、前后对冲布置或四角布置等。工业锅炉的油燃烧器一般采用前墙布置。

天然气的形成

天然气（Nature Gas），是蕴藏在地层中的烃和非烃气体的混合物。目前，人们已发现和利用的天然气有六大类，分别为油成气、煤成气、生物成因气、无机成因气、水合物气和深海水合物圈闭气。我们日常所说的天然气是指常规天然气，包括油成气和煤成气，这两类天然气的主要成分是甲烷等烃类气体。天然气还有一些非烃类气体，如氮气、二氧化碳、氢气和硫化氢等。

天然气的成因主要有两大类：有机成因和无机成因。有机成因天然气的形成过程，最典型的就是有"孪生兄弟"之称的油气田的形成。

古代的低等动植物遗体混合泥沙一起沉积在低洼的湖泊、浅海或海湾中，开始先形成黑色的有机淤泥，年复一年，沉积层越来越多，压力也越来越大，在缺氧环境中，经过1万年甚至几万年，在细菌、温度以及压力等因素的作用下，有机淤泥被压缩成泥岩，泥岩中有机物质逐渐转变成碳氢化合物，石油和天然气便由此诞生了。油气形成后是分散状态存在的，由于沉积层不断加厚，压力不断加大，泥岩在生油、生气过程中被压缩，油气逐渐转移到附近有缝隙孔洞的砂岩或其他岩体（如砾岩）中。生成石油的岩层叫做生油岩。除砂岩外，石灰岩和其他一切有孔洞缝隙的岩石也都能储存石油，这种多孔的岩层叫做储油层，储油层上面是盖层，因为它不透油、不透水、不透气，能起到密封的作用，这样盖层下面便形成了油气田。这便是长久以来多数人主张的有机成因说。

无机成因天然气，是深部地核的脱气作用形成的天然气，并非是1 000～2 000米深处生成的气。深源气只限于与地核或地幔活动有关的无机成因天然气，是在地核的极高温度下，二氧化碳与氢发生反应生成的甲烷。

无机成因可分两类，即变质成因和岩浆成因。变质成因是碳酸盐岩热分解生成二氧化碳，与深部区域变质作用有关，或与岩浆及其热液的接触变质作用有关。岩浆成因是伴随岩浆形成过程生成的二氧化碳，它起源于地壳深部或地幔，随岩浆的分异作用而趋于富集。

天然气作为流体矿产，有较强的运移活性。天然气有四个特征：分子小、密度小、黏度小、被岩石吸附的能力小。这些特征使各种气体在岩石圈中有较强的迁移能力，使不同来源的气体在某些因素的制约下共储于同一圈闭空间，因而天然气的生成具有多源复合、多阶连续生成的特点。

天然气的特点

天然气已成为全球继煤炭和石油之后的第三大常规能源，预计到21世纪四五十年代，全球将进入天然气时代。天然气之所以备受瞩目，要源于它的"天生丽质"：

（1）清洁环保：通常可燃天然气的主要成分是甲烷，含量达90%以上，燃烧时仅仅散发极少的二氧化硫（SO_2）和微量的一氧化碳（CO），而且无悬浮颗粒物，它产生单位热量放出的温室气体（CO_2）只有煤炭的1/2左右，比石油还少1/3，是清洁、优质、具有竞争力的能源和化工原料，也是环保首选燃料。其含碳量低的性质，符合能源非碳化发展的规律。

（2）资源丰富：天然气与石油探明的可开采储量接近，但是天然气资源更丰富，采出程度低，可开采年限长，有着巨大的潜力。

（3）发展前景广阔：天然气可以用于工业燃料、发电燃料、民用与商业燃料、能源工业和化工原料。石油和煤炭消费领域里有70%以上可以用天然气来取代。

（4）使用方便：在燃烧前和燃烧后只需要最低程度的处理，不像石油那样需要集中炼油厂加工处理后使用，也不像煤炭燃烧后留下大量的煤灰、煤渣。

（5）有较高的综合经济效益：燃气联合循环发电的效率可达60%（常规煤电的效率只有38%～40%），造价只为常规煤电的1/2～2/3。天然气用作化工原料，工艺简单，转换效率高，能耗低，投资少，易实现清洁生产。

（6）天然气在地下以气态存在、黏度小、渗流能力强、对储层物性要求较低：天然气黏度小，流动阻力就小，低渗区的气就可以通过高渗区采出，实现"少井高产"，减少开发井数，降低钻井成本。

随着人类环保意识的增强，以及各国政府对环境的日益重视，有着相当优势的天然气即将成为人们新能源的"宠儿"。

全球天然气资源分布概况

根据人类能源利用的发展规律，由薪柴时期、煤炭时期到石油时期的能源低碳化规律，预计21世纪将是"天然气世纪"，各国也加强了对天然气的勘探、测量和开采工程。

据2005年发布的数据表明，截至2004年底，全球天然气剩余探明储量约为1 710 405.70亿立方米，其中位于前十名的国家分别是俄罗斯、伊朗、卡塔尔、沙特阿拉伯、阿联酋、美国、尼日利亚、阿尔及利亚、委内瑞拉、伊拉克，其中前五个国家占全球资源量的比例分别是27.81%、15.56%、15.06%、3.88%、3.51%。中国为15 100.04亿立方米，仅占世界储量的0.88%。

根据所探明的天然气剩余储量，天然气分布地区可分为几个区域：

（1）西半球：主要产气国有美国、加拿大、墨西哥和委内瑞拉。该地区拥有世界估算未来开采量的8.5%。

（2）中东地区：主要产气国是伊朗、卡塔尔、沙特阿拉伯和阿联酋。该地区是未来最大的天然气生产区，现拥有世界估算未来开采量的41.7%，还有近71万亿立方米的天然气待开采。

（3）东欧与前苏联地区：主要产气国有俄罗斯、哈萨克斯坦、阿塞拜疆。该地区拥有世界估算未来开采量的32.5%，已开采天然气仅占其1.4%，是未来较大的天然气生产区。

（4）非洲地区：主要产气国为阿尔及利亚、尼日利亚和埃及。该地区现已开采近1.3千亿立方米，还有近13万亿立方米尚待开采。

（5）亚太地区：主要产气国是印度尼西亚、马来西亚、中国、巴基斯坦和澳大利亚。该地区剩余探明的储量约占全球估算未来开采量的6.4%。

（6）西欧地区：主要产气国为英国、挪威和荷兰。但英国现已探明的剩余储量却仅有约6千亿立方米。该地区也仅拥有世界估算未来开采量的2.98%。

根据天然气的分布概况可以看出，世界天然气分布不均，而且天然气丰富地区的储量与经济发展不协调。

我国天然气资源分布特点

天然气的形成途径广泛，具有多源复合、多阶段连续的特点，因此天然气的分布范围也比较广。根据气田的地质特征及天然气资源的分布状况，全国划分为五个区：中部气区、东部油气区、西部气油区、海域气油区和南方天然气远景区。近年来开采喀喇昆仑山以南青藏高原地区的油气工作表明，那里具有一定的油气前景，有的专家将其作为一个独立的青藏油气预测区。

（1）中部气区：以四川盆地及鄂尔多斯盆地为主，是我国气层气的主要分布地区，以碳酸盐岩气和煤成气为主。四川盆地是目前我国气田最多的盆地，探明储量占全国天然气总储量的36.46%，产量占全国总产量的45%。鄂尔多斯盆地的中部气田是"八五"期间探明的世界级大气田，表明中部气区是我国最有前景的天然气勘探区。

（2）东部油气区：是我国的主要油区，全国85%的石油探明储量和近90%的石油产量来自该区，也是我国油田伴生气的主要分布区。油田伴生气近90%的探明储量来自该区。

（3）西部气油区：是我国又一个天然气资源的富集区，各类天然气资源都比较丰富，有丰富的碳酸盐岩气，煤成气和湖相泥岩气所占的比例也不少。柴达木盆地三湖区还有较丰富的生物气。

（4）海域气油区：该区的天然气资源储量占全国的22%。对缺乏天然气的大陆东部，特别是东南部形成良好的匹配。

（5）南方天然气远景区：主要指苏北、江汉、四川三盆地以南的地区。据资源预测，有8.6%的天然气资源储存于该区，有可能成为我国的天然气区之一。

虽然我国天然气资源范围广泛，但是分布不均匀，已探明的储量集中在为数不多的大、中型气田。全国天然气探明储量的80%以上分布在鄂尔多斯、四川、塔里木、柴达木和莺歌海—琼东南五大盆地。

不同成因的天然气所形成的气藏共存于一个盆地（凹陷）的同一套地层之中，也是我国天然气的重要特征之一，而且气田总体丰富程度偏低，因而会对气田开发的经济效益有一定的影响。

分析我国天然气资源分布及产量情况看出，天然气丰富的地区与经济发达地区相分离，为此，我国特别建设了"西气东输"工程，把西部的天然气运到东部经济发达地区，以缓解东部特别是东南部经济发达地区天然气资源的贫乏，实现了对天然气资源的充分利用。

天然气的开采

在汉、晋时期，我国就发现并利用天然气，如在四川盆地采气熬盐等。目前，我国基本形成了以四川、鄂尔多斯、塔里木、柴达木、莺歌海—琼东南、东海六大盆地为主的气层气资源区和渤海湾、松辽、准噶尔三大盆地气层气与溶解气共存资源区的格局，这应当归功于天然气开采技术的发展。

天然气开采之前，工程技术人员首先采用各种手段探测出天然气储藏的准确位置。目前所使用的勘探方法主要是地球物理方法，包括磁、电、重力和地震，其中地震勘探是最常用的方法。

地震勘探法，是利用地面震源发射地震波，这些地震波穿过岩石遇到阻抗不同的地层界面产生反射波，被地面检波器接收，然后根据已知波的传播速度，测得这些反射波的返回时间以及从震源到按一定格式排列的检波器的距离，推断出沉积岩层的分布剖面。针对天然气特点，我国研究开发并建立了一套天然气勘探的地球物理方法，即烃类地震直接检测技术和天然气测井技术。烃类地震直接检测技术主要包括：多波勘探、AVO、波阻反演、模糊神经网络联合识别技术。天然气测井技术包括：孔隙度测井（补偿种子、补偿密度、补偿声波）、电阻率测井（深、中、浅侧向测井）、泥质测井（自然伽马、自然电位）、井眼测井。

人们把天然气从地层采出到地面的全部工艺过程，简称为采气工艺。它与自喷采油法基本相似，都是在探明的油气田上钻井，并诱导气流，使气体靠自身能量（能量主要是源于地层压力）由井内自喷至井口。天然气比重极小，在沿着井筒上升的过程中，能量主要消耗在摩擦上。由于摩擦力与气体流速的平方成比例，因此管径越大，摩擦力越小。在开采不含水、不出砂、没有腐蚀性流体的天然气时，气井上有时甚至需要使用套罐生产，但在一般情况下仍需下入油管。

在天然气开采过程中，最主要的工序是钻井。为了降低成本，提高经济效益，钻井行业力求开发利用先进技术。这些先进的技术包括：计算机技术在钻井行业的广泛采用、水平钻井技术、新型钻头、泥浆和固控技术、随钻测量、顶部驱动钻井技术等。

目前，国际上大力提倡天然气的清洁生产，即在整个生产过程中，着眼于污染预防，全面考虑开发生产周期过程对环境的影响，最大限度地减少原料和能源消耗，降低生产成本，提高油气资源和生产用能源的利用率，使开发生产过程对环境的影响降到最低程度。

天然气市场前景

目前，发展天然气工业已成为各国改善人类生存环境和维持经济可持续发展的最佳选择。天然气可以用作工业燃料、发电燃料、民用及商业燃料、能源工业和化工原料，但当前全球天然气需求的大趋向主要是天然气发电和民用天然气燃料等。

发电燃料迅速向天然气转移是近年来世界性的普遍趋势。天然气的加热速度快，容易控制，质量稳定，燃烧均匀。天然气电厂与燃煤电厂相比，污染物排放少，比较清洁，也不需要进行燃烧后处理。天然气联合发电的热效率高，一般为50%～60%，热电联产机组可以达到80%；燃气机组启动时间短、运行特性好。2000年，英国天然气发电所占发电燃料的比例为36.6%；日本天然气用户中电力占主要地位，为72%。据美国能源部估计，全球不同燃料发电量的历史变化及长远预计表明，在全球总发电量中，天然气发电的比例将从1993年的14.9%上升到2010年的24.7%。

民用天然气燃料主要指车用天然气燃料和家庭生活用燃料。汽车行驶时，所排放的尾气中的氮氧化物是形成酸雨的物质之一，二氧化碳则是温室效应的罪魁祸首，一氧化碳、颗粒物质等污染物会影响周围的环境，给人们的健康带来威胁。汽车以天然气做燃料比使用汽油和柴油时排放的一氧化碳减少85%以上，二氧化碳减少24%左右，氮氧化合物减少80%，颗粒物质减少约40%，在排放的尾气中平均可以减少30%～50%的污染物，且不积炭，不磨损，运营费用比较低。截止到2002年底，全世界有55个国家投入运行天然气汽车，保守估计数量约216万辆，大部分使用压缩天然气（CNG），重型车使用液化石油气（LPG），有天然气汽车加气站约5 500座。

随着环境保护力度的加大、经济发展水平的提高和天然气利用技术的发展，我国使用天然气的居民用户数量和用气规模也会迅速扩大。

天然气利用的新技术

随着经济和科学技术的发展，特别是人类对生活质量和生活环境要求的日益提高，天然气作为优质、清洁的燃料和原料越来越受到人们的重视。合理利用天然气，开发先进的利用技术已成为我国21世纪天然气战略的重要组成部分。

天然气可用于发电、燃料电池、汽车燃料、化工、城市燃气，其中许多技术已经成熟，显示了良好的社会和经济效益，一些技术还处于研发阶段，但已取得了较大的进展。

（1）天然气发电：主要有天然气联合循环发电（NGCC）和热电冷联产（BCHP）技术。前者是将燃气轮机与锅炉、汽轮机结合在一起发电的技术，是目前效率最高的大规模发电技术；后者主要用于大型楼宇的供电、制冷和供热。

（2）燃料电池：是一种将贮存在燃料和氧化剂中的化学能直接转化为电能的发电装置，已成为当今世界发达国家竞相研制开发的一种新型发电技术。该技术效率高，占地少，无污染。其燃料主要是氢气，而天然气是生产氢气的最佳原料。

（3）天然气汽车：目前使用天然气的汽车主要是压缩天然气汽车，液化天然气汽车和吸附天然气汽车还处于研究和试验阶段。天然气汽车环境效益显著，具有安全性好、发动机寿命长、燃料费用低等优点。国内的一些省市已启动了天然气汽车产业。

（4）天然气化工：以天然气为原料加工的化工产品有合成氨、甲醇、甲醛、乙烯、乙炔、氯代甲烷、二硫化碳、氢氰酸、炭黑等，国内主要用于合成氨和甲醇。

（5）城市燃气：天然气是理想的城市燃气，其单位体积的发热量是人工煤气（如焦炉气）的2倍多。

天然气的净化

天然气是一种烃类气体混合物，常含有硫化氢、二氧化碳及水蒸气等组分。含液态水的天然气具有腐蚀性，尤其是当天然气中含有二氧化碳和硫化氢时更为严重。水和天然气能形成固体水合物，堵塞管道、阀门；二氧化碳含量过高会降低天然气的热值和管输能力；硫化氢含量过高会使用户中毒。因此，井中产出的原始天然气必须作净化（脱除硫化氢、二氧化碳和水蒸气）处理后方能供给用户使用。净化后的天然气、二氧化碳含量一般只占总组分量的2%以下，硫化氢低于4×10^{-6}，水蒸气亦应除去。

天然气脱水从原理上讲有四种方式，即直接冷却、压缩以后冷却、吸收和吸附；从工艺上讲主要有液体脱水剂（甘醇）法、固体脱水剂（分子剂、铅土、硅胶片）法及氯化钙法。目前，在天然气脱水中应用最多的是三甘醇工艺。在新概念的指导下，这项脱水工艺又有了新的发展，用分子筛干燥天然气也是目前所使用的主流工艺。该工艺不但能脱除天然气中的水，硫化物和其他杂质也能一并去除，同时还可用于酸性天然气的干燥，这对以后酸性气田的开发有着重要的利用价值。

20世纪90年代美国天然气研究院提出膜分离工艺，但早期使用的气体分离膜成本高，分离能力低，大规模使用受到限制，目前该院已研究开发出了用于天然气干燥的气体分离膜和膜系统。

酸气脱除的基本原理是吸附作用。吸附剂的选择要根据其对酸气的物理性或化学性亲和力来定，吸附剂脱除酸气可达到彻底性脱除。气体渗析是一种有潜力的脱酸气的方法，但目前还没在工业上广泛运用。在化学溶剂法中胺洗涤是最常用的方法，其次是碳酸钾法。不同的是，其所使用浓度要比胺溶液高，该工艺比较适合脱除二氧化碳，但也可以脱除硫化氢。物理溶剂法可在不加温的条件下吸收酸气。另外，这些处理剂对天然气中的重质烃很敏感，它们先吸收重烃，然后吸收酸气。要求气体的纯度很高时一般采用吸附处理工艺，其设备是分子筛。气体渗析法由于受膜的限制，其处理量较小，这种方法的研究重点是开发更有效、更经济的隔膜。在二氧化碳浓度很高的情况下，可考虑使用低温蒸馏法进行分离。

硫化氢、二氧化碳和水蒸气是天然气净化中去除的主要组分，在某些情况下，天然气中的氮气、氦气达到一定量时，为达到天然气的热值要求也必须去除，通常采用的方法是低温蒸馏法等。

燃气设备

燃气设备从大的方面讲，主要分为民用燃气用具和燃气工业炉及锅炉。

燃气作为一高效、清洁的能源，已广泛应用于人们的日常生活。200多年前的煤气灯已成为历史陈迹，现代科学技术的进步和发展促进了民用燃气工具在种类、产量和质量方面的发展与进步。

民用燃气用具是与人们的日常生活紧密联系在一起的，可用于食品烹调、饮用水加热、家庭热水供应、采暖以及燃气空调。按照用途可分为燃气炊事用具、燃气热水器、燃气沸水器、燃气冰箱、燃气空调机和燃气热泵等，燃气灶和燃气烘箱都属于燃气炊事用具。目前，国内外民用燃气工具的发展都很快，但有不同特点：国内发展最快的是家用燃气双眼灶；国外则在燃气用具的品种、类型、性能等方面做了大量的开发工作，其中最引人注目的是大容量燃气热水器及燃气空调机开发成功。

工业炉窑是一种常用的量大、面广的加热设备，品种相当繁多，各个工业部门各有其适用的形式，如冶金部门有轧钢炉、均热炉等，机械部门有锻造炉、热处理炉等，建材部门有玻璃炉、烧砖瓦窑等，食品部门有各种食品烘烤炉等。根据工业炉窑从事的加热工艺及其热工制度，大体可归纳成熔炼炉、加热炉、热处理炉、焙烧炉及干燥炉五种类型，这五种类型各有不同的加热目的，它们的炉温取决于加热工艺和被加热的材料。另外，工业炉窑的炉型与生产性质有一定的关系。若大批量生产，一般采用连续式炉型，如推平式、网带式等；而单件小批量生产，一般采用间歇式炉型，如室式、台车式等。

燃气锅炉与普通锅炉一样，由"锅"和"炉"两部分组成，"炉"

是燃烧燃料放出热量的部分，燃气在其中燃烧，将化学能转化为热能；"锅"是吸收热量的部分，高温烟气通过锅的受热面将热量传给锅内工（介）质，这两个密切相关的部分组成了一台完整的锅炉设备。

天然气的储存

安全高效的天然气储存技术对实现天然气合理有效的利用非常重要。从大的方面讲，主要有三种储存方式：气态储存、液态储存和固态储存。每种储存方式又包括一种或多种储存工艺，其中一些储存工艺已相当成熟，并已得到广泛应用，有些还处于研究试验阶段。

（1）天然气的气态储存：这种储存方式分为高压储气柜储存、地下储气库储存、高压管道储存、管束储存和吸附储存等。其中，高压储气柜又称为定容储气柜，即容积固定不变，依靠柜内压力的改变来储存燃气。优质钢材的出现和焊接技术的提高为此储气方式开拓了广阔的前景。天然气地下储存通常是利用枯竭的油气田、含水多孔地层或盐矿层建造储气库，其特点是容积很大，可用于"季节高峰"时期。高压管道储存是将输气和储存结合在一起的一种储气方式，但只有在具备高压输配供气的条件下才能实现。管束储存是高压储气的一种形式，由于其管径较小，储存压力比高压储气柜更高。吸附储存是天然气储存的一种新技术，采用高比表面、富微孔的吸附剂在中低压下吸附储存天然气，实现在高压下压缩天然气的储气密度。与压缩储存相比，吸附储存具有工作压力低、设备体积小、成本低等优点，但高性能吸附剂的开发和吸脱附过程热效应分析是近年来制约天然气吸附储存的两个关键问题。

（2）天然气的液态储存：目前一般采用低温常压储存方法，即将天然气冷冻到其沸点温度（−162℃）以下，在其饱和蒸汽压接近常压的情况下进行储存。其储存方式主要有冻土地穴储存、地上金属储罐储存和预应力钢筋混凝土储罐储存。冻土地穴储存是将液态天然气储存于周围都是冰冻土壤的地穴中；金属罐储存是将液态天然气放在金属罐中储存，目前使用最广泛的地上金属储罐是双壁金属储罐；预应力钢筋混凝土储罐的顶部、侧壁和底部均用混凝土制成，施加预应力的目的是防止产生裂缝，这种储罐可建在地上或埋在地下。

（3）天然气的固态储存：即水合物储存，是将天然气在一定压力和温度下转变成固体结晶水合物，并储存于钢制的储罐中。此方式储存天然气对天然气的预处理要求低，安全可靠，费用低。

有趣的"可燃冰"——天然气水合物

天然气水合物，又称为固态甲烷，由天然气与水组成，呈固态，外貌极像冰雪或固体酒精，点火即可燃烧，因此被称为可燃冰、气冰、固体瓦斯。人工生成的水合物颜色较白，类似雪泥样，自然生成的水合物因地质条件、形成的差别而呈红、橙、黄、灰、蓝、白，且堆积成硬块状。天然气水合物的结晶格架主要由水分子构成，在不同的低温、高压条件下，水分子结晶形成不同类型多面体的笼形结构，其分子式为M_nH_2O（M表示甲烷等气体，n为水分子数）。

天然气水合物是一种重要的潜在能源，自然界中存在大量的天然气水合物，国外现已探明，存于海底沉积层和大陆冻土带地层中的天然气水合物，其储存量相当于全球不可再生能源（如煤、石油、天然气等）储存量的2.84倍左右。

用水合物的形式来储存天然气也是目前天然气固态储存的一种新技术。方法是，将天然气在一定压力和温度下与水作用转变成固体结晶水合物，即天然气水合物。这种储存方式具有一定的优点：

（1）储存空间小：单位体积的水合物能储存标准状态下180倍体积的天然气。

（2）安全性高：用水合物储存天然气比气态、液态天然气更加安全。

（3）可控性好：储存于水合物中的天然气释放过程缓慢，过程升温不大且可控。

（4）易于储存：天然气能在相对较低的压力下储存于水合物中。

煤炭、石油、天然气的经济性比较

由矿物燃料燃烧放出的二氧化碳造成的温室效应已引起全球广泛关注。据2004年数据，大气中二氧化碳的含量已达到3.78×10^{-4}，再创历史新高，近半个世纪以来二氧化碳的含量一直在增长，如果这种趋势不加以控制，到2100年大气中二氧化碳的含量则将达到$6.5 \times 10^{-4} \sim 9.7 \times 10^{-4}$，全球气温也将上升$1.4 \sim 5.8 ℃$。其排放量不仅与能源消费量有关，与能源种类也存在着紧密的联系。按煤、石油、天然气的高热值计算，每产生109焦耳的能量，煤炭、石油、天然气分别放出二氧化碳量为92.43千克、69.44千克和49.44千克，天然气放出的二氧化碳最少。因此，从这个方面讲，天然气相对于煤炭和石油要经济得多，为减少二氧化碳的排放量，可从能源消费领域进行能源结构调整。

天然气直接作运输燃料比燃用石油经济，全球各种汽车总数已达8.5亿辆；美国通用汽车公司预计，到2020年全球汽车总数将达11亿辆。如此巨大数据将产生两大问题：一是必须找寻石油的替代燃料，二是造成严重的环境污染。天然气可以完美地解决以上问题，因为其资源丰富，抗爆性强，价格低廉，且是一种清洁燃料，其尾气排放的氯化物、二氧化硫、氮氧化物、一氧化碳、颗粒杂质和噪声分别比石油降低80%、70%、99%、89%、42%和40%。

用天然气发电比煤炭发电经济得多。若在联合循环燃煤发电装置中用天然气作燃料，其最高发电效率会由38%提高到60%，单位能量排放的二氧化碳会下降47%，且避免了二氧化硫、氮氧化物和粉煤灰的排放，运输上也十分经济。

将天然气转化为甲醇或氢气后作燃料电池比煤炭和石油要经济得多，燃料电池是一种清洁、无污染、绿色环保，并能大规模应用的新能源。由于其转化效率高，节约大量燃料，从而使二氧化碳排放量大大降低。

从以上方面看出，天然气比煤炭和石油更加经济，应大力发展天然气利用技术。

面临枯竭的矿物能源

随着生产的发展和科学技术的进步，"钻木取火"成了遥远的过去，人类逐步开发了风力、水力和化石燃料等常规能源。世界各国经济技术发展的事实表明，机械化、自动化水平以及电气化程度越高，经济和技术越发展，劳动生产力水平就越高，产品就越多，能源消费也越大。能源消费量已成为衡量一个国家或地区经济发展和人民生活水平的一个重要指标。

20世纪中叶以后，随着人口急剧增加和现代化水平不断提高，人类对能源的需求量越来越大。据20世纪70年代中期统计资料表明，煤炭产量每年增加4.0%，原油增加7%～8%，天然气增加3%～5%。其中，发达国家的能源消耗十分惊人，1975年其能耗竟占全世界能耗的80%。1980年，美国的能源消耗占世界能耗总量的25%，其中，原油占25%，煤炭占20%，天然气高达49%。按人均耗能计算，1980年美国是发展中国家的54倍，是世界平均能耗的8倍。

当前，世界上消耗最多的能源是煤炭、石油、天然气等非再生的化石矿物能源。按目前能源储藏量与开采速度的比例计算，全球石油可开采40年，天然气约60年，煤炭约200年。再把能源消费量和世界人口的增长考虑在内，到本世纪末，地球上35种矿物中将有1/3消耗殆尽，包括石油、天然气、煤炭和铀。另外，矿物能源在生产和利用中污染环境、带来酸雨、加剧温室效应，按人口平均计算，美国二氧化碳排量为20吨/（人·年），德国为12.3吨/（人·年），日本为8.7吨/（人·年）。我国虽为2.2吨/（人·年），但人口众多，能源利用率不高，能源消费结构以污染严重的煤炭为主，备受世界关注。

综上所述，人类面临着矿物能源枯竭和污染双重危机，我们必须尽快改变现有能源结构，加快替代能源的发展步伐方为明智之举。

水　能

水能，通常是指河川径流相对于某一基准面而具有的势能。把天然水流具有的水能集聚起来，去推动水轮机，带动发电机，便可发出电能。这个物理过程使一次能源开发和二次能源生产同时完成，而水流本身并不发生化学变化，所以，水能是一种清洁能源。由于地球上水的总量恒定，在太阳能作用下不断进行着蒸发、降水循环，因此水能是可再生的能源，可谓"取之不尽，用之不竭"。

水不仅可以直接被人类利用，它还是能量的载体。太阳能驱动地球上水循环，使之持续进行。地表水的流动是重要的一环，在落差大、流量大的地区，水能资源丰富。随着矿物燃料的日渐减少，水能是非常重要且前景广阔的替代资源。目前，世界上水力发电还处于起步阶段，河流、潮汐、波浪以及涌浪等水运动均可以用来发电。

开发利用水能资源，可以代替大量的煤炭、石油、天然气等化石能源，可以避免燃烧矿物燃料而产生的对人类生存环境的污染，并可以实现对水资源的综合利用——兴水利、除水害，同时可取得防洪、航运、农灌、供水、养殖、旅游等经济和社会效益。建设水电站还可同时带动当地的交通运输、原材料工业乃至文化、教育、卫生事业的发展，成为振兴地区经济的前导；此外，由水能转换为电能输送方便，可减少交通运输负荷。

水能的特点

水能清洁、可再生、成本低、具有综合效益等特点。

水能是最清洁的能源，又是可再生能源，它与不可再生的石油、天然气、煤炭等能源资源不同，后者只能是越开发越少，资源就会枯竭，而水能是可循环、可再生的能源。我国的水力资源极其丰富，现已开发的还不到总量的10%，一些工业发达国家的水力资源却已开发将尽。水能是一种循环不息的能源，川流不息的江河之水流入大海后，受太阳辐射能的作用蒸发为水汽；水汽被大气流动吹向大陆，形成雨雪，降到地面上；雨雪之水再流入江河中，又可利用其能量来发电。由此可见，水能是在大自然之力的推动下，永远循环不息的优良能源。

水力发电比火力发电和核能发电成本低、投资少、见效快，具有综合效益。大力发展水电，可有效解决燃煤造成的环境污染，净化空气。但开发水电过程中，也要注意保护当地的生态环境，使其能可持续发展。此外，水电的发电成本低廉，仅是火电（燃煤）发电成本的1/4左右，更比燃油发电、核电的发电成本低，其经济效益十分显著。在有条件的水电站，还可建立抽水蓄能式电站，有利于电网负荷的削峰补谷，能更好地发挥水电调峰的作用。发展水电，兴建水利水电工程，必然在水资源的综合利用方面，如防洪、灌溉、工业及城市供水，区域间水资源调配，以及航运、水生养殖、旅游等方面发挥积极作用，这是单纯发展火电所不能替代的。

全球水能资源分布概况

　　全球水能分布很不均衡，中、俄、巴西、美、加、扎伊尔六国的水能合计占全球水能的半数，中国的水能约占世界的1/5。俄罗斯有数条长度超过2 000千米的世界长河，水能资源主要分布在叶尼塞河及伏尔加河，但电力仍以火电为主，水电不足14%。巴西的巴拉那河上游经巴西高原南部，激流瀑布很多，水利资源极为丰富，世界著名的伊瓜苏瀑布即位于巴西边境，全国水利发电的一半以上来自巴拉那河。加拿大降水较多而蒸发量小，多河流、湖泊和激流瀑布，太平洋沿岸山地西部水利资源十分丰富，水电已占总发电量的70%以上。美国的众多河流蕴藏有丰富的水利资源，水电站主要分布在西部的田纳西河、哥伦比亚河和科罗拉多河上。扎伊尔拥有世界上第二条水量最大的河流——扎伊尔河，由于从高原到盆地的地形突变形成一系列激流瀑布，水能蕴藏量占整个非洲的50%，发电量高达1亿千瓦。世界各国水电发展程度相差悬殊，西欧国家一般开发70%～98%，美国、俄罗斯大体为40%和20%，但发展中国家占比重比较低，如扎伊尔仅为1%。

我国水能资源分布特点

　　我国水能资源丰富，但分布不均，呈现西多东少的状况，大部水能集中于西部和中部。在全国可能开发的水能资源中，东部的华东、东北、华北三大区占6.8%，中南5地区占15.5%，西北地区占9.9%，西南地区占67.8%。其中，川、云、贵三省占（除西藏外）全国的50.7%。

　　我国的大型电站比重大，且分布集中。各省（区）单站装机10兆瓦以上的大型水电站有203座，其装机容量和年发电量占总数的80%左右；70%以上的大型电站集中分布在西南四省；资源的开发和研究程度较低，目前已开发资源为15%左右。

　　我国气候受季风影响，降水和径流在年内分配不均，夏秋季4～5个月份的径流量占全年的60%～70%，冬季径流量很少，因而水电站的季节性电能较多。为了有效地利用水能资源和较好地满足用电要求，最好的方式是通过建设水库来调节径流。

　　我国地少人多，建水库往往受淹没损失的限制，而在深山峡谷河流中建水库，虽可减少淹没损失，但需建高坝，工程较艰巨。中国大部分河流特别是中下游，往往有防洪、灌溉、航运、供水、水产、旅游等综合利用要求。在水能开发时需要全面规划，使整个国民经济得到最大的综合经济效益和社会效益。

　　我国水资源分布不均衡，大多分布在西部经济不发达地区。为了把我国西部的水资源运往东部经济发达地区，我国实施了"西电东送"计划，同时兴建了许多水利工程，把水资源输送到水资源紧缺的地区。

水能的利用

　　水能的开发利用通常是通过某种装置，将水能转化为可直接使用的机械能或电能，供人类各种需要。据我国有关史料记载，在距今2 000年前已发明了水碓、水排、龙骨车，在距今1 700多年前已发明了水磨、水碾，在距今800多年前，已发明了水转大纺车等，这些水力机械，分别被中国古代科学家撰写记载。在元代（公元1313年）成书的《王祯农书》和在明代（1637年）刻印的宋应星编著的《天工开物》等著作中分别对我国古代水能利用的情况进行了确切的描述，并附有绘制的木刻图流传于世。有些水力机械，如水磨、水碾、龙骨车等，虽有改进，至今还在一些地方的农村继续使用。

　　西方利用水力纺织机械已经是18世纪后期的事情了，直到1769年英国人理查·阿克莱（Richard Ark Wright）才制造出水车纺机并建立了欧洲第一座水力纺纱工厂，比中国宋代水转大纺车晚了4个多世纪。

　　水电是一种洁净、无污染的可再生能源。水电开发利用是通过建设水力发电站，将水能资源转化为电能，从而实现了人类社会对水能的利用。开发利用水电的优点很多，例如，水电建设已有成熟的技术；水力发电成本具有竞争力和稳定性，没有燃料费用；水能是我国自有的资源，不受国外供给影响；建设水电站既可节约煤炭、石油，减少环境污染，又可兼收防洪、灌溉、航运、水产、供水、旅游、水上运动等综合利用效益，尤其是可供电力系统提高调峰、调频和战备用电等。建设水电站对生态环境有一定的影响，如果处理得当，是可以避免的。水电的主要缺点：一是，水力发电投资大，建设工期长，例如，长江三峡工程需17年才能建成；二是水电受气象、水文、水期丰枯的影响，发电出力表现出一定的不稳定性。

水工建筑

　　水工建筑物主要是指在水能利用过程中建造的拦河坝，泄水、进水、输水建筑物，发电厂房和过坝设施等。

　　拦河坝是堤坝式水电站的主要水工建筑物。坝的种类和形式很多，按建筑材料分为混凝土坝、土石坝；按坝顶能否泄洪分为溢流坝、非溢流坝；按坝轴线形状分为直线形坝、拱坝；按坝体静作用的情况分为重力坝、拱坝、重力拱坝。大多数大中型水力电站都是采用混凝土坝，其优点是结构简单，施工容易，耐久性好，便于设置泄水建筑物；其缺点是体积大，水泥用量多，施工温度控制要求高，施工期长。

　　泄水建筑物主要功能是：当水库容纳不下汛期洪水时，使多余的水量从泄水建筑物上排走；非常时期用于放空水库或降低水库水位，以便清理和维护水下建筑物；还有用于某些特殊用途，如冲沙、排放漂木、排冰等。

　　进水建筑物主要是指进水口处的拦污栅和闸门。拦污栅的作用是阻拦污物进入输水道，以防水轮机、阀门、管道受损或堵死。水电站的闸门有工作闸门和检修闸门。进水工作闸门在平压状态下开启，在动水中关闭，它们都由启闭机控制。

　　输水建筑有明渠、渡槽、隧洞，还有连接压力引水道与高压管道之间的调压井，以及连接尾水管出口与下游河道的尾水建筑物。

　　发电厂房的形式取决于水电站的机组参数（如水头、流量、装机容量、机组台数、机型等）和自然条件（如水文、气象、地形、地质），常见的厂房形式有岸边式、河岸式、坝下式、地下式、坝内式等。岸边式是发电厂房位于河道的岸边，发电用水从隧洞和管道自水库引来，发电以后水流回到下游河道中去。河床式是将厂房建于河床上，厂房本身作为整个壅水建筑物的一部分。坝下式是最常见的一种，引水钢管从坝体内穿出，发电厂房紧靠挡水重力坝后面。地下式是将厂房全部或部分布置在地下，适用于在山区峡谷河流上修建。坝内式的厂房布置在挡水坝（或溢流坝）

体的空腔内，不占据河床前沿长度，特别适合流量大、河床窄的水电枢纽。

水电站的拦河建筑物截断了天然河道，使上游水位高于下游水位，给航运和鱼类溯游带来困难，为此需设置船闸、过水设施和鱼道等过坝设施。船闸由上下游闸门、闸室、导航墙等组成。船只进入闸室以后，关闭上、下游闸门，开动输水孔阀门，使闸室水位与上游（或下游）水位持平，打开闸门，船只即可驶出。对于上、下游水位差很大的水电站，为节省耗水量，往往采用双级或多级船闸。对于小型船只、木排、竹筏等，不一定采用船闸过坝的形式，而是采用直接提升，吊入滑道内曳引而下，或由下游沿筏道牵引提升入水库。鱼道是拦河坝上专门为鱼类通过而设的建筑物。进、出口都有灯光诱鱼装置，鱼类进入鱼梯内，通过导板蜿蜒而行。

水力发电

水力资源是一种干净、无污染、可靠、长久使用的可再生能源。水力发电量占全球总发电量的1/5，在包括风力发电、太阳能发电和生物质能发电在内的再生能源发电中，水力发电占总发电量的90%。

水力发电有哪些优点呢？首先，水是可再生的能源，在运行中没有污染排放物；其次，水力发电能对负荷需求的变化快速做出反应；第三，除水坝（水坝的主要用途是供水、防洪、灌溉或通航）外，水力发电设备费用都是低廉的。

水力发电的缺点不外乎初始投资高、选址特定和对河流环境的累积影响等。水电站的安装有可能对环境产生影响：河流的流动方式可能被改变，鱼在通过水轮时有可能被杀死，鱼类的迁徙有可能受到发电设施的阻碍；出于溢流的需要，有些情况下需开挖新湖泊等。

在拟建水力发电用的新水坝时，必须认识到水力发电站是一个初始基建投资高的项目，预计它将连续高效率、低运行和低保养费用运行达100年以上。在整个寿命周期内，同其他发电技术相比，水力发电是经济的。同水力发电设施相比，矿物燃料发电装置运行寿命短，其运行和保养费为水力发电的10倍。对水力发电来说，水是一种可再生资源，因而不存在燃料成本；水力发电对设备的应力很小，保养费低；水力发电装置的寿命为其他传统能量生产装置的2倍多。

目前，正在运行的全球水力发电的总容量大约是65万兆瓦，正在建设中的新容量近13.5万兆瓦，已经提出的开发项目或目前正处在计划阶段的容量是36.5万兆瓦。未开发但经济可行的水力发电潜力约是180万兆瓦，亚洲占26%（中国占21%），欧洲占5%，北美占6%，南美占25%，非洲占17%。目前全世界水力发电发展的现状是：北美占24%，南美占16%，亚洲占24%（中国占8%），非洲占3%，欧洲占25%。正在建造水力发电的状况是：亚洲占23%（中国占39%），南美占18%，北美占21%，非洲占2%，欧洲占17%。

发展新的水力发电项目会涉及由于技术与环境分析、法规评论、公众讨论以及金融困难所致的拖延。目前正在不发达国家设计一些大的水力发电项目，开发国不仅本身面临着来自国际环境特殊利益集团的外部压力，而且为这些项目筹措资金的国际金融机构也面临着相同的外部压力。

对于一些大项目，重要的是要使该项目的可持续经济增长的价值与对环境和社会的影响保持平衡；而小水力发电项目能在对环境产生相对有限影响的情况下向边远地区供电，目前看来在多数情况下是有益的。

根据水力发电的现有潜力，从当前减少能致全球变暖的电厂排放物的发展趋势看，在未来全世界可持续发展的经济增长中，水力发电显然是一个重要因素。

水轮发电机组

水轮发电机组包括：将水能转换为机械能的水轮机，将机械能转换为电能的发电机，控制机组操作（如开机、停机、变速、增减负荷）的调速器和油压装置，以及其他辅助设备。

水轮机是水轮发电机组的核心。按水流作用原理水轮机分为冲击式和反击式。冲击式以动能的形态将水能传给转轮；反击式以势能形态为主、动能形态为辅将水能传给转轮。按转轮区水流相对于水轮机轴的流动方向，水轮机分为贯流式、轴流式、热流式、混流式、切击式、斜击式、水斗式和双击式等。

通常水电站装机容量确定后须正确选择水轮机的单机容量和台数。在保证电力系统运行安全灵活的前提下，应尽量采用单机容量较大、机组台数较少的方案，以提高机组效率，简化水电站枢纽布置，加快施工进度和节约水电站总投资，但机组一般不少于2台。

水轮发电机有立式和卧式两种结构。大、中型水轮发电机多为立式结构，小型水轮发电机则多为卧式。立式结构中由于推力轴承布置不同分为悬式和伞式。悬式水轮发电机的转速多数大于100转/分，伞式水轮发电机的转速多数小于150转/分。与伞式相比，悬式发电机稳定性好，推力轴承直径小，轴承损耗小，推力轴承安装、维护、检修比较方便；但伞式发电机组总高度低，从而可降低水电站厂房高度，加上结构较轻，在大型水轮发电机中被广泛采用。

水轮发电机的冷却方式分为空气冷却、半水冷和全水冷等。中小型机组普遍采用密闭自然循环空气冷却，大型机组则采用水内冷方式。

水电站的运行

水电站运行以安全、经济为前提，要综合考虑防洪、发电、灌溉、航运、供水等方面的要求。水电站的运行是依据水库调度图及电力系统运行调度命令进行，水库调度包括发电调度和洪水调度。

发电调度的任务是增强计划性和预见性，做到少弃水多蓄水，充分利用水头和不蓄水水量，以获取最多的发电量。发电调度的原则是丰水年应以发电为主，发蓄兼顾；平水年发蓄并举，充分利用水头水量；枯水年细水长流，以水定电，提高水量利用率。对于多年调节的水库，应以丰补枯，尽量做到年际发电量相差不大。

汛期的洪水调度是根据洪水调度计划和短期预报对每次实际洪水进行具体调度。洪水调度的原则是，在确保大坝安全和满足上、下游防洪标准的前提下，最大限度地减少放泄流量，充分利用水库，保障上、下游安全。水库调度要做到发蓄并举，汛期中多考虑防洪，汛期末要注意蓄水，使水库在防洪、发电上发挥最大效益。

在水电站的经济运行中，首先要合理选择好机组运行的台数和机组间负荷的经济分配，用较小的水发较多的电。另外，水轮机在不同水头运行其耗水率不同；在同一水头下，不同的开机台数耗水率也不同。因此，在一定的负荷下，合理选择开机台数，控制机组在高效率区运行，可以获得较经济的运行效果。利用计算机实行水电站的运行优化是目前的发展方向。

对调节性能不同的水电站应有不同的运行方式，例如，对无调节水电站，其任何时刻的出力主要决定于河中天然流量的大小。在整个枯水期，天然流量变化不大，水电站可发出的出力变化也甚小。显然，在这种情况下水电站应承担电力负荷的基荷部分，若用于调峰，那将有相当一部分水量会无益地弃掉。对于日调节水电站，其特点是除洪水期发生弃水外，在任何一日内所生产的电量是与该日天然来水量所能发出的电量相等，这样水电站可以根据来水的大小，在日负荷图上承担峰荷或基荷。年调节水电站，在一年中可按来水的情况分为四个时期：供水期、蓄水期、不蓄水工作期、弃水期。因此，对这种电站应是蓄水期可担任峰荷或基荷，不蓄水工作期担任腰荷或基荷，弃水期担任基荷。

对于由多个水库组成的水库群的联合调度是一个十分复杂的系统工程问题，也是目前国内外研究的热点。随着现代数学和计算机技术的发展，以及它们在水库群联合调度中的应用，水库群将获得更大的经济效益和社会效益。

小水电站的特点

小水电是指容量为12～0.5兆瓦的小水电站；容量小于0.5兆瓦的水电站又称为农村小水电。这种小水电工程简单，建设工期短，一次基建投资小，水库的淹没损失、移民、环境、生态等方面的综合影响甚小。由于小水电接近用户，输变电设备简单，线路输电损耗小。以上这些优点使小水电在我国和其他发展中国家发展迅速，成为农村和边远山区发电的主力。现在0.5千瓦以下的农村小水电，遍布全国1 500多个县，并成为其中半数县的主要电力供应来源。

我国小水电资源丰富，主要分布在两湖、两广、河南、浙江、福建、江西、云南、四川、新疆和西藏等。这12个省区可开发的小水电资源约占全国的90%。

小水电的发展促进了县、乡、村的工业发展，活跃了农村经济；电力排灌的发展，提高了农田抗旱排涝能力，促进了当地的农业生产。随着电力问

题的解决，农副产品得以进行深加工，农民生活得以改善，农村文化活动也日益活跃，减少了薪柴、秸秆的燃烧，保护了环境。小水电的发展还为地方经济的发展积累了资金，促进了我国发电和用电设备制造业的进步。

我国的河流与湖泊

我国境内河流众多，流域面积在1 000平方千米以上者多达1 500余条。河流分为外流河与内流河。注入大海的外流河，流域面积约占中国陆地总面积的64%。长江、黄河、黑龙江、珠江、辽河、海河、淮河等向东流入太平洋；西藏的雅鲁藏布江向东流，出国境后向南注入印度洋；新疆的额尔齐斯河则向北流，出国境后注入北冰洋。我国流入内陆湖或消失于沙漠、盐滩之中的内流河，流域面积约占国土陆地总面积的36%。

长江是我国第一大河，全长6 300千米，仅次于非洲的尼罗河和南美洲的亚马孙河，为世界第三大河。长江是中国东西水上运输的大动脉，天然河道优越，有"黄金水道"之称；上游穿行于高山深谷之间，蕴藏着丰富的水力资源；中下游地区气候温暖湿润，雨量充沛，土地肥沃，是中国工农业发达的地区。

黄河是我国第二大河，全长5 464千米。黄河流域牧场丰美，矿藏丰富，历史上曾是中国古代文明重要的发祥地之一。

黑龙江是我国北部的大河，全长4 350千米，其中有3 101千米流经中国境内。

珠江为我国南部的大河，全长2 214千米。

塔里木河位于新疆南部，是我国最长的内流河，全长2 179千米。

除天然河流外，我国还有一条著名的人工河，那就是贯穿南北的京杭大运河。它始凿于公元5世纪，北起北京，南抵中国东部的浙江杭州，沟通海河、黄河、淮河、长江、钱塘江五大水系，全长1 801千米，是世界上开凿最早、最长的人工河。

我国湖泊众多，面积1平方千米以上的有2 800多个，总面积约8万平方千米。此外，还有数以万计的人工湖泊（水库）。长江中下游平原和青藏高原是中国湖泊最集中的区域。按湖泊水文特点，大致可以以大兴安岭南段—阴山山脉—祁连山脉东段—冈底斯山脉一线为界。此线西北主要为咸水湖和盐湖，湖水含食盐、镁盐、苏打、芒硝、石膏、硼砂等多种化工原料。坐落在青藏高原东北部的青海湖，是中国最大的咸水湖泊，也是中国著名的自然保护区。纳木错湖，是世界海拔最高的湖泊之一，藏民称为"天湖"。不少内陆湖泊已干涸，如罗布泊、居延海等。此线东南主要属于外流湖区域，绝大部分是淡水湖，有鄱阳湖、洞庭湖、太湖、洪泽湖等，水产资源十分丰富。

三、新能源

新能源

按照开发使用的程度不同，能源分为常规能源和新能源两大类。新能源，是目前尚未被大规模利用、有待于进一步研究开发的能源。"新能源"这个名词是个通俗的叫法，与它含义相近的名词有"替代能源"、"可再生能源"、"清洁能源"及"下一代能源"等等。新能源是一个相对的概念，常规能源在过去某个时期、某个区域也曾是新能源，今天的"新能源"将来也会成为常规能源；而在我国称为新能源的，在某些地区也可能是当地的常规能源，因此，"新能源"的概念是与一定时期、一定区域的生产力水平相适应的。

自20世纪70年代以来，世界能源结构开始经历第三次大的转变，即从石油、天然气为主的能源系统开始转向以可再生能源为基础的持续发展的能源系统。发生这种转变的原因是，目前以化石能源为主的不可再生能源的大量应用，已经引起了能源枯竭的问题；另外，化石燃料引起的环境污染，迫使人们从治本的角度寻求没有污染或很少污染的新能源作为解决的途径。

在我国，目前新能源主要是指太阳能、风能、核能、生物质能、地热能、海洋能、波浪能、潮汐能和氢能等。由于地域、气候等因素的影响，风能、地热能以及太阳能、海洋能等的利用会受到一定的限制，而核能将在满足未来长期的能源需求方面起着重要作用。核电的发展将从目前的热中子裂变反应堆发电过渡到快中子增殖堆发电和核聚变发电。核聚变的主要物质氘（D）蕴藏在浩瀚的大海中，因此核聚变能可视为人类取之不竭的理想能源。氢能被人们喻为"永恒的能源",因为核聚变的原料是氢的同位素。科学家们预测,随着太阳能制氢技术的日益成熟和推广,氢能作为一种二次能源,将在21世纪的世界能源舞台上发挥举足轻重的作用。以生物质为载体的生物质能长期以来一直是人类赖以生存的重要能源,是仅次于煤炭、石油和天然气而居世界能源消费总量第四位的能源。专家估计,生物质能极有可能成为未来可持续能源系统的主要组成部分,到21世纪中叶,采用新技术生产的各种生物质替代燃料将占全球能耗量的40%以上。

新能源既是全球新技术革命的重要内容,也是推动世界新的产业革命的重要力量。根据世界权威部门的预测,到2060年,新能源和可再生能源的比例将占到50%以上。因此,要从根本上解决能源供应不足的问题,开发新能源和可再生能源是一条符合国际化发展的可行之路。

新能源的特点

总的来说,新能源具有以下共同的特点:

(1)能源安全,有巨大的蕴藏量,多数是可再生的,具备供人类应用几百年的潜力。就我国对石油资源的需求量来说,自20世纪90年代中期,我国已从石油出口国转变为石油进口国,而且石油的需求量在逐年上升,显示了对石油进口的极大依赖性。国际石油市场的暂时短缺,都会对我国石油和能源供给以及经济和社会发展产生越来越大的影响和冲击。新能源的开发和利用,将减轻对化石能源的需求和对国外能源资源的依赖,有利于改善能源结构,实现能源资源的多元化配置。

(2)新能源是清洁能源,对环境友好,使用过程中基本上不产生污染。新能源代替化石能源主要的优势之一是可减少污染物的排放。以二氧化碳的排放量来说,与天然气火力联合循环透平发电相比,可再生能源对于二氧化碳的减排有巨大潜力。

(3)新能源的利用还可以改善水的质量。例如,水电方案可以改善水的供应,小型风力涡轮机可以从地下水池中提水,种植能源作物可以减少土壤侵蚀。一些能源技术也可以处理废物,节省另建废物处理厂的费用等。另外,一些新能源技术通过替代燃料的使用(如乙醇)或者提供电动汽车的动力,可以减少城市污染。可再生能源的可调节性和分散性可以减少电力分配系统的升级，或者建设新的电路容量的需求，减少了刺眼建筑及输送损耗。

从更广阔的意义上来说，新能源的发展促进了经济和社会的发展。例如，促进了能源市场价格的稳定，增加了就业，促进能源市场的分散化，推进技术和服务贸易，提高落后地区贫困人口的生活质量和水平等。

我国新能源的发展

目前，我国的新能源和可再生能源主要以非商品能源的形式在广大农村地区提供能源供应。在我国的统计工作中一直没有将秸秆和柴薪计算进入到能源消耗之列，使得新能源和可再生能源的地位一直没有得到应有的重视。如果将秸秆和柴薪加以计算，新能源和可再生能源在中国能源结构中的比重将占到18%左右。随着我国社会、经济的发展，新能源和可再生能源也正在向商品化能源的方向转变。

近二十年来，特别是从第八个五年计划以来，新能源与可再生能源在我国得到了巨大的发展。截止到1998年，全国建成19座风电场，共装机529台，总容量为223.6兆瓦；我国目前有4个单晶硅电池及组件生产厂和2个非晶硅电池生产厂。1998年我国太阳能电池的产量为2.1兆瓦，约占世界产量的1.3%；总装机容量12兆瓦，占世界的1.5%。我国海洋能开发已有近40年的历史，迄今已建成潮汐电站8座。自20世纪80年代以来，浙江、福建等地对若干个大中型电站进行了考察、勘测和规划设计，以及可行性研究等大量的前期准备工作。地热能方面，全国已发现地热点3 200多处，打地热井2 000多眼，其中具有高温地热发电潜力的有255处，预计可获发电装机5 800兆瓦，现已利用近30兆瓦。其他新能源与可再生能源特别是燃料电池和氢能的研究开发也取得了一定的进展，2002年9月27日，我国自行研制的第一艘燃料电池游艇"BDA富原1号"在北京经济技术开发区首航成功，进一步拓宽了燃料电池的应用领域。2004年5月25日，我国自主开发的燃料电池公共汽车和德国的燃料电池公共汽车一起列队驶过天安门，开到人民大会堂前，为第二届国际氢能论坛的成功召开增添了光彩，为我国的氢能工业长了志气。

目前，新能源和可再生能源技术的发展，已经成为我国能源科技发展政策的主要内容之一。国家积极支持新能源技术原理性研究，制定有利的经济政策，支持相关技术的适度产业化和实际应用，促进技术在应用中不断改进、发展和完善。

可再生能源与《可再生能源法》

国际能源局（IEA）对可再生能源的定义是：可再生能源是起源于可持续补给的自然过程的能量，它的各种形式都是直接或间接来自于太阳或地球内部深处所产生的热能，包括太阳、风、生物质、地热、水力和海洋资源，以及由可再生资源衍生出来的生物燃料和氢所产生的能量。

从1971～2000年的30年间，可再生能源的全球年均增长率达到2.1%。2000年，全球一次能源供给中，可再生能源占13.8%。从同年的地区分布来看，发达国家在水力发电和新能源中占据主导地位，而发展中国家主要是依赖燃烧型可再生能源和废弃物，这种差异明显地反映出国家和地区之间在科技水平上的差距。

对未来可再生能源的开发规模，国际能源局（IEA）、国际能源理事会（WEC）、联合国（UN）均提出了各自的预计方案，从中可以描述出可再生能源的可能趋势：在近期内可再生能源是适度地增长，而技术成本逐渐降低到具有经济竞争力的水平。当多数技术达到这个目标时，在中期内将加速增长，它们的开发速度最终将会慢下来，相当于完全进入市场。

我国对可再生能源研究和开发尚处于起步阶段，近20年来，中国的可再生能源已经取得了较大的进展，技术水平有了很大提高，市场不断扩大，产业已初具规模。中国可再生能源发展的战略可设想为以下四个发展阶段：

第一阶段：到2010年，实现部分可再生能源技术的商业化。通过扩大试点示范，在政策的激励下推广应用，使现在已经成熟或初步成熟的小水电、风电、太阳能热利用、沼气、地热采暖等技术达到完全商业化程度。

第二阶段：到2020年，大批可再生能源技术达到商业化水平，努力使可再生能源占一次能源总量的18%以上，发电装机0.9亿～1亿千瓦，能源开发总量达到4亿～5亿吨标准煤。

第三阶段：全面实现可再生能源的商业化，大规模替代化石能源，到

2050年可再生能源在能源消费总量中达到30%以上，成为重要的替代能源。

第四阶段：到2100年，可再生能源在能源消费总量中达到50%以上，并基本消除传统的利用方式，实现能源消费结构的根本性改变。

2005年2月28日《可再生能源法》颁布，标志着我国在能源立法方面迈出了一大步。该法规通过明确各类可再生能源开发利用主体的权利和义务，确立可再生能源发展目标和规划的法律地位，制定有利于可再生能源发展的价格、投资、税收、财政等方面的政策和法律制度，有效扩大了可再生能源的市场需求，增强了开发利用者的市场信心，促使我国可再生能源获得较大规模的商业化发展。

清洁能源

清洁能源是不排放污染物的能源，包括核能和可再生能源。可再生能源是指原材料可以再生的能源，如水力发电、风力发电、太阳能、生物质能（沼气）、海潮能等，可再生能源不存在能源耗竭的可能，因此日益受到许多国家的重视，尤其是能源短缺的国家。

当前，矿物能源造成了严重的环境污染。石油、煤炭、天然气燃烧产物是二氧化碳，又称为温室气体，会造成地球温度逐年升高；矿物燃料中有杂质，特别是硫、氮、磷、砷等燃烧后的产物呈酸性，会造成大气污染和酸雨。空气污染主要来自汽车尾气排放的一氧化碳、二氧化碳、氮氧化物以及燃烧不完全的烃类、铅化合物等，来自工业、居民燃烧煤炭排放的烟气和工业、发电厂排放的粉尘；而水体的污染主要来自酸雨、工业和生活污水排放、农业施肥以及洗涤剂带来的富营养化污染等。

对环境"友好"的清洁能源日益受到世界各国的青睐和关注。当前的可再生能源技术，特别是水力发电、传统的生物质能、太阳能热利用和风能在世界市场上已经确立了良好的地位，并且已建立了相应的工业和基础设施。多数可再生能源技术的主要成本在过去十年中已经减少了1/2，预计在未来十年中会再减少1/2。

我国长期以煤炭为主的能源结构所造成的环境破坏十分严重。按现有的技术，我国的能源系统是不可持续的。因此，发展风能、太阳能、生物质能等可再生清洁能源成为构建资源、能源、环境整体化的可持续发展能源系统的有效途径之一。但是，也要看到，以可再生能源为主的清洁能源要成为现代的工业化能源，还需其自身的技术完善、经济可行和市场成熟的过程。在近期内对它们在能源市场上所起作用的期望值不应过高。在可以预见的未来，人类社会都将生活在能源结构多元化的时代，各种能源都有其存在的基础和作用，即使将来可再生能源在能源结构中占据了主导地位，化石燃料仍将发挥它们的作用和利用价值，因此不宜强调可再生能源是化石燃料的替代物。另外，能源技术是开发利用清洁能源的核心问题，可再生能源进入市场的主要障碍是它们的经济竞争能力。应该鼓励具有前瞻性、先进性和基础性的可再生能源科学技术的研究与开发，形成以我国自主知识产权为主的技术体系。因此，加强基础研究工作是十分必要的。

绿色电力

利用特定的发电设备，如风机、太阳能光伏电池等，将风能、太阳能等可再生能源转化成电能，通过这种方式生产的电力不产生对环境有害的排放物，且不需消耗化石燃料，节省了有限的资源储备，相对于常规的火力发电，具有清洁无污染的特点，因此叫做绿色电力。

大力提倡使用绿色能源，有效控制新建燃煤电厂，是根治环境污染的明智选择。使用常规电力，意味着排放更多的"温室气体"和污水；而使用绿色电力，意味着享受清新的空气和清洁的水。

绿色电力用户，可以在1%~100%之间任意选择，并不意味着需要用100%的绿色电力。而且，购买绿色电力也可获得更多增值服务，如得到免费的节能咨询等。对用电量较大的商业用户来说，他们因此而节约的能源费用可以抵消部分购买绿色电力而多支出的费用。

目前，全球推广绿色电力的成功典范是荷兰。在荷兰，通过网络即可查阅到各个绿色电力供应商的信息，人们可以任意选择购买绿色电力的比例，同时网络上还定期公布前25名绿色电力用户名单。世界自然基金会作为一个非营利性的公益性机构，负责监督用户所购买的每一度绿色电力的真实性与唯一性（即不会被重复销售）。近年来的统计表明，荷兰境内的绿色电力用户的数量及对绿色电力的需求呈不断上升趋势，而绿色电力厂商之间的竞争，导致了绿色电力价格的下降，因此有力地支持了荷兰可再生能源的发展。另外，世界自然基金会（WWF），前称为世界野生动物基金会）与其他环保组织及消费者组织共同发起成立欧洲绿色电力网络联盟（EUGENE），为欧洲提供一个统一的绿色电力标示，只有能够增加新的可再生能源装机容量并且是在国家强制市场份额之外的绿色电力项目，才能获得EuGENE的标示。

我国的内蒙古地区，丰富的风力资源也可作为当地绿色电力的能源资源。内蒙古现已形成了年风力发电1亿度的产量规模，而且风电可以方便地通过华北电网输送到周边地区。以前环境保护、可再生能源的发展等更多的是通过政府强制性的政策或项目来支持，现在开始逐渐强调市场和用户的选择。国外绿色电力市场开发的经验证明，公众的参与对推动可再生能源的发展有着积极的作用。

作为电力的终端用户，我们既是污染者又是受害者，减少环境污染是每位公民的责任与义务，绿色电力恰好为我们提供了一个机会来选择对环境有益的绿色能源消费，我们只需付出比常规电力稍高一点的价格就可保护环境，选择使用绿色电力的行为更是对可持续发展理念的身体力行。

太　阳

太阳孕育了地球文明，赋予了万物生机。春暖花开的时候，人们可以感受到阳光明媚；夏日炎炎的时候，可以感受到骄阳似火；秋高气爽的时候，可以感受到阳光明亮；寒风凛冽的时候，可以感受到阳光温暖。总之，在人们的眼里，太阳是能量的源泉，是光明的象征。太阳究竟是个怎样的天体，又为什么能释放能量、带来光明呢？

很久以前，科学家就观察到太阳是太阳系的中心天体，是太阳系里唯一的一颗恒星，也是离地球最近的一颗恒星。随着科学的发展，天文学家已经准确地观测到太阳的直径为139.2万千米，是地球的109倍，太阳的体积为1.41×10^{18}立方千米，是地球的130万倍，太阳的质量近1.989×10^{27}吨，是地球的33万倍，它集中了太阳系99.865%的质量，其强大的引力控制着大小行星、彗星等天体的运动。它孕育了地球文明，并且始终影响着地球上的生物。但太阳只是银河系内1 000亿颗恒星中普通的一员，位于银河系的对称平面附近，距离银河系中心约33 000光年，在银道面以北约26

光年，它一方面绕着银河系中心以每秒250千米的速度旋转，另一方面又相对于周围恒星以每秒19.7千米的速度朝着织女星附近方向运动。

太阳是个炽热的气体星球，没有固体的星体或核心，主要由氢和氦组成。太阳从中心到边缘可分为核反应区、辐射区、对流区和大气层。太阳表面的有效温度为5 762℃，而中心区可达$8 \times 10^6 \sim 40 \times 10^6$℃。它的热量的99%是由中心的核反应区氢聚变为氦的热核反应产生的，该反应足以维持100亿年，太阳目前正处于中年期。

太阳和地球一样，也有大气层，太阳大气层从内到外可分为光球、色球和日冕三层。光球层厚约500千米，人们所见到太阳的可见光，几乎全是由光球发出的。光球表面有颗粒状结构——米粒组织。光球上亮的区域叫做光斑，暗的黑斑叫做太阳黑子。太阳黑子的活动平均周期11.2年。从光球表面到2 000千米高度为色球层，在日全食时或用色球望远镜才能观测到。在色球层有谱斑、暗条和日珥，还时常发生剧烈的耀斑活动。色球层之外为日冕层，温度极高，延伸到数倍太阳半径处，用空间望远镜可观察到X射线耀斑。日冕上有冕洞，而冕洞是太阳风的风源。日冕也得在日全食时或用日冕仪才能观测到。当太阳上有强烈爆发时，太阳风携带着的强大等离子流可能到达地球极区。这时，在地球两极则可看见瑰丽无比的极光。

太阳辐射

前面已经提到太阳是一个表面辐射温度约为5 760℃的巨大炽热球体，其中心的温度高达2×10^7℃，压强高达3×10^6帕。在这样高温高压条件下进行着激烈的热核反应，使4个氢原子聚变为1个氦原子，并释放出巨大的能量（1克氢原子聚变为氦时放出6.5×10^{11}焦耳）。它是以电磁波的形式不断地向宇宙空间辐射着能量，这种能量和传递能量的方式统称为太阳辐射。

太阳辐射的能量分布在从X射线到无线电波的整个电磁波谱区内，但99.9%的能量集中在0.2～10.0微米波段内，最大辐射能量位于0.480微米处，分布在紫外波段（波长小于0.4微米）、可见光波段（波长0.4～0.76微米）和红外波段（波长大于0.76微米）的能量分别占总辐射能量的9%、44%和47%。太阳辐射通过大气层时，部分被云层反射回到宇宙空间，其余部分一方面受到天空中各种气体分子的散射，另一方面被大气中的氧、臭氧、二氧化碳和水蒸气吸收。由于反射、散射和吸收的共同影响，到达地表面的辐射能量被大大削弱了。尽管如此，地球每年接收的太阳辐射能量也是非常巨大的，约为5.5×10^{24}焦耳，相当于人类所有能源全年总产量的2.7万倍。它们到达球面后，一部分成为风、气流和水波的原动力，形成气候，并造成水文循环；一部分通过植物和其他的"生产者"机体中的光合作用进入生物系统；还有一小部分作为化学能储存在植物和动物的机体内，在有利的地理条件下经过数百万年转变成煤、天然气、矿物等，构成石油等矿物燃料的储备。

从理论上讲，地球上的热量，是来自太阳和其他星体的辐射以及自身地热的总和。但是由于其他星体距离地球甚远，以致接受的热量极小，而地热供给大气的热量也很小，均可忽略不计。因此可以认为，太阳辐射是地球大气层的唯一热源，它和人类生存的环境有着密不可分的关系，它不仅主宰气候的形成与变化，而且能使植物进行光合作用，是万物赖以生存的源泉。

全球太阳能资源利用概述

自20世纪70年代以来，鉴于常规能源供给的有限性和环保压力的增加，全球许多国家掀起了开发利用太阳能的热潮，开发利用太阳能成为各国制定可持续发展战略的重要内容。近三十年来，太阳能利用技术在研究开发、商业化生产、市场开拓等方面都获得了长足发展，成为世界快速、稳定发展的新兴产业之一。全球太阳能开发利用的现状简要介绍如下。

（1）太阳能热利用：根据可持续发展战略，太阳能热利用在替代高含碳燃料的能源生产和终端利用中大有用武之地。当前太阳能热利用最活跃并已形成产业的当属太阳能热水器和太阳能热发电。在全球范围内，太阳能热水器技术已很成熟，正在以优良的性能不断地冲击电热水器市场和燃气热水器市场。太阳能热水器产品经历了闷晒式、平板式、全玻璃真空管式的发展，目前产品的发展方向仍然是注重提高集热器的效率。2000年，世界太阳能热水器的总保有量约6 500万平方米，21世纪热水器将仍然是太阳能热利用的最主要市场之一。同热水器相比，太阳能热发电正处于商业化前夕，预计2020年前，太阳能热发电将在发达国家实现商业化，并逐步向发展中国家扩展。当前技术上和经济上可行的三种形式是：①30～80×10³千瓦线聚焦抛物面槽式太阳能热发电技术（简称抛物面槽式）；②30～200×10³千瓦点聚焦中央接收式太阳能热发电技术（简称塔式）；③7.5～25千瓦点聚焦抛物面盘式太阳能热发电技术（简称抛物面盘式）。

（2）光电利用：光伏发电产业自20世纪80年代以来得到了迅速发展，全球光伏电池的生产持续高速增长，平均年增长率达到15%。最近十年的平均年增长率为25%，近五年的年平均增长率为34%，成为全球增长最快的高新技术产业之一。目前世界上已经建成了10多座兆瓦级的光伏发电系统，6个兆瓦级的联网光伏电站。欧盟、美、日和部分发展中国家都制定出了庞大的光伏应用发展计划，如美国计划到2010年累计安装4 700兆瓦（含百万屋顶计划），欧盟计划累计安装6 700兆瓦，日本计划累计安装5 000兆瓦（NEDO日本新阳光计划）。据预测，到2010年，全球光伏发电市场的容量将达到2万兆瓦，到本世纪中叶，光伏发电市场的容量将达到50万兆瓦。

我国太阳能资源利用概述

我国地处北半球，南北距离和东西距离都在5 000千米以上，在如此广阔的土地上，有着丰富的太阳能资源，其理论储量每年达17 000亿吨标准煤。与同纬度的其他国家相比，与美国相近，比欧洲、日本优越得多，因此，我国太阳能开发利用的潜力非常大。

在国际光伏发电市场巨大潜力的推动下，各国的光伏电池制造业争相投以巨资，扩大生产，为争一席之地，我国作为能源消耗第二大国家也不例外。与国际上蓬勃发展的光伏发电相比，我国落后发达国家10～15年，甚至明显落后于印度。我国光伏发电产业正以每年30%的速度增长，国内光伏电池生产能力已达103千瓦。在国家各部委立项支持下，目前我国实验室光伏电池的效率已达21.%，可商业化光伏组件效率达14%～15%，一般商业化电池效率10%～13%。目前我国太阳能光伏电池生产成本已大幅下降，价格逐渐从2000年的40元/瓦降到2003年的33元/瓦，2004年已经降到27元/瓦，这对国内太阳能市场走向壮大和成熟起到了决定性作用，对实现与国际光伏市场接轨具有重要意义。

与此同时，我国其他方面的太阳能开发利用也正在蓬勃发展。我国太阳能热水器销售量在2004年已经达到1 200万平方米，在世界各国排名首位，整个太阳能热水器行业产值超过130亿元人民币，正以每年20%～30%的高增长率迅猛发展。作为一种有效的节能绿色产品，太阳能光热产品也将在建筑供热系统中发挥越来越重要的作用。在众多的供热装置中，太阳能集热板与空气源热泵相结合的装置，具有很强的竞争力。近几年发展起来的太阳能空调是太阳能的新利用方式，已经有了较为成熟的产品，目前正逐步走进百姓生活，而太阳能照明系统和太阳能灶的应用在部分地区已经是小有普及。

太阳能资源的优缺点

太阳能资源，不仅包括直接投射到地球表面上的太阳辐射能，还包括水能、风能、海洋能、潮汐能等间接的太阳能资源，还应包括通过绿色植物的光合作用所固定下来的能量，即生物质能。现在广泛开采并使用的煤炭、石油、天然气等，虽然称为常规能源，但也都是古老的太阳能资源的产物，即由千百万年前动、植物本体所吸收的太阳辐射能转换而成的。总之，严格说来，除了地热能和原子核能以外，地球上的所有其他能源全部来自太阳，这称为"广义太阳能"，以便与仅指太阳辐射能的"狭义太阳能"相区别。

太阳能资源作为一种新能源与常规能源相比有何特点呢？

（1）太阳能资源的优点：可以归纳为四个方面：①数量巨大，每年到达地球表面的太阳辐射能约为130万亿吨标准煤。②时间长久，根据目前太阳辐射的总功率以及太阳上氢的总含量进行估算，尚可继续维持1 000亿年之久。对于人类存在的年代来说，确实可以称为是"取之不尽，用之不竭"。③普照大地，太阳辐射能"送货上门"，既不需要开采和挖掘，也不需要运输。无专利可言，不可能进行垄断，开发和利用极为方便。④清洁安全，太阳能素有干净能源和安全能源之称。

（2）太阳能资源的缺点：主要有三个方面：①分散性，到达地球表面的太阳辐射能的总量尽管很大，但是能流密度却很低。平均来说，北回归线附近夏季晴天中午的太阳辐射强度最大，但投射到地球表面1平方米面积上的太阳功率仅为1千瓦左右；冬季大致只有1/2，而阴天则往往只有1/5左右。②间断性和不稳定性，由于受到昼夜、季节、地理纬度和海拔高度等自然条件的限制，以及晴阴云雨等随机因素的影响，太阳辐射既是间断的又是不稳定的。③效率低和成本高，目前就太阳能利用的发展水平来说，有些方面虽然在理论上是可行的，技术上也是成熟的，但是因为效率普遍较低，成本普遍较高，所以经济性较差，还不能与常规能源相竞争。

太阳能的热利用

随着人类对太阳能探索研究的逐步加强，认识不断深化，科学技术不断进步，太阳能开发利用水平也在不断提高。特别是近十几年来，世界高新技术的迅速发展，使太阳能的开发利用取得了巨大进展。

目前，太阳能开发利用的途径主要分为三大类：太阳能热转换利用；太阳能光电利用；太阳能光化学和光生物利用。现将太阳能热转换利用介绍如下。

（1）太阳能热转换利用：是指将太阳辐射能通过集热装置转变为高温热能直接利用，或将这种转换来的热能变为机械能，带动机器和发电。太阳能热转换利用又分为热利用和热发电两种。

迄今为止，太阳能热利用是太阳能利用中最成熟的技术，转换效率较高，价格也比较低廉，尤其是中、低温的热利用，由于热源和热负荷二者要求都较低，从能源的有效利用来说，是最为经济和合理的。

（2）太阳能的热利用：分为低温热利用、中温热利用和高温热利用。低温热利用包括最简单的地膜、塑料大棚以及干燥器、蒸馏、供暖、太阳能热水系统；中温热利用有空调制冷、制盐以及其他工业用热；高温热利用有简单的聚焦型太阳灶、焊接机和高温炉。

（3）太阳能热发电技术：是指将太阳热能通过热机带动发电机发电，其基本组成与常规发电设备类似，只不过其热能是从太阳能转换而来。20世纪70年代的世界石油危机，促使一些经济发达国家加大投入，加强了节能和新能源的开发，尤其是进一步重视太阳能技术研究、开发和利用，开展了大型太阳能热发电站关键部件以及成套设备的开发研究。太阳能热发电站主要由太阳能集热系统、控制系统、热传输系统、蓄热槽、热能动力发电机系统等装置组成。按接受太阳辐射能的方式，主要分为塔式太阳能热发电站、槽式太阳能热发电站和碟式太阳能热发电站3种，其中碟式太阳能发电站效率最高。目前已有20余座大型太阳能热发电站正在运行或建设。

太阳能热利用的主要设备

太阳能热利用设备应用较广泛的有太阳能集热器、太阳能热水器、太阳炉、太阳灶等。现将几种太阳能热利用设备分别介绍如下：

（1）太阳能集热器：把太阳辐射能转化为热能的设备，它是太阳能热利用过程中的重要设备。一般太阳能集热器分为平板形太阳能集热器和聚光形太阳能集热器两类。平板形太阳能集热器不具有聚光的作用，接受太阳光的面积与吸收太阳光的面积是相等的，能够利用太阳光的直射和漫射。这种集热器通常由集热板、透明盖板、隔热层和外壳组成，广泛用在家庭热水采暖、空调和工业生产中。聚光形太阳能集热器通常由聚光器、吸收器和跟踪器等组成，具有聚光作用。它与平板形太阳能集热器相比，可以使太阳光聚焦在较小的面积上，能够获得较高的温度，并且热损失较小。

（2）太阳炉：是利用聚光系统将太阳辐射能集中在一个较小面积上而获得较高温度的设备，可以获得3 500℃左右的高温，在冶金和材料科学领域备受重视。太阳炉可以追溯到"透镜点火"。1952年，法国在南部比利牛斯山建立了世界上第一个大型太阳炉，20世纪70年代法国又建了世界上最大的巨型太阳炉，输出功率1 000千瓦，最高温度4.0×10^6℃。太阳炉分为直接入射型和定日镜型两种，由于无污染性，被认为是一种非常理想的高温科学研究的工具。

（3）太阳灶：是利用太阳辐射能烹调食物的设备，在广大农村具有很大的现实意义。目前，太阳灶有热箱式和聚光式两种。前者的结构简单，成本低，使用方便，但功率有限，温度不高；后者利用聚光的方法大大提高了太阳灶的温度，但制作复杂，成本较高。

太阳能其他热利用形式

太阳能的其他热利用形式有太阳房、太阳能干燥、太阳能海水淡化、太阳能制冷、太阳池、太阳能热动力发电等。现将太阳能的热利用形式简要介绍如下。

（1）太阳房：对直接利用太阳能采暖、供热水、供冷与空调住宅的广义称谓。根据工作有无外界动力的输入，太阳房分为主动式和被动式两类。

人类利用太阳辐射能取暖的历史悠久，在房屋建设过程中，往往朝向太阳的一侧都留有较大的窗户，目的是能将太阳光引入室内，这就是最原始的被动式太阳房。现代被动式太阳房都在墙壁、天花板、地基等处设置了由碎石填充的蓄热槽，保证了夜间采暖的需要，特别适合发展中国家的农村利用。主动式太阳房的结构形式很多，需要集热板、蓄热槽、循环泵等设备。

（2）太阳能干燥：利用太阳直接曝晒来干燥农副产品的方法，自古以来便被人们广泛采用，具有节约燃料、缩短干燥时间、提高产品质量等优点。

（3）太阳能海水淡化：历史悠久，早在1872年，世界上第一座太阳能蒸馏器在北智利建立。20世纪70年代能源危机的出现，使得太阳能海水淡化也得到了更为迅速的发展。

太阳能海水淡化装置中最简单的是池式蒸馏器，它由盛满海水的水盘和覆盖在其上的透明盖板组成。其底盘涂黑，目的是吸收更多的太阳辐射热量，底部绝热，目的是减少热量损失。整个过程是蒸馏器内的海水蒸发—凝结的过程，从而获得淡水。

通过太阳能集热器和海水蒸发器等设备组成的为间接式太阳能蒸馏器。

（4）太阳能制冷：是利用太阳辐射热作动力来驱动制冷装置工作。太阳能制冷系统大致分为压缩式、喷射式和吸收式三种，其中以吸收式制冷系统应用最广泛。

（5）太阳池：是一种人造盐水池，主要利用具有一定盐度梯度的池水作为集热器和蓄热器来利用太阳辐射热。太阳池发电的成本远低于其他太阳热发电方法，在21世纪将会有较大的发展。

（6）太阳能热动力发电：通常由集热器、蓄热器、换热器及汽轮机发电机组等组成，一般分为分散型和集中型两类。其中，集中型发电系统又称为塔式接收器系统，是太阳能热发电的主要研究方向。目前美国、日本、法国等国家已经建立起千瓦级以上的试验装置。

太阳能热利用的领域还很多，如太阳能育秧、太阳能温室等。随着科学技术的发展，太阳能热利用的前景将更加广阔。

太阳能光电利用

太阳能光电利用，是太阳能开发利用的途径之一，人们对这一技术的掌握历史并不长，表现出一方面效率过低，另一方面成本过高。直到1954年才出现了目前硅光电池的第一代产品，其效率为6%。20世纪80年代初出现了一些新工艺，为此后进一步降低成本奠定了基础，80年代末期，单晶硅太阳电池的效率已超过20%，非晶硅薄膜太阳电池的效率达10%左右。太阳能光电利用包括太阳能电池和太阳能电站。

太阳能电池是一种半导体光电器件，能把太阳能直接转换成电能。目前工业化生产的太阳能电池，按材料分类，大部分为单晶硅和多晶硅式，还有其他半导体材料制备的太阳能电池，有的还是多元半导体，如硫化镉太阳能电池、砷化镓太阳能电池等。有些国家为了提高光电转换效率，还研制出了聚光太阳电池，利用聚光器及太阳能跟踪装置，加大光照强度，延长光照时间。

太阳能电池应用范围非常广。目前已广泛应用于人造卫星、宇宙飞船和空间站等，可作为通信、电视插转、机场灯标、航标灯、公路铁路信号灯、水泵、电围栏、灭虫灯等方面的电源，满足日常生活的住宅供电，以及太阳能汽车、飞机、轮船、光伏电站发电等需要。

太阳能光伏发电系统即太阳能电站，主要由太阳能电池阵列、储能蓄电池、防反充二极管、充电控制器及逆变器、测量设备等组成。太阳能发电站一旦建成，不需要运行投资即能运用，但初期投资较高。美国、日本、英国、奥地利等国已建成了一批光伏电站。我国在西藏、新疆等地也建成了一批数千瓦的光伏电站。

高效率点聚焦太阳热直接发电

目前常用的三种太阳热发电系统分别为槽式线聚焦系统、采用定日镜聚光的塔式系统和采用旋转抛物面聚光镜的点聚焦——斯特林系统。这三种太阳热发电系统都是用热机和发电机来实现能量的转换，在线聚焦和塔式系统中用的是传统的蒸汽轮机作原动机，这样的系统只有在大容量发电的场合才能获得良好的技术经济指标；点聚焦——斯特林系统的容量可以小到几个千瓦，而且可以达到高效率，但是需要用氢或氦作工质，工作压力高达150个大气压，增加了斯特林发动机的制造难度。不仅如此，所有这些带有运动部件的系统都包含了可观的维护工作量和必需的运行维护费用。

把无运动部件、无声而且不需要维护的直接发电器件来替代上述能量转换部件，显然是一种可取的思路。这里所说的热电直接发电器件，有温差半导体、热电子发电器、光伏发电器和碱金属热电转换器，四种器件的工作原理各不相同，运用的热源温度亦有差异。碱金属热电转换器是四种直接发电器件中最年轻的分支，它的概念提出于1968年，大约经过10年的探索，完成了原理试验，建立了基本理论。由于它在中等的热源温度范围就能达到30%左右的效率，远高于热电半导体发电的效率（5%左右），又不必使用像光伏发电器那样的高温材料，器件结构也比热电子发电器简单，因而颇受人们的关注。

如果把点聚焦——斯特林系统中的斯特林发动机或发电机组以碱金属热电转换发电器件取而代之，即构成了点聚焦太阳热直接、发电系统。由碟形集能器聚焦的太阳辐射被位于抛物面焦点处的热管传热单元所接收，并输入到碱金属热电转换器，后者使热能直接转换成直流电。必要的支持系统有太阳辐射集能器跟踪子系统和贮能装置，还有和热电转换器件的冷却及余热利用有关的设备。采用点聚焦集能是非常合适的，首先因为它有很大的聚光比，容易达到高效率。就能量转换效率而言，碱金属转换器可以同斯特林机组匹敌，还可以考虑与其他器件串级缉合，有效利用排热来增加系统的效率。此外，点聚焦系统容量范围宽，在我国发展可以避开占地、选点的难题，降低建设费用。

太阳能开发利用趋势

人类利用太阳能已有几千年的历史，但发展一直很缓慢，现代意义上的开发利用只是近半个世纪的事情。1954年，第一块太阳能电池问世，揭开了太阳能开发利用的新篇章，随后20世纪70年代爆发的世界性石油危机极大地促进了太阳能的开发利用。随着可持续发展战略在全球范围内的实施，太阳能开发利用又被推到新的高度。能源专家们认为，21世纪人类将在太阳能利用领域取得巨大成就，随着各国采取严格措施减少环境污染，太阳能的使用将变得越来越普遍。预计到21世纪中叶，太阳能发电将占40%～50%，太阳能和其他可再生能源可能占到世界能源的一半。将来太阳能开发利用会体现在哪些方面呢？

（1）新型太阳能电池开发技术可望取得重大突破：光伏发电技术的发展，近期将以高效晶体硅电池为主，然后逐步过渡到薄膜太阳能电池和各种新型太阳能光电池。晶体硅电池虽然具有转换效率高、性能稳定、商业化程度高等优点，但却存在硅材料紧缺、制造成本高等问题。薄膜太阳能电池以及各种新型太阳能电池材料廉价、成本低，随着研发投入的加大，必将取得突破。

（2）太阳能光电制氢产业将得到大力发展：随着光电化学和各种半导体电极试验的发展，使得太阳能制氢成为氢能产业的最佳选择。氢能具有重量轻、热值高、爆发力强、品质纯净、储存便捷等许多优点。随着太阳能制氢技术的发展，用氢能取代碳氢化合物能源将是21世纪的一个重要发展趋势。

太阳能热利用技术将得到普及，光电技术将逐步向城市推进。随着世界范围内的环境意识和节能意识的提高，太阳能热利用的普及程度将会有较大提高。另外，随着太阳能热水器性能的改善，太阳能热水器将逐步取代电热水器和燃气热水器。与此同时，光伏技术将逐步由农村、偏远地区以及其他特殊应用场合向城市推进。伴随着更多国家屋顶计划的实施，光伏发电将走进城市的千家万户。

（3）太阳能运载工具的开发：太阳能电池从研制成功起，首先作为强大的动力应用于人造卫星、宇宙飞船和空间太阳能电站等领域。近几年来，一些经济发达国家相继研制开发成功了依靠太阳能提供动力的新型运载工具，今后此领域仍是各个国家争相研究的一个热点。

空间太阳能电站显示出良好的发展前景。随着人类航天技术以及微波输电技术的进一步发展，空间太阳能电站的设想可望得到实现。由于空间太阳能电站不受天气、气候条件的制约，其发展显示出美好的前景，是人类大规模利用太阳能的另一条有效途径。

新型太阳能产品

太阳能行业作为朝阳产业所具有的极大发展潜力已经被证实了，它的蓬勃发展是有目共睹的。随着太阳能产业的发展，市场竞争愈演愈烈，为了能在市场中取得一席之地，各国竞相开发利用太阳能技术，各式各样的太阳能产品纷纷问世。近年来所产生的几种新型太阳能产品汇总如下。

日本夏普电器公司制造出太阳能空调器，在天气晴朗的时候，这种空调器的全部动力都由太阳能电池供应，在多云或阴天的时候，则使用一般电源充电；芬兰生产的太阳能电视机在充足电的情况下可连续使用3~4小时；印度已经成功研制出太阳能冰箱；德国开发研制成功了一种太阳能收音机，能把太阳能转换成直流电，做收音机的电源；在法国的图尔市，制作了全球第一批太阳能电话机；日本研制成功全球第一架太阳能照相机，重量仅475克，这种相机内装有高效太阳能电池板和蓄电池，蓄足电力可连续使用4年；美国一家公司生产出了一种新型的135照相机，其动力由太阳能电池板供应，只要有光线就能提供能源；日本东京电机大学最近设计出一种轻型太阳能轿车，适宜于日照时间长的地区使用，不用化石燃油，不污染环境；美国的洛克希德·马丁公司设计了一种高空飞艇的原型艇，用于侦测巡航导弹、监视边界安全和进行海岸监视，这是根据一项价值4 000万美元的有关高空太阳能飞艇的合同而进行的项目，于2006年中期首次试飞。

风能概述

风是我们日常生活中非常熟悉的一种自然现象，春风吹拂万物复苏，夏日热风炙人，秋天凉风习习，冬日寒风凛冽。风虽然看不见摸不着，但是我们时时可以感到它的存在。风给我们生产、生活带来了很多方便，风可以鼓起风帆推动帆船前行，风可以引动风车发电，风还可以帮助花粉传播，等等；风也有"撒野"的时候，台风、飓风、龙卷风会掀起滔天巨浪推翻行船，会拔起树木，更严重的可以摧毁我们的家园。据气象专家估算，一个来自海洋直径为800千米的台风的能量相当于50万颗1945年在广岛爆炸的原子弹的能量。这说明风拥有巨大的能量，人们称其为"风

能"。

风能是指空气相对于地面做水平运动时所产生的动能，风能的大小决定于风速和空气密度。风能也是太阳能的一种转化形式，专家们估计，到达地球表面的太阳能只有约2%转化为风能，但其总量仍是非常可观的。全球的风能约为2.74×10^{12}千瓦，其中可利用的风能为2×10^{10}千瓦，比地球上可开发利用的水能总量还要大很多倍，全球每年燃烧煤炭获得的能量，还不到每年可利用的风能的1%。

风能是一种可再生、无污染、取之不尽、用之不竭的能源，因此称为绿色能源。人类利用风能的历史可以追溯到公元前，但数千年来，风能技术发展缓慢，没有引起人们足够的重视。不过自1973年全球石油危机以后，在常规能源告急和全球生态环境恶化的双重压力下，风能作为清洁高效的新能源引起了各国的普遍关注，并有了长足发展。

风能的特点

风能与其他能源相比有明显的优点，例如，不需要开采，不需要采购、运输，不浪费资源，但也有很多突出的局限性。

（1）风能的优点：风能的蕴藏量巨大，是取之不尽、用之不竭的可再生资源；风能是太阳能的一种转化形式，只要有太阳存在，就可以不断地、有规律地形成风，周而复始地产生风能；风能在转化成电能的过程中，不产生任何有毒气体和废料，不会造成环境污染；分布广泛，无须运输，可以就地取材，在许多缺乏煤炭、石油、天然气的边远地区，交通不便，资源难以运输，这给当地居民的生活造成很多不便，此时风能便体现出无可比拟的优越性，可以就地取材，开展风力发电。

（2）风能在其利用过程中的局限性：其中最重要的是，在各种能源中，风能的含能量极低，这给利用带来一定程度的不便。由于风能来源于空气的流动，而空气的密度很小，风能的能量密度很低。表3-1中列出了不同能源的能量密度。其次是不稳定性，由于气流瞬息万变，风随季节变化明显，有很大的波动，影响了风能的利用。地区差异大，地理纬度、地势地形不同，会使风力有很大的不同，即便在相邻的地区由于地形不同，其风力也可以相差甚大。

表3-1 不同能源的能量密度

能源类别	风能（3米/秒）	水能（流速3米/秒）	波浪能（波高2米）	潮汐能（潮差10米）	太阳能	
能量密度(千瓦/平方米)	0.02	20	30	100	晴天平均 1.0	昼夜平均 0.16

我国风能资源概述

我国风能资源非常丰富，仅次于俄罗斯和美国，居世界第三位。根据国家气象局气象研究所估算，从理论上讲，我国地面风能可开发总量达32.26亿千瓦，高度10米内实际可开发量为2.53亿千瓦。我国风能资源丰富的地区主要集中在北部、西北、东北草原和戈壁滩，以及东南沿海地区和一些岛屿上，涵盖福建、广东、浙江、内蒙古、宁夏、新疆等省（区）。例如，新疆的阿拉山口，平均每年有165.8天有8级以上的大风；浙江的舟山地区被称为"风能库"，每年平均风力达4级，全年有327天风速在3~20米/秒（3~8级），属于国家一级风能区。而且这些地区缺少煤炭等常规能源，冬春季节风速高，雨水少，夏季风速低，雨水较多，风能和水能形成了很好的季节补偿。此外，在我国内陆某些地区，由于地形特殊，拥有丰富的风能，例如，江西省鄱阳湖地区以及湖北省通山地区。

我国的风能资源大致可以划分为四个区域：第一个区域为风能资源丰富区，包括新疆克拉玛依、甘肃敦煌、浙江舟山、福建平潭等地区，全年有7 000~8 000小时风速不低于3.5米/秒；第二个区域为风能资源较丰富区，包括西藏高原的班戈地区、唐古拉山，西北的奇台、塔城，华北北部和东北一些地区，以及沿海的烟台、莱州湾一带，全年有4 000小时风速不低于3.5米/秒；第三个区域为风能资源可利用区，包括新疆、甘肃、宁夏、山西一些地区，还有北京、沈阳、济南、上海等地，全年有2 000小时以上风速不低于3.5米/秒；第四个区域为风能资源欠缺地区，除上述地区外，全国还有大约1/3的地区风能缺乏，表现为风力小，难以被利用。

风的形成

空气的水平运动称为风，而空气之所以会运动是因为不同的区域空气的压力不同，空气也像水一样会从压力高处流向压力低处，形成这种压力差的原因是太阳对地球的辐射。

地球自转轴与围绕太阳的公转平面之间存在一个66.5°的夹角，地球上不同的地点，太阳的照射角是不同的，即使对于同一地点，照射角在一年中也是变化的。赤道地区接受的太阳光照最多，南北两极地区最少。赤道地区接受的热量最多，地面温度较高，空气受热膨胀、上升，地面气压下降，热空气上升到高空，高空气压升高；而南北极地区接受热量最少，地面温度低，体积减小而密度增大、下沉，使地面气压高，高空处气压减小。所以赤道高空的热空气会源源不断地补充到两极地区，而两极地区，地面的冷空气会沿地表流向赤道地区补充上升的热空气；尔后冷空气又被加热上升，两极地区的空气受冷下沉，这样不断地循环往复，形成半球形的大气环流，即为风。

如果地球上只存在一种地形，那风就会按图3－4所示的方向刮而不会有任何变化。但实际上，地球上存在山川、湖泊、海洋，这些不同的地形地貌也影响了风的形成。在海边，海水的热容量大，升温慢，降温也慢。白天在太阳的照射下，地面升温较快，空气受热上升，在高空，热空气流向海面，而在地表形成由海面刮向陆地的海陆风。夜晚，海水降温较慢，海水上方的空气受热上升，从高空流向陆地，而在地表则形成由陆地刮向海面的陆海风。在山区，白天光照使山上气温升高，随着热空气上升，山谷中的冷空气向上运动，形成"谷风"。在夜间，空气中热量会向高处散发，高处气体密度增加，空气沿山坡向下流动，形成"山风"。

风能密度

风能密度是指单位时间内通过单位横截面积的风所含的能量，通常以瓦/平方米表示。风能密度是决定一个地方风能潜力的最方便、最有价值的指标。

风能密度与空气密度和风速有直接关系，而空气密度又取决于温度、气压和湿度，所以不同地方、不同条件下的风能密度是不可能相同的。通常，海滨地区地势低、气压高，空气密度大，适当的风速下就会产生较高的风能密度；而在海拔较高的高山上，空气稀薄、气压低，只有在风速很高时才会使风能密度高。

即使在同一地区，风速也是时时刻刻变化着的，用某一时刻的瞬时风速来计算风能密度没有任何实践价值，只有长期观察搜集资料才能总结出某地的风能潜力，在实际应用中一般采用平均风能密度和有效风能密度两个概念。平均风能密度是将一段时间的平均风速代替瞬时风速，代入风能密度的计算公式 $e=0.5\rho v^3$（ρ 为空气的密度，v 为风速，e 表示风能密度），得到 $e = 1/T\ 0.5\rho v^3 dt$。在风能利用中，风速较小便无法利用，例如，0~3米/秒的风速无法使风力发电机启动，而风速太大又会破坏风机，所以这部分风速无法利用，除去这些不可利用的风速后，得出的平均风速所求出的风能密度称为有效风能密度。

风的变化

风是日常生活中非常普遍的一种自然现象。它是如何变化的呢？通常用风速和风向的变化来衡量风的变化：风向是指风吹来的方向；风速是指单位时间内空气流过的距离。显然这两个参数时刻发生变化。

（1）风随时间变化：这包括一天内的变化和随季节变化。在一天之中风的变化可以看成是周期性的：贴近地面的地方，白天风强，夜间风弱；而在高空刚好相反，白天风弱，夜间风强，这个逆转的临界高度是100~150米。由于地球自转轴与公转平面存在偏角，使一个地区太阳光照强度有了季节性的变化，不同地区有了季节性温差，风向和风速会随季节有所变化。我国的大部分地区，春季风最强，冬季次之，夏季风最弱；某些沿海地区也有例外，夏季风最强，春季风最弱。

（2）风随高度不同发生变化：从空气运动的角度将不同高度的大气分层：离地面2米以内的区域称为底层，2~100米内的区域是下部摩擦层，二者统称为地面境界层；100~1 000米的区域为上部摩擦层。以上三个区域总称为摩擦层，摩擦层之上是自由大气。地面境界层内空气流动受涡流、黏性、地表植物和建筑物的影响，风向基本保持不变，但越往高处风速越大。

如果可以随时记录风速，就会发现风速是不断变化的。通常所说的风速一般是指一段时间的平均风速。

风力等级

风力等级是根据风对地面或海面物体的影响程度来划分的，现在使用的一般是按13级划分的"蒲福风级"，无风列入零级，风力越大，级数越高。这个划分方法是怎么来的呢？在古时候，农民和渔民、船员最关心风力的大小，那时他们都是根据风对地面物体的影响来估计风力的大小。到了19世纪初，英国海军将军蒲福（Beaufourt）提出了一个简单的分级方法，是用船在海上的行进速度和可以扯起多少张帆来衡量风力的大小，这种方法就一直沿用至今。

13个风力等级的划分是：0级无风炊烟上，1级软风烟稍斜，2级轻风树叶响，3级微风树枝晃，4级和风灰尘起，5级轻劲风水起波，6级强风大树摇，7级疾风步难行，8级大风树枝折，9级烈风烟囱毁，10级狂风树根拔，11级暴风陆罕见，12级飓风浪滔天。

风能的利用形式

人类对风能的利用，最早是从风力助航开始的。几千年前，世界上很多古老的国家就开始利用风力鼓帆。大约公元前3000年，埃及一个古老的水壶上就绘有帆船的图画；公元前2000年左右，腓基尼的帆船就已经在地中海上航行了。其后数千年，人类的风力助帆技术得到了不断的发展，到15世纪迎来了历史上的大航海时期，1405～1433年我国的郑和下西洋，1492年哥伦布发现美洲新大陆，1497年达·伽玛绕过非洲最南角到达印度……时至今日，风帆在航行中仍发挥着不可忽略的作用，它与现代技术结合，展现出了更迷人的风采。

风车也是风能利用形式，14世纪我国就有了风车提水的记载，人们发明了走马灯式和斜杆式风力提水机。风车不但可以用来提水，还可以用来磨面、灌溉、舂米。

12世纪英国和法国出现了风车，接着传入德国、荷兰，再传入南欧。

随着哥伦布发现美洲新大陆，风车又进入美洲。荷兰濒临北海，地势低洼，称为"低地之国"，为了防御海潮的滋扰，荷兰人修建堤坝，并且用大小各异的风车，带动抽水机不断把积水排入海洋，才保住荷兰的千顷沃土不被海洋吞没。荷兰拥有得天独厚的风能资源，全国有1万多台风车，而且还保留了18世纪三四十年代塔房式风车，形成了荷兰一道靓丽的风景线，所以荷兰又称为"风车之国"。

近代随着蒸汽机的发明，科技革命的兴起，以及煤炭、石油的广泛应用，风能逐渐被人忽视，直到后来，能源危机的出现、环境污染的加重，人们又开始重新重视风能。从20世纪80年代开始，美国等西方国家开始开发设计风力发电设备，利用风能发电，并很快转入商业运营，开始时美国装机容量增长迅速，但1986年美国取消了对风力发电的优惠政策，所以美国风力发电技术的发展速度随之减缓了；而欧洲国家则制定了比较全面的新能源开发利用政策，促进了风力发电技术的发展。过去十年，风能成为世界增长最快的能源，发电容量从1995年4 800兆瓦增加到2002年的31 100兆瓦，增长了6倍多。全世界风电机组现在的供应量足以满足全欧洲4 000万人的生活需要。简单地说，风力发电是用风力带动风轮旋转，把风能转化为风轮轴的机械能，发电机再在风轮轴的带动下发电。

全球风能资源概述

全球风能资源丰富，其中仅是接近陆地表面200米高度内的风能，就大大超过了目前每年全世界从地下开采的各种矿物燃料所产生能量的总和，而且风能分布很广，几乎覆盖所有国家和地区。但如果想利用风能（如发电等），则需要稳定的风源，稳定的风源一般位于海上、草原或特殊的风口地区。

风能是人类最早有意识利用的能源之一。早在两千多年前，人们就懂得通过建造风车来利用风能，当时的风被人们称为"神力"，而利用"神力"驱动风车主要用于引水灌田、碾米、磨面。后来由于石油和煤炭被广泛应用，风能几乎被人遗忘了。近年来，由于全球性能源危机的逼近，风能的利用又逐渐引起了人们的注意，风力发电已有了长足的发展。

欧洲的一些国家对风能的利用起步较早，发展较为成功。全球有15座

10亿瓦的风力发电机厂，其中有十个在欧洲。截至2002年，按投入运营的风力发电机总功率计算，排名前十位的国家中五个是欧洲国家。由于离海岸越近风力越大，欧洲的风电机组一般建在海滨或延伸到海面，以便利用海面上的风力。目前德国呈现内陆地区风能利用在增长的趋势，北部低地平原生产的风电占全德国风电生产总量的58%。

美国的三大风力发电基地分别位于加利福尼亚州的阿尔塔蒙特山口、特哈查比山口和圣戈尔戈尼欧山口，这三大风力发电基地占美国全部风电机组的90%。阿尔蒙特山口位于旧金山东部的海湾地区，每逢夏季，太平洋冷空气吹向炎热的山谷，形成强劲的季风，而这个山口是季风的必经之路。

在亚洲，印度是全球风力发电量最多的五个国家之一，装机容量达到10亿瓦。日本起步较晚，但近年来有了较快的发展。我国的风力资源丰富，风力发电极具潜力。

我国风能利用概述

我国对风能的利用历史悠久，根据汉字研究，早在公元前16世纪，中国商代以前的甲骨文就有"H"（帆）字，这是一个双桅杆帆的形象，这说明那时我国已经开始利用风力鼓帆航船了。到公元3世纪的三国时代，就已经出现了多桅多帆的土帆船，这种帆船的帆可以转动以适应不同的风向。而在东汉末年汉墓的壁画上出现了风车的图画，人们利用风车把风能转化成机械能来灌溉、舂米、磨面。

随后对风能的利用水平不断提高，这种提高不但体现在风帆风车的改进上，还体现在对风向的掌握上，唐代诗人王维就写有"向江帷见日，归帆但信风"的诗句。而在唐朝，我国与日本使节的频繁往来靠的就是帆船，同时人们还利用风能灌溉、磨面、舂米。宋朝是风车应用的全盛时期，当时流行的垂直轴风车沿用至今。明朝年间，我国的帆船设计制造业进入鼎盛时期，著名的"郑和下西洋"就发生在明初。郑和很善于利用风力，他巧妙地利用了东部沿海的季风，冬季多吹西北风和东北风，郑和7次下西洋，有5次选在冬季，这时有来自东北和西北方向的季风，正好顺风航行，经南海穿过马六甲海峡进入印度洋，而返回时有6次选在夏季，趁着夏季的西南季风，刚好顺风返航。

我国的风力发电起步比较晚，1992年联合国召开环境与发展大会以后，我国才明确要"因地制宜地开发和推广太阳能、风能、地热能、潮汐能、生物质能等新能源"。我国现代风力发电技术起始于20世纪70年代初，经过三十年的研制、生产和推广应用，自行开发研制的小型风力发电机组，运行平稳可靠，使用寿命平均在15年以上。

风能产业概述

以煤炭、石油和核物质为原料的传统电力开发给环境带来了巨大的压力，如残渣的排放、有害气体的释放、温室效应以及核废料的处理。风能是清洁能源，给环境带来的压力非常小，与煤炭、石油相比，风能是可再生能源，同时风能具有自主性的特点，不受国际争端和禁运的影响。在4级风区，一个750千瓦的风电机，平均每年可以减少火电站1 179吨的二氧化碳、6.9吨的二氧化硫和4.3吨一氧化氮的排放。

风能资源丰富的地区大多比较偏远，风能的开发利用可以带动当地其他产业的发展，增加就业率，为农业用地收入增加带来了机会，加速经济发展。而且风能发电所利用的土地，只有很少一部分用来安装机器，其他的土地仍可以继续用于农业和畜牧业。

风能产业有着巨大的经济、社会、环保效益和发展前景。在过去20年里风力发电发生了巨大变化，风力发电成本迅速下降的速度比任何其他的能源都快。风能成本降低的原因很多，风场的风速很大程度上决定风力发电的成本，大型风力发电技术的进步带动风力发电成本的降低，越来越严格的环保条例加强了风力发电的竞争力。

我国的风能产业刚刚起步，但是市场前景不容忽视。我国化石能源紧缺，而且大量耗用化石能源带来了巨大的环境污染，伴随着我国国民生产总值的快速增长，汽车、钢铁、制造和电信等产业对能源需求量迅速增长。为建立可持续的能源多元化体系，我们应充分重视对化石能源以外的可再生能源的开发利用，学习国外风力发电产业的先进经验，对风力发电开发给予充分重视。

风能设备

人类目前对风能的利用是将风能转化为机械能，利用机械能提水、磨面、春米等，或是把机械能进一步转化为电能输送到千家万户。风力发电的主要设备是风力发电机，也叫做风轮机。从古至今人们使用过各种各样的风轮机，现代使用的风力发电机大致分为两类：水平轴式发电机和垂直轴式（立轴式）发电机。水平轴式风力发电机的风轮转轴与地面平行，就像常用的电风扇一样；立轴式风力发电机的风轮转轴与地面垂直，叶片绕垂直轴线旋转。目前大型风力发电机组一般采用水平轴式风力发电机。一般的风力发电机由风轮、增速齿轮箱、发电机、偏航装置、控制系统、塔架等部件组成。风轮将风能转化为机械能，低速转动的风轮通过传动系统由齿轮增速箱增速，并将动力传递给发电机，发电机将机械能转化成电能。上述部件都装在机舱上，机舱由高高的塔架举起。由于水平轴式风力发电机本身的局限性，使风力发电成本很难一降再降，而摆翼立轴式风力发电机是一种全新的风力发电机，它的出现大大降低了风力发电的成本。立轴式风力发电机不存在风向改变的问题，所以不需要迎风调节装置，也不需要将全部风力发动机组搬上塔架。摆翼立轴式风力发电机利用气动原理，将翼片偏摆轴置于其空气动力中心之前，在风的作用下，翼片在两侧自动摆向相反的一边，因而产生同一方向的力矩，协力驱动风力发电机转动，结构十分简单，而且在灾害性大风来临时会自动顺桨，将负荷卸载，其调速装置也比其他的风力发电机简单有效，在风速和负载变化时，风力发电机转速也能保持恒定。

离网型风力发电机组适用于偏远农村、沿海岛屿、自然村落、边防哨所、旅游景点等。这些地方用户分散，用电量小，常规电网难以到达，推行小型风力发电机组可以很好地解决这些地方无电的状况，又节约燃料和资金，减少对环境的污染，有很好的经济效益和社会效益。

并网型风力发电机组是安装在有电网且风力资源丰富的地区，发出的电并入电网，目的是节约常规能源，减少环境污染。当平均风速高于3米/秒时，风轮开始转动，风速继续升高；高于4米/秒时机组自动启动，到某一设定转速后，发电机将按控制程序被自动联入电网，一般是小发电机先并网，当风速继续升高到7~8米/秒后，发电机组将切换到大发电机运行。

风能设备除发电机外还有风力提水机，在我国主要有两大系列：低扬程大流量风力提水机组和高扬程小流量风力提水机组。在东南沿海，人们把低扬程风力提水装置用于农田灌溉、水产养殖和盐场制盐等方面，内陆地区如内蒙古、甘肃和青海等地，利用深井风力提水机为牧民和牲畜提供饮水和对小面积草场进行灌溉。

核能概述

核能是指由原子核的链式反应所产生的能量，包括已经广泛应用于核电站的核裂变能以及研究中的核聚变能（可控热核能）。什么是核裂变反应呢？用慢中子使重原子核裂变成两个中等核的反应叫做裂变反应；什么是核聚变反应呢？把轻核（如氢的同位素核氘、氚等）聚合成稍重的原子核的反应叫做聚变反应。例如，原子弹和原子反应堆就是利用重核（铀核等）的裂变反应，而氢弹则是利用轻核的聚变反应。目前世界范围内的裂变反应的核能利用技术已经比较成熟。

1942年，以费米为首的一批科学家在美国建成了世界上第一座人工核反应堆，首次实现了人类历史上铀核的可控自持式裂变反应，伴随着科学技术的发展，核能的利用逐渐走进人类的生活。核电作为一种可持续发展的清洁能源受到世界各国的普遍重视，根据国际原子能机构动力堆信息系统（PRIS）的数据显示，截至2003年3月，全世界共有441个核电机组运行，总装机容量3.59亿千瓦，在建核电机组33个。随着人们环保意识的增强，用新一代的核电站替代化石燃料发电将成为21世纪能源舞台上的主旋律。核能供热是和平利用核能的另一途径，根据供热温度的不同又分为低温供热和高温供热两大类。核反应堆还可以作为航空母舰、破冰船等各种重型舰船的动力装置。微型的反应堆重量轻、性能可靠、使用寿命长，可作为空间核电源。此外，大力发展和推广同位素与辐射技术也是核能为经济建设和人民生活服务的重要内容，同位素和辐射技术在工业、农业、医学、环境、考古、科研和教学等领域有着广泛的应用，是核能产业化的又一个重要组成部分。

核能也是一把双刃剑，它给人类带来财富的同时，也给人类的安全蒙上了阴影，核武器无疑是现代国防的战略重点，但是核武器巨大的杀伤力和破坏力给人类带来灾难性的而且是持续性的破坏，全面核战争的爆发，甚至会导致全人类的灭亡。

面对核能的好与坏，人们最终还是选择了核能，人们有选择的选择了核能。核能的开发为人类描绘了一幅应对所面临的能源问题挑战的蓝图。对于能源的未来，人们充满信心，已取得可喜进展的核裂变反应堆核电站将长期地满足人类对能源的需求，科学家们正在进一步探索和构想的正反物质湮灭堆核电站更能提供取之不尽、用之不竭的能源。

核能的特点

核能的发展表明，核能以它特有技术成熟、应用范围广、发电成本低、能量密度大、无环境污染等优势成为最有前途的能源。

目前常规能源的使用给人类生存的环境造成了很大的破坏，来自能源的环境压力越来越大。温室效应使地球变暖，南极、北极的冰川有融化的可能，对人类的生存构成威胁。另外，酸雨、黑雨的发生，也给人类的生活和工作带来烦恼。根据科学家的研究，造成这些现象的根源之一是空气中的二氧化碳、二氧化硫及氮氧化物的增加，煤电、油电是这些不利因素的制造者之一，但是核电不会产生这些不利因素。核电站在设计施工时，都注意了废水、废气、废物的排放问题，核电站的放射性污染主要来自核燃料，但是，有三道坚固的屏障可以完全防止核燃料的放射性泄漏。此外，核燃料的装卸也是在完全密封的状态下进行的，一般地说，公众在核电站周围住上1年，其所受到的辐射量，还不如做一次x光透视的几十到几百分之一。研究结果表明，核能确实是一种比较清洁的能源，这是核能的一大优点。

核电之所以在世界各国"走红"，不仅是因为无环境污染和温室效应，最大的秘密还在于核电比火电更经济。铀-235分裂时产生的热量是同等重量煤炭的热量的260万倍，是石油的160万倍，1千克铀等于2 700吨标准煤。一座100万千瓦的压力堆核电站，每年扩充40吨核燃料，其中只消耗1.5吨铀-235，其余的尚可回收利用。而同样的煤电厂，每年却要消耗煤炭350万吨，或者石油200万吨，至少每天需要一艘万吨巨轮，或三列40节车厢的列车将其运输到厂，从而造成燃料费用高和运输的困难。另外，世界上有丰富的核资源，在常规能源日趋紧张的今天，核能的利用无疑为能源利用描绘出了新的蓝图。

目前，核能发电在世界能源构成中已占仅次于煤发电的第二位，由于政治原因，各国政府对核能政策虽有所不同，但随着今后对生态、环境保护的重视与加强，核能必将得到进一步发展。

核能产生的机制和能量的释放形式

物质都是由原子构成的；任何原子都是由带正电的原子核和绕原子核旋转的带负电的电子构成的。一个铀–235原子有92个电子，其原子核由92个质子和143个中子组成，50万个原子排列起来相当一根头发的直径。如果把原子比作一个巨大的宫殿，其原子核的大小相当于一颗黄豆，而电子相当于一根大头针的针尖。铀–235有一个特性，即当一个中子轰击它的原子核时，它能分裂成两个质量较小的原子核，同时产生2～3个中子和β、γ等射线，并释放出约200兆电子伏的能量，这就是核能产生的机理。核能的释放形式有哪些呢？

核能的释放形式主要有两种，即重核的裂变反应和轻核的聚变反应。

重原子核分裂成两个（少数情况下，可分裂成3个或更多）质量相近的碎片的现象成为核裂变，如铀核裂变。易裂变原子核在中子的作用下发生裂变形成碎片，这些碎片及其衰变子体称为裂变产物，裂变产物是多种多样核素的复杂混合物。核裂变反应的一个重要特点是，一个易裂变核每吸收一个中子发生裂变反应后，平均放出2～3个次级中子，这些次级中子在一定条件下又有一部分引起其他易裂变核的裂变，如此继续进行下去，便形成链式裂变反应。链式反应分为自持型、发散型和收敛型三种。在核子的裂解过程中，伴随着大量能量的释放，目前的核能发电应用的主要是裂变反应堆。

两个较轻的原子核聚合成一个较重的原子核，同时放出巨大能量，这种反应叫做轻核聚变反应。在核聚变过程中会放出比裂变反应至少增大三四倍的能量。例如，在氢的两种同位素氘与氚的聚变反应中，每个核子释放能量的平均值差不多是铀–235裂变过程中每个核子释放能量平均值的4倍，可见聚变能是更强大的能源。典型的聚变燃料氘和氚可以从海水中提炼得到，故核聚变能被认为是取之不尽、用之不竭的能源。原子核间有很强的静电排斥力，因此在一般条件下，发生核聚变反应的概率很小。在太阳等恒星内部，因压力、温度极高，轻核才有足够的动能去克服静电排斥力而发生持续的聚变。自持的核聚变反应必须在极高的压力和温度下进行，故称为热核聚变反应。这就是氢弹必须要由原子弹来引爆的原因，它要利用原子弹爆炸产生的高温来维持氢弹的聚变反应。大量的能量瞬间迸发，核能释放过程不仅伴随着剧烈的放热，而且还有大量强辐射性的射线放出。所以，对于核能利用的控制是有难度的，到目前为止，人们已经很好地解决了可控的核裂变反应，但是可控的热核聚变反应仍没有实现。

核能的来源

早在发现放射性和放射性核素的初期，人们就从贝克勒尔和皮埃尔·居里被镭射线烧伤皮肤的现象中觉察到，各种射线的确具有很大的能量。但当时，人们对放射能的实际应用却没能实现，因为这些放射能的释放过程非常缓慢。即使这样，科学家们也没有放弃对核能来源的探索。

当时科学的背景是人们已知原子是构成物质的最小单位，自然地把放射能的来源锁定在原子内部。1903年，当卢瑟福研究了α射线的能量后指出："这些需要加以思考的事实都指向同一个结论，即潜藏在原子里面的能量必是巨大无比的"。所以至今人们仍习惯把放射能叫做"原子能"。

随着核科学的不断发展，1911年，卢瑟福又发现了原子中存在着某一核心部分，即找到了原子核，并从它的特性中知道，原子质量的绝大部分都集中在原子核上。这样，人们就认为原子核中储藏着巨大能量的说法更能反映客观实际，而放射能实际上就是由于原子核自身发生变化时所释放出的能量。另外，"原子能"的提法又很容易和化学能相互混淆，所以把放射能称为核能更符合实际情况。

这时候，卢瑟福的理论遭到了原子核放射性衰变现象的质疑，有些唯心论的学者认为在衰变的过程中物质似乎消失了，而能量却无中生有了。但是，杰出的天才物理学家爱因斯坦这时发现了能量和质量的关系式，他提出的"相对论"合理地解释了核子的衰变。根据对各种运动物体的观察（特别是那些作高速运动的物体）和分析的结果，他发现随着物质运动速

度的增大，特别是接近光速30万公里/秒时，运动物质在运动方向上的长度
（即由静止观察者所测得的长度）越来越短，其质量却越来越大。由此不
难看出，能量的增加并不意味着质量的减少。相反，物体运动速度加快后，
不但能量增加，而且质量也变大。这就驳倒了唯心论者认为放射性现象的发
现，物质似乎可以转变为能量的错误说法。微观世界中的这种奇妙现象再次
证明了"自然界中的一切运动都可以归结为由一种形式向另一种形式不断转
化的过程"和"把能量理解为物质的运动"的精辟见解的正确性。

从此以后，绝大多数的人都肯定了相对论的正确性，也就慢慢接受了
"核能"这个名词。

核能资源的种类和储量

通过前面的介绍知道，无论是核裂变还是核聚变，要产生核能就要消
耗核燃料。对于核裂变，核燃料是铀、钍等元素，核聚变的燃料则是氘、
氚等元素。有些物质，如钍，本身并非核燃料，但经过核反应可以转化为
核燃料。核燃料和可以转化为核燃料的物质总称为核能资源。

在地球大家园里，到底存在多少核能资源呢？它们的分布又如何呢？

（1）铀资源：铀在地球上的分布极为广泛，它比银、汞、镉、铋等
更为丰富，据估计，在地壳表层20千米内，铀的总含量大约有1 014吨之
多。但是铀的分布很分散，绝大部分铀矿品位很低，目前尚无开采价值。
只有扎伊尔与加拿大两国有较高品位的铀矿，在矿石中含有1%～4%的
铀，中等品位的铀矿存在于世界各地，矿石含铀量在0.1%～0.5%之间，
更低品位的铀矿含铀量可能为万分之几数量级。开采低品位的铀矿，获得
同样多的铀所付出的成本要比开采高品位铀矿高得多。因此，铀资源的数
量，取决于人们愿意付出的开采成本。

（2）钍资源：钍也是地球上分布很广的一种元素，印度、巴西、加
拿大和我国都有丰富的储量。钍-232在反应堆中吸收1个中子后经过两次
β衰变就变成了铀-233，铀-233是一种比铀-235更优良的核燃料。因此，
如果能把钍充分利用起来，地球上的核能资源就能得到显著的增加。

（3）氘、锂资源：氘和氚的核聚变反应可以释放出巨大的能量，而
氘元素是氢的同位素，从水中可以电解出氢元素，地球拥有数量丰富的水

资源，可以说地球上的氘元素是取之不尽、用之不竭的，但是反应堆中的氚元素则是不容易从自然界中得到的，聚变堆中所用的氚是用锂来生产的。锂也是一种储量丰富的矿物，地球上锂的储量可以供人们使用许多年。如果锂资源消耗完之后，还可以通过氘—氘反应来产生聚变能，在这个反应中所用的核燃料仅仅是氘，所以永无匮乏之忧，但实现氘—氘反应在技术上要比氘—氚反应困难一些。不过，我们还是很乐观地相信，在人类耗完其他各种能源之前，一定能实现"可控氘—氘核聚变反应"，一劳永逸地解决能源问题。

全球核能资源发展概述

随着科技的发展，核能的利用早已从实验阶段跨入产业化和民用化的阶段。目前核能已广泛地应用于工业、农业、医学等国民生产的各个方面，为人类创造了不可估量的财富。不同国家的科技发展水平是不一样的，这也决定了核能的发展和利用在不同的国家有着不同的水平和规模。和平时期核能利用的主要形式是核电。核电在世界不同国家和地区的发展情况是怎样的呢？

据国际原子能机构公布的信息，目前，世界核电的发电量占世界总电力的16%，有440多座核电站在30个国家运行，大多数核电站建在西欧和北美，但大多数新的在建核电站在亚洲。由于经济增长的压力、自然资源的匮乏和人口的增加，在最新建成的31个已联网发电的核电站中，有22个建在亚洲。正在建造的27个核电站当中，有18个位于亚洲。而有着长久项目的西欧和北美国家核电建设却处于停滞状态。尽管4个西欧国家已经决定关闭其核电站，但未来如何仍是不确定的。因为在相当一个阶段，能源的需求和全球变暖仍是两个不断被关注的问题。目前，仅有一个新的核电站开始在西欧建造，在北美没有新的核电站建造计划，也许不久将会有所变化。

美国现有104座核电站在运行，是核电站运行最多的国家。立陶宛有80%电力来自核电，核电比重在各国最高，法国排第二，占78%。在442座核电站中只有39座在发展中国家，并且核电比重比平均水平低，只占世界核电总量的5.6%，巴西、中国和印度均有核电项目，这三个国家有世界

40%的人口，特别是我国和印度，都有加快核电发展的计划。

核电的发展和分布体现了核能分布的总体趋势，而造成这种分布差异的不仅仅是技术上的原因，还有更重要的一点是人们对核能的思想认识的不同。

2002年可持续发展世界首脑会议的成果之一是，所有国家都同意"核能使用的选择由各国自行决定"，但是各国关于承认核能在可持续发展中的作用意见分歧鲜明。有些国家认为这两者根本互不相容，把核能视为"魔鬼"；有的国家则把核能视为"天使"，是可持续发展战略的关键因素。这就造成了这样一种局面：核能在有的国家成为发展重点，而且有很大的发展前景；而有的国家则限制核能的发展，核能的开发利用举步维艰。客观地说，核能的开发和利用必然而且应该得到支持。

我国核能资源发展特点

我国核能应用大体上经历了20世纪50年代的开创、60年代的应用开发和80年代以来全面发展三个历史阶段，特别是改革开放以来，我国的核能发展比较迅速，核能的应用渗透到各行各业。

从应用的角度看，核能的功能主要有：①信息获取功能：如声敏、热敏、光敏、力敏、湿敏、气敏、化学敏等，目前核技术作为一种灵敏的信息探测手段，是其他传感方法无法取代的。②物质改性或材料加工功能：通过电离辐射与机体发生物理、化学和生物变化来实现机体性质的变化，如放射治疗、辐射育种、半导体和金属改性等等。③能量释放功能：这也是核能利用的最主要方面，除用于核武器外，主要是利用核裂变和核聚变发生时所产生的巨大能量来供电或供热。

核电是核工业民用化的支柱产品，始建于1985年3月的秦山核电站是我国的第一座核电站，它在1991年并网发电，结束了我国无核电的的历史。之后大亚湾核电站、秦山二期工程、三期工程陆续开工建设，掀开了我国核电发展的新局面。到目前为止，中国大陆正在运行和建设的共有11台核电机组，其中7台核电机组在运行，总装机容量为540万千瓦，核电占全国总供电量的1%以上。

我国的核能利用发展迅速，但与美国等核大国相比还有相当大的差距。我国核能利用有很大的市场，加上政府的支持，具有广阔的前景。

核反应堆

核反应堆，是一种向人类提供核能的装置，分为核裂变反应堆和核聚变反应堆两类。核裂变反应堆是指在其中维持可控核裂变反应的装置；核聚变反应堆是指在其中维持可控核聚变反应的装置。后者分为磁约束核聚变反应堆、激光核聚变反应堆等。

现在应用较多的是核裂变反应堆。核裂变反应堆的类型很多，但其基本组成部分是一致的，即由活性区、反射层、外压力壳和屏蔽层组成。活性区又由以下部分组成：①慢化剂（减速剂），有些反应堆（如热中子石墨反应堆），是利用铀-235吸收热中子而发生核裂变的。核裂变产生的快中子必须经慢化剂进行核碰撞减少能量而成为热中子，然后这些热中子再被铀-235吸收，引起核反应，以维持链式反应。所以，在热中子石墨堆中要将核燃料铀-235和慢化剂石墨一起装入堆心。除石墨外，常用的慢化剂还有重水、轻水、氢化锆和铍等。②核燃料，常用的核反应堆燃料的可裂变物质有铀-235、铀-238和钚-239。目前有些国家在开发新型的核反应堆，采用铅和铋替代铀和钚。③冷却剂（载热剂），冷却剂是将核裂变过程释放的热量，及时带出堆心作为动力之用的物质。核裂变释放的能量会使燃料元件温度升高，因而必须及时地将其带出堆心，同时也使活性区温度不致升得过高而烧坏。冷却剂必须具有吸收中子少，导热性能好的特性。常用的冷却剂有普通水、重水、氦气、二氧化碳、液态金属（熔融的金属钠和钠钾合金）等。④控制棒，控制棒是用一种或几种吸收中子能力强的物质，如镉、硼、锆等材料制成的，插入或抽出活性区来控制核裂变链式反应进行的速度，使反应堆保持一定的功率正常运行，从而保障反应堆的安全。⑤反射层，反射层设在活性区的周围，将可能跑出去的中子反射回来，以减少活性区内中子的泄漏。反射层材料的选用根据反应中子的不同而相异，凡能作为慢化剂的材料都可以作为热中子反应堆反射层材料。快中子反应堆的反射层一般选用质量数比较大的元素（如铀-238或钢材），使反射回去的中子仍具有较高的速度，以满足裂变反应的需要。⑥外压力壳，为了确保核反应在一定的压力条件下工作，通常用一个金属结构外压力壳将活性区、反射层等包围起来，使整个核反应不超出外压力壳的范围。⑦屏蔽层，反应堆运行过程中产生大量的裂变产物，其放射性非常强，会给周围环境和人们带来极大的危害，因而必须在反应堆的周围建造一个相当厚的屏蔽层。常用的屏蔽材料有铁、水和重混凝土等。

反应堆自20世纪40年代出现以来，世界上已建成了各种用途的反应堆：有的用来发电，有的用来取暖，有的用作船舶的动力装置，有的用来生产新的裂变材料和放射性同位素，有的用来进行科学研究和工程试验，还有的用于军事上。

核反应堆的分类

核反应堆的种类很多，名目繁多，其分类方法见表3-2。

表3-2　　　　　　　　　　　核反应堆的分类

核反应堆分类	按中子能量分类	快中子堆	中子能量大于10^4电子伏
		中能中子堆	中子能量大于1电子伏小于10^4电子伏
		热中子堆	中子能量大于0.025电子伏小于1电子伏
	按冷却剂和慢化剂分类	轻水堆	压水堆、沸水堆
		重水堆	压力管式、压力容器式、重力慢化轻水冷却堆
		有机堆	重水慢化有机冷却堆
		石墨堆	石墨水冷堆、石墨气冷堆
		气冷堆	天然铀石墨堆、改进型气冷堆、高温气冷堆、重水慢化气冷堆
		液态金属冷却堆	熔盐堆、钠冷快堆
	按堆心结构分类	均匀堆	堆心核燃料与慢化剂、冷却剂均匀混合
		非均匀堆	堆心核燃料与慢化剂、冷却剂呈非均匀分布，按要求排列成一定形状
	按用途分类	生产堆	生产钚、氚以及放射性同位素
		动力堆	生产电力，为船舶、军舰、潜艇作动力
		实验堆	做燃料、材料的科学研究工作
		增殖堆	新生产的核燃料(Pu-239,U-233)大于消耗的(Pu-239,U-233,U-235)

目前，人们比较倾向于按用途分类，有动力堆、生产堆、实验堆和增殖堆。

（1）动力堆：主要是利用核裂变释放的能量产生动力的反应堆，根据用途不同又细分为核电站用堆、推进用堆（如作为核潜艇的动力装置）、低温核供热堆、海水淡化用堆等。动力堆一般包括沸水反应堆、压水反应堆、重水反应堆、高温气冷反应堆、快中子反应堆等。

（2）生产堆：主要用来生产易裂变材料或放射性同位素，如制造氢弹所用的燃料氚和制造原子弹所用的钚。生产堆一般包括石墨堆和重水堆。

（3）实验堆：一般包括石墨堆、轻水堆、重水堆、高通量堆、游泳池堆等，主要用于科学研究。根据研究对象和目的不同，又分为一般研究用堆、材料试验和元件考验用堆和模式堆（原型堆）。

（4）增殖堆：属新一代反应堆。高速增殖堆是以钚-239为裂变燃料，其裂变时释放出的中子一部分维持链式反应，另一部分被堆中的铀-238吸收变成钚-239，这使新产生的钚比消耗的钚还多，即所谓增殖。增殖的钚可作为核燃料供反应堆继续使用。

目前，达到商用规模的核电站反应堆型有压水堆、重水堆、石墨气冷堆、沸水堆和快堆等。

压水堆是采用低浓（铀-235浓度约3%）的二氧化铀作燃料，高压水作慢化剂和冷却剂。它是目前世界上最成熟的堆型。

重水堆是利用重水作慢化剂，重水（或沸腾轻水）作冷却剂，可用天然铀作燃料。目前达到商用水平的只有加拿大开发的坎杜堆。我国秦山三期将是一座重水堆核电站。

沸水堆是采用低浓（铀-235浓度约3%）的二氧化铀作燃料，沸腾水作慢化剂和冷却剂。

快中子堆是采用钚或高浓铀作燃料，一般用液态金属钠作冷却剂，不用慢化剂，根据冷却剂不同分为钠冷快堆和气冷快堆。

核电站

1942年12月2日15点20分，著名物理学家艾立科·费米（1901～1954

年）点燃了世界上第一座原子反应堆，为人类打开了原子世界的大门。1954年世界上第一座原子能电站在前苏联建成。世界上已有商业核反应堆400多座，美国电力的21%来自核电。世界上比较典型的核电站是压水反应堆核电站，也称压水反应堆核电站。

压水反应堆核电站主要有两回路组成：一回路和二回路。一回路是燃料冷却回路，一回路的水将燃料产生的热量传送到蒸汽发生器中，一般有2～4条独立的蒸汽发生器环路互相并联。每个反应堆都有一台稳压器，使一回路的水压维持稳定。在蒸汽发生器中，热能被蒸汽从一回路传到二回路。二回路系统形式与常规火电厂类似，包括汽轮发电机组、汽轮机旁路、向大气排汽系统、凝汽器、数台凝结水泵、凝结水加热装置、蒸汽发生器的给水回路、事故给水回路以及蒸汽发生器与汽轮机之间的蒸汽连接管路。

压水反应堆的堆心是由几万根含3%浓缩铀-235的二氧化铀燃料棒组成的圆柱形心块。陶瓷工艺制造的燃料心块堆叠在锆合金管中，此锆合金管称为包壳。

反应堆被一个钢制"堆心吊篮"或"围筒"所包围，并被支撑在一个能承受高压的圆柱形压力容器中。反应堆压力容器中充满作为冷却剂、慢化剂和反射层的水。一般在15.5兆帕的压力下水的沸点是345℃，加热以后典型的水温是329℃左右。加热后的水通过一个热交换器时释放一部分热产生蒸汽，然后被抽回到反应堆容器中。水从比堆心略高的位置进入容器，并且通过堆心吊篮和容器壁之间的叫做"下降段"的环形区域向下流动。到达堆心底部后，水反向流动，向上流过堆心，从而将裂变热带出。

除了压水堆核电站，常用的还有沸水堆、重水堆、快堆核电站等。世界上第一台沸水反应堆核电站机组是美国德累斯顿原子能发电站1号机组（BWR-1），于1960年开始运行的。沸水反应堆与压水反应堆相比较，主要差别在于沸水反应堆允许在堆心中形成蒸汽。

压水堆、沸水堆、重水堆、石墨气冷堆等运行已久的核电站堆型都是非增殖堆型，主要利用易裂变燃料，即使再利用转换出来的钚-239等易裂变材料，它对铀资源的利用率只有1%～2%。但在快堆中，铀-238原则上都能转换成钚-239而得以使用，考虑各种损耗，快堆可将铀资源的利用率提高60% ~ 70%。

除发展快堆核电站外，世界各国还在加紧研究核聚变反应堆核电站。

我国的核电站

我国的核电事业起步较晚，开始于20世纪70年代，但发展迅速，到1999年中国大陆有3台核电机组在运行，即秦山核电站一期工程（1台3×10^5千瓦）和大亚湾核电站（2台9.84×10^5千瓦）。另外，中国台湾省有6台核电机组在运行，6台机组装机容量为4.884×10^6千瓦，1999年核电产出3.691×10^{10}千瓦小时，占台湾省电力总产出份额的25.32%。

大亚湾核电厂是中国第一座大型商业压水堆核电厂，坐落在广东省深圳市以东的大亚湾畔的大鹏半岛上，由广东核电投资有限公司与香港核电投资有限公司合资组建的广东核电合营有限公司负责建设和营运。大亚湾核电厂已实现了美国三里岛核电厂事故后的各项改进措施，并根据法国核电厂历年发生的各种故障和所进行的改进，特别是有关核安全的改进，采取了相应的措施。

秦山核电厂是中国自己独立设计与建造的第一座核电厂，采用双环路压水反应堆。秦山核电厂位于浙江省海盐县东南8千米的秦山山麓。

目前中国大陆正在建设的核电机组有秦山二期2台6.5×10^5千瓦，秦山三期2台7.28×10^5千瓦，岭澳2台9.84×10^5千瓦和田湾2台1.06×10^5千瓦，秦山二期是中国自行设计与建造的2台压水堆机组。秦山三期是2台CANDU6型PHWR机组，采用重水作冷却剂和慢化剂。岭澳核电站2台9.84×10^5千瓦是法国设计的PWR（压水堆）。田湾核电站是中俄合作项目，2台VVER—1000/428NPP—91型PWR机组。另外，中国台湾龙门第四核电站2台1.35×10^5千瓦ABWR机组正在建设中。

我国建设的核电站主要采用已应用较长时间的传统反应堆，如压水堆。近年来，我国不但积极地改进已有的核电站的反应堆，还在研制新的反应堆。

（1）10^3千瓦高温气冷堆实验堆：由清华大学核能设计研究院开发研制。压水堆由于条件所限，只能在300℃左右工作和供热，而高温气冷堆正好弥补压水堆之不足，可提供300～1 000℃以上的热能。而且高温气冷堆可以使用不同的核燃料，既能"烧"铀，又能"烧"我国蕴藏丰富的钍，并且可以不用停堆进行换料，这也是其他反应堆无法实现的。

（2）快中子增殖反应堆核电站：为了充分利用有限的铀资源，我国决定发展快中子增殖堆核电站。预计到2020年左右，我国快中子增殖堆核电站可投入商业运行。

（3）聚变反应堆核电站的研究开发：聚变能是轻原子核聚变发出的能量，它是物质结合能，是一种取之不尽的、清洁的、廉价的、环境安全的、潜力巨大的能源。

核电与核弹

1942年12月，第一座原子能反应堆在美国诞生，其输出功率只有0.5瓦，但它开启了原子能时代的新纪元。原子能，即核能的开发和利用，给人们提供了一个解决能源危机的重要途径。然而，核能之门被打开之后，正如许多科学发现一样，其最早的用武之地是在军事上。

1945年7月16日，第一颗试验原子弹在美国的新墨西哥州的荒漠上爆炸成功。1945年8月6日和8月9日，美国向日本的广岛和长崎分别投掷了一颗原子弹，这是人类第一次亲身感受到了核能的威力。1946年6月30日，美国进行了首次海上核试验；1949年9月22日，苏联爆炸了一颗威力比广岛原子弹大5倍的核弹；1964年10月16日，我国也成功爆炸了一颗原子弹。

1954年3月美国爆炸了一枚氢弹，严重污染了海水，放射性物质通过浮游生物在鱼体内逐渐积累，并随生物移动而扩散。当年12月日本渔船捕获的鱼类体内放射性物质浓度超过危害人体健康指标的30倍，从而不得不大量销毁。核弹自从出生以来就如同潘多拉盒子里放出的魔鬼，以它不可遏制的威力制造着灾难，震惊着全世界。

本是同根生的核电站却如同阿拉丁手里的神灯，以它的能量为人类服务。第一座真正意义上的原子能发电站——奥布灵斯克核电站，是前苏联在1954年建成的，其发电功率为5 000千瓦。英国于1956年建成该国第一座原子能发电站，而美国则到1958年才建成一座具有工业规模的民用核电厂。

至今全球已有商业核反应堆400座以上，核电的成本比火力发电便宜，在减少二氧化碳的排放量方面也起到了其他能源不可替代的作用，是干净、方便、安全、成本低的电力资源。

核电和核弹，其基本原理是相似的，都是原子核的裂变或聚变反应。

原子弹是利用铀－235（如铀弹）或钚－239（如钚弹）等重原子核裂变反应，瞬间释放巨大能量而达到破坏效果的核武器，也称裂变弹。原子弹的设计原理是使处于次临界状态的裂变装料瞬时间达到超临界状态，并适时提供若干中子触发裂变反应。超临界状态的实现方法有两种：枪法（又称为压拢型）和内爆法（又称为压紧型）。枪法原子弹是把几块处于次临界状态的裂变材料，在化学炸药产生的爆炸力的推动下，迅速合拢而呈超临界状态产生核爆炸的。内爆法原子弹是利用高能化学炸药产生的内聚冲击波和高压力，压缩次临界状态的裂变材料，使裂变材料的密度急剧提高而处于超临界状态产生核爆炸。中国第一颗原子弹就是利用内爆法，这种方法被广泛采用。

如同核电站一样，核弹不但可以根据核裂变原理制造，还可以利用核聚变原理制造，例如氢弹，其杀伤破坏威力比原子弹大得多。氢弹是利用氢的同位素氘、氚等轻原子核的聚变反应瞬时释放出巨大能量而实现爆炸的核武器，亦称聚变弹或热核弹。氢弹中热核反应的先决条件是高温和高压，通常利用原子弹爆炸所放出的能量引起氢弹爆炸。

核电站产生的放射性物质及核弹爆炸所产生的放射性物质与日俱增，由于这种物质衰变期长达几千年乃至上万年，对人类是一种巨大的潜在威胁，因而正确地利用核能是每个人的责任。

核电的放射性

辐射像阳光、水、氧气、重力一样，是一种经常对生物发生作用的自然因素。放射现象在地球上的生命诞生之前就已存在了。地球上所有生物都处于宇宙射线和地壳放射性物质的辐射之下。此外，在任何生物组织中也都存在天然的放射性核素。随着科技的发展，人工辐射源出现了，它们在服务人类的同时，也不可避免地影响着人类的生活。例如，核电站运行过程中产生的放射性物质便是其中之一。提起核电站放射物质的放射性，人们会禁不住想起以往的伤痛，即世界上的两大核泄漏事故。

1979年3月8日，在宾西法尼亚州的三里岛发生的核泄漏事故，是美国历史上最严重的一起核泄漏事故，仅清理费就花了10亿美元。事故发生在对系统进行维修时，带动系统内部水循环的抽水泵发生了故障，应急的水泵也没能阻止事故的发生。如果当时能及时关闭阀门，一切就会恢复正常。但操作员听到警报声后有些慌张，再加上缺乏对所属部门细节的了解，几个小时以后，他们才找到并关上了被顶开的阀门。在这段时间里，由于反应堆的循环系统不能保持足够的压力，里面的水很快蒸发掉了，燃料也开始熔化，泄漏事故终于发生了。美国的核事故没有给人们带来致命的伤痛，美国三里岛事故只是带来经济上的损失，但切尔诺贝利核电事故就没有那么幸运了。1984年4月，前苏联基辅附近的切尔诺贝利核电站发生事故，周边30公里范围内的居民被迫撤离，欧洲不少国家也受到轻微的核污染，引起了强烈的国际反响。据报道，有31人死亡，203人受伤。这座曾是4.5万人的家园，也由此变成了一座鬼城，而且切尔诺贝利将在其事故后数百年里都不安全。辐射性最强的元素，如铯－137，它的半衰期是30年，所以要经过许多个30年，这种元素的结构才能够改变得让人接近。

震惊于核电站的放射性物质的威力，也就理解了为何许多人谈核色变了。但实际上，核电站由女神变为魔鬼的罪魁祸首还是人们的失误。三里岛核事件的发生源于设计本身存在缺陷，如主控室的人机接口不完善，相关仪表指示不能真实地反映实际情况等，切尔诺贝利核事故的原因则是错误设计及管理操作的失误。核电站正常运行时，排出的放射性物质其放射活性一般很低。来自核电站水中的放射性污染使水中微量元素被激活，产生放射性同位素，大部分放射性同位素以废物形式被处理，遗留下来的也能很快分解，残存计量多在检测水平以下，正常情况下不会对人体造成危害。

当代核电站的各项技术日臻成熟，安全保护措施也越来越完善，核电站的安全是完全有保障的，但是核电站的安全措施是建立在操作人员严格、严密的安全操作规程上的。只要科学地管理和操作，只要安全意识一刻都不放松，永保核电站的平安是完全能做到的。

核能的安全原则

核电厂的安全原则是核电厂设计建造的基础，也是核电厂安全的保障。核电厂总的设计必须满足三方面的要求：①必须提供安全停止反应堆运行的手段，使在运行状态中和事故工况期间及事故工况后反应堆均能安全停堆，并保持在安全停堆状态。②必须提供排除余热的手段，保证停止反应堆后（包括事故工况停堆后）的余热从堆心排出。③必须提供减少放射性物质释放的可能性的手段。

根据这三方面的要求及多年来核电厂设计和运行的经验，专家们总结了核电厂安全系统的设计所必须满足的原则，即单一故障原则、冗余性原则、多样性原则、故障安全原则和可靠性原则。

（1）单一故障原则：所谓单一故障是指一个使某个部件不能执行其预定安全功能的随机故障，由某个单一随机事件引起的所有继发性故障均视为该故障的组成部分。任何设备组合，如果在任何部位发生可信的单一随机故障时，仍能执行其正常功能，则认为该设备组合满足单一故障原则的要求。核电厂的设计是如何保证单一故障原则的呢？首先在各安全组合的每一个单元上，依次假定发生一个单一故障，然后逐一分析，若各安全组合均能完成应有的功能，则认为设计达到了单一故障原则的要求。在分析单一故障时，不考虑发生一个以上的随机故障。

（2）冗余性原则：即设置重复的部件或系统，使其执行统一安全功能，并使它们中的任何一个，不管其他部件或系统所处的状态如何，都能单独完成所要求的安全功能。冗余性原则与单一故障原则紧密相关，单一故障原则要求必须有冗余度，但冗余性原则可超出单一故障原则。

（3）多样性原则：是为了防止多个设备发生共模故障而提出一的。设计和制造缺陷、运行和维修差错、自然现象、人为事件、信号的饱和、材料老化及环境因素等，都会使同类设备发生同样的故障，即共模故障。而多样性原则是要求对于完成同一安全功能的多个设备，采用不同的工作原理，处于不同的工作环境，取自不同的生产制造厂以减少同时失效的概率。

（4）故障安全原则：即当设备发生故障时，应使设备处在有利于安全的状态下。例如，有关安全的动力阀门在失去动力源时，应保证处于安全功能要求它所处的状态，如开启或关闭等。动力阀门设计若不能满足故障安全原则，则在故障时要求关闭的阀门必须采用两个串联，要求开启的阀门必须采用两个并联。故障安全原则在核电厂设计中应用较为普遍，特别是安全系统中对动力操作阀门的选择，应使它们在失去动力源时，处于对安全有利的开启或关闭状态。

（5）可靠性原则：安全系统或安全功能均应达到一定的可靠性指标，这些指标应与安全目标相符合，与该系统或功能在不同事故序列中的作用相符合。在设计过程中，需要以概率论方法为基础进行详尽的可靠性分析。

根据这几项原则，核电设计就可以保证公众和厂区人员所承受的辐射剂量在任何运行工况下不超过规定限制，并符合合理、可行、尽量低的原则；在事故工况下辐射剂量要保持在可接受限值以内；导致高辐射剂量或放射性物质释放至环境的严重事故的可能性必须极小。

核电设计中的安全措施

经历了两大核泄漏事故后，人们目睹了核电发生事故带来的巨大灾难，也深刻感受到了身体受到核辐射后所要承受的终生痛苦。实际上，即使核电厂的放射性物质的百万分之一释放至环境中，也会显著影响居民的健康和正常活动。因而核电厂所应具有的特殊的辐射安全性也给核电设计专家提出了更严格的要求。

为防止放射性物质的逸出，压水堆核电厂普遍采用3道实体屏障：燃料元件包壳、反应堆冷却剂压力边界和安全壳。核反应堆正常运行时大部分放射性裂变产物保持在燃料心堆内，部分气态裂变产物散布在心块与包壳之间气隙内，燃料包壳将全部裂变产物封闭在其内部。在燃料元件包壳有破损的情况下，部分裂变产物会释放到反应堆冷却剂系统，通过反应堆冷却剂净化系统加以去除。在燃料元件包壳及反应堆冷却剂压力边界同时受损的情况下，裂变产物将释放到安全壳内，封闭在安全壳内的裂变产物将受到处理并在严格控制下将其少部分释放至环境中。

核电厂的安全措施是多层次设防的，无论是各项活动的组织还是与之有关的设备都是多层重叠设置，以使得个别的失效或差错可得到补救或改正，而不致使工作人员或公众受到伤害，甚至极不可能发生的多重失效的总和，也只会给公众造成很小的危害。核电厂的防御保护措施也设置了4

道防线：第一道，保守的设计、质量保证、监督活动以及工作人员安全素养的综合，使得限制放射性释放的一系列屏障都得到加强；第二道，对运行工况的全面监测措施；第三道，设置反应堆保护系统和专设安全设施；第四道，事故处置的各项措施及厂外应急设施和措施。万一发生事故，当所有预防措施全部失效时，一方面要尽量维持可能已严重损坏的堆心的冷却，另一方面紧急启动反应堆"专设安全设施"，该设施主要包括堆心冷却系统、安全壳喷淋系统、安全壳隔离系统、应急加水系统等，用以减低堆心和安全壳的压力和降低高温。

执行安全功能的设备必须是安全级设备。安全级设备应按所执行的安全功能的重要性确定其安全等级，并按照安全定级确定它的设计和制造规范等级、质量保证等级、抗震分类和环境鉴定等级。核电厂安全运行必需的一些设备，在电厂寿期内应经得起可能发生的地震、洪水、潮汐、海啸、龙卷风等自然灾害的影响。在设计的基准地震下，反应堆须能安全运行，在当地可能发生的最大地震——安全停堆地震下，须能保证安全停堆。

每座核电厂在开始建造和运行之前，均须作出安全评价，这种评价应写成正式文件，并经过独立的审评，还要根据新的重要的安全信息不断加以修正。目前使用的是两种互相补充的评价方法，即确定论方法和概率论方法，把它们结合起来用于评估和提高设计和运行的安全性。

地热能概述

地热能是来自地球深处的热能，它起源于地球的熔融岩浆和放射性物质的衰变。地下水的深处循环和来自极深处的岩浆侵入到地壳后，把热量从地下深处带至近表层。有些地方，热能随自然涌出的热蒸汽和水而到达地面，自史前起就被用于洗浴和蒸煮。通过钻井，这些热能可以从地下的储层引入水池、房间、温室和发电站。这种热能的储量相当大，据估计，每年从地球内部传到地面的热能相当于10^{14}千瓦小时。不过，地热能的分布相对比较分散，开发难度大。实际上，如果不是地球本身把地热能集中在某些地区（一般是与地壳构造板块的界面有关的地区），用目前的技术水平是无法将地热能作为一种热源和发电能源来使用的。

严格地说，地热能最终的可回采量将依赖于所采用的技术。将水（传热介质）重新注回到含水层中可以提高再生的性能，因为这使含水层不枯竭。然而，这个问题上没有明确的结论，因为有相当一部分地热点可采用某种方式进行开发，让提取的热量等于自然不断补充的热量。实事求是地讲，地热能不是可再生能源，但全球地热资源潜量十分巨大，因此问题不在于资源规模的大小，而在于是否有适合的技术将这些资源经济地开发出来。

地热能是指贮存在地球内部的热能，其储量比目前人们所利用的总量多很多倍，而且集中分布在构造板块边缘一带，该区域也是火山和地震多发区。如果热量提取的速度不超过补充的速度，那么地热能便是可再生的。高压的过热水或蒸汽的用途最大，但它们主要存在于干热岩层中，可以通过钻井将它们引出。

地热能在世界很多地区应用相当广泛。老的技术现在依然富有生命力，新技术业已成熟，并且在不断完善。在能源的开发和技术转让方面，未来的发展潜力相当大。地热能天生就储存在地下的，不受天气状况的影响，既可作为基本负荷能使用，也可根据需要提供使用。

地热能的利用，自古时候起人们就将低温地热资源用于浴池和空间供热，近来还应用于温室、热力泵和某些热处理过程的供热。在商业应用方面，利用干燥的过热蒸汽和高温水发电已有几十年的历史。利用中等温度（100℃）水通过双流体循环发电设备发电，在过去的十年中取得了明显的进展，该技术现在已经成熟，地热热泵技术后来也取得了明显进展。由于这些技术的进步，资源的开发利用得到较快的发展，使许多国家可供利用的资源的潜力明显增加。从长远观点看，研究从干燥的岩石中和从地热增压资源及岩浆资源中提取有用能的有效方法，可进一步增加地热能的应用潜力。地热能的勘探和提取技术依赖于石油工业的经验，但为了适应地热资源的特殊性（例如资源的高温环境和高盐度）要求，这些经验和技术须进行改进。地热资源的勘探和提取费用在总的能源费用中占有相当大的比例。这些成熟技术通过联合国有关部门（联合国培训研究所和联合国开发计划署）的艰苦努力，已成功地推广到发展中国家。

地热能的特点

地热是一种洁净的可再生能源，具有热流密度大、容易收集和输送、

参数稳定（流量、温度）、使用方便等优点。地热不仅是一种矿产资源，也是宝贵的旅游资源和水资源，已成为人们争相开发利用的热点。我国地热直接利用已位居世界第二，仅次于美国。日前地热资源在供暖、供热、制冷、医疗、洗浴、康乐、水产、温室等方面的开发利用已形成一定规模与相应的产业，取得了较好的经济、社会与环境效益。人类对地热资源的利用主要分为发电和直接利用两大类。

（1）地热发电：在地处边远的深山里，附近既没有江河，也没有水坝，但巨大的发电机在运转，它是以什么作为动力呢？原来，是利用地下几千米深处所产生的蒸汽推动汽轮机发电，它的"锅炉"就是地球。地热发电被称为继水力、火力、核能之后的第四大能源。20世纪90年代初，世界各国每年的地热发电总量已超过500万千瓦。

（2）地热的直接利用：一般指温度在15℃以下的地热流体的利用。这些地热资源广泛地用于工业、农业以及其他各方面。世界地热资源的直接利用各具特色：日本主要用于洗澡，冰岛主要是区域供热，匈牙利主要用于农业温室。我国的地热直接利用在国民经济中也占有相当地位，西藏的羊八井地热电站早已闻名于世，广东、福建、江西等处均已发现多处热泉，北京的温泉浴池、陕西临潼的华清池早已家喻户晓。

地热能的开发利用已有较长的时间，包括地热发电、地热制冷及热泵技术都已比较成熟。今后地热能利用发展的主要问题是解决建筑物的采暖、供热及提供生活热水，以地热能直接利用为主，利用中高温地热热水（>55℃），用于包括冬季采暖、夏季制冷和全年供生活热水，以及地热干燥、地热种植、地热养殖、娱乐保健等，实现地热能的高效梯级综合利用，使地热能的利用率达到70%～80%；其次，以地源为低温热源的热泵制冷、采暖、供热水三联供技术的开发将是另一个重要方面。

我国的中低温地热资源的利用在局部地区取得了良好的效果，如北京市和天津市利用地热水进行冬季供暖，为减少化石燃料的使用、改善两市的大气环境产生了良好的效果，另外，在开发温泉旅游、疗养、娱乐等方面这几年也得到了迅速的发展。但与美国、日本、冰岛等国家相比，我国的地热开发利用从总量和利用水平上都存在一定的差距。除高温资源用于发电外，大部分中低温地热资源的利用仍停留在简单的、原始的利用方式，特别是许多地热旅游宾馆在利用70～90℃的地热水时，往往要靠自然冷却将温度降低到50℃以下用于洗浴和理疗，使大量热能白白浪费掉。究其原因，主要是设计规划落后，设备陈旧，设备的年使用率不高。在地热勘探、开采、地热水回灌、防腐、防垢等方面的技术和设备同国外先进国家相比还存在较大的差距。

地球的内部结构

人类在地球上已经生活了二三百万年，它的内部到底是个什么样子呢？有人说，如果我们向地心挖洞，把地球对直挖通，不就可以到达地球的另一端了吗？然而，这是不可能的。因为目前全球最深的钻孔也仅为地球半径的1/500，所以人类对地球内部的认识还是很不准确的。随着科学的发展，人们从火山喷发出来的物质中了解到地球内部的物理性质和化学组成，同时利用地震波揭示了地球内部的许多秘密。

1910年，前南斯拉夫地震学家莫霍洛维奇意外地发现，地震波在传到地下50千米处有折射现象发生。他认为，发生折射的地带，是地壳和地壳下面不同物质的分界面。1914年，德国地震学家古登堡发现，在地下2 900千米深处，存在着另一个不同物质的分界面。后来，人们为了纪念他们，就将这两个面分别命名为"莫霍面"和"古登堡面"，并根据这两个面把地球分为地壳、地幔和地核三个圈层。

在地球内部蕴藏着丰富的地热能，它起源于地球的熔融岩浆和放射性物质的衰变。地下水的深处循环和来自极深处的岩浆侵入到地壳后，把热量从地下深处带至近表层。有些地方，热能随自然涌出的热蒸汽和水而到达地面，自史前起它们就已被用于洗浴和蒸煮。通过钻井，这些热能可以从地下的储层引入水池、房间、温室和发电站，这种热能的储量相当大。

地热资源按温度分为高温、中温和低温3类：温度高于150℃的地热以蒸汽形式存在，叫高温地热；90～150℃的地热以水和蒸汽的混合物等形式存在，叫中温地热；温度高于25℃、低于90℃的地热以温水（25～40℃）、温热水（40～60℃）、热水（60～90℃）等形式存在，叫低温地热。高温地热一般存在于地质活动性强的全球板块的边界，即火山、地震、岩浆侵入多发地区，著名的冰岛地热田、新西兰地热田、日本地热田以及我国的西藏羊八井地热田、云南腾冲地热田、台湾大屯地热田都属于高温地热田。中低温地热田广泛分布在板块的内部，我国华北、京津地区的地热田多属于中低温地热田。

全球地热资源概述

在一定地质条件下的"地热系统"和具有勘探开发价值的"地热田"都有它的发生、发展和衰亡过程，绝对不是只要往深处打钻到处都可发现地热。作为地热资源的概念，也和其他矿产资源一样，有数量和品位的问题。就全球来说，地热资源的分布是不均衡的。明显的地温梯度每公里深度大于30℃的地热异常区，主要分布在板块生长、开裂——大洋扩张脊和板块碰撞、衰亡—消减带部位。环球性的地热带主要有下列四个。

（1）环太平洋地热带：它是世界最大的太平洋板块与美洲、欧亚、印度板块的碰撞边界。世界许多著名的地热田，如美国的盖瑟尔斯、长谷、罗斯福，墨西哥的塞罗、普列托，新西兰的怀腊开，中国的台湾马槽，日本的松川、大岳等均在这一带。

（2）地中海—喜马拉雅地热带：它是欧亚板块与非洲板块和印度板块的碰撞边界。世界第一座地热发电站——意大利的拉德瑞罗地热田位于该地热带中，中国的西藏羊八井及云南腾冲地热田也在这个地热带中。

（3）大西洋中脊地热带：这是大西洋海洋板块开裂部位。冰岛的克拉弗拉、纳马菲亚尔和亚速尔群岛等一些地热田位于该地热带。

（4）红海—亚丁湾—东非裂谷地热带：包括吉布提、埃塞俄比亚、肯尼亚等国的地热田。

除了在板块边界部位形成地壳高热流区而出现高温地热田外，在板块内部靠近板块边界部位，在一定地质条件下也可形成相对的高热流区，其热流值大于大陆平均热流值1.46热流单位，而达到1.7～2.0热流单位，如中国东部的胶东半岛、辽东半岛、华北平原及东南沿海等地。

我国地热资源概述

我国的地热资源非常丰富，在我国大陆地区，地热资源分布丰富的地区有西藏、云南、广东、河北、天津、北京等地。地热资源分为对流型地热资源和传导型地热资源。对流型地热资源以热水方式向外排热，呈零星分布；传导型地热资源分布范围广，资源潜力大。

据统计，我国已开采的温泉，年放热量为1.01×10^{17}焦耳，约折合3.48×10^{6}吨标准煤，这些只占我国地热可开采量的一小部分，我国地热资源的利用有待于进一步研究和开发。

目前我国地热资源的利用有两种方式，即地热发电和直接利用。

20世纪70年代后期我国开始研究地热发电，由于缺乏经验及其他历史原因，建立的试验性地热电站，大部分由于效率太低而停止运行。适合发电的地热资源在我国主要分布在西藏、川西一带。西藏羊八井地热电站是一个很好的成功例子，年发电量超过1亿千瓦小时，冬、夏两季的发电量分别占拉萨电网的60%和40%，对拉萨地区的供电起着举足轻重的作用。目前我国内地共有5座地热电站仍在运行，总装机容量达2.778×10^{4}千瓦。

中低温地热的直接利用在我国非常广泛，已利用的地热点有1 300多处，地热采暖面积达800多万平方米，地热温室、地热养殖和温泉浴疗也有了很大的发展。地热供暖主要集中在我国的北方城市，其基本形式有两种：直接供暖和间接供暖。直接供暖是以地热水为工质供热；间接供暖是利用地热水加热供热介质，再利用介质循环供热。地热水供暖方式选择主要取决于地热水所含元素成分和温度，间接供暖需要中间换热器，初始投资较大，中间热交换增加了热损失，会大大降低供暖的经济性，一般采用直接供暖。

地热资源的评估方法

各种物质在地壳中的保有量称为资源。地热作为一种热能，存在于地壳中也有一定数量，因此也是一种资源。地热资源的评价也像其他矿物燃料一样，要在一定的技术、经济和法律的条件下进行评估，而且随着时间的推移要做一定的修改。地热是一种新能源，目前虽有一些国家做了较多的地热资源评价工作，但尚缺乏世界性的全面评价。下面介绍几种地热资源的评价方法。

（1）天然放热量法：20世纪60年代初，新西兰人塔桑等采用一种评价地热资源的方法，先测量一个地区地表各种形式的天然放热量的总和，再根据已开发地热田的热产量与天然放热量之间的相互关系加以比较，以估计出该区域开发时的产热能。用这种方法估算的地热储量较接近合理数量，也是水热系统经长期活动而达到的某种平衡现象，其值在相当长时间内是较稳定的，显然，天然放热量要比热田开采后的热量低，实际地热资源要大得多，并且因地而异。这种方法只适用于已有地热开发的地区，对于未开发的地热地区无法估算。

（2）平面裂隙法：这种评价地热资源的方法最早用于冰岛。其模型是，在渗透性极差的岩体中，地下水沿着一个平的裂隙流动，岩体中的热能靠传导传输传到裂隙面，再在裂隙表面与流水进行换热。这样流水受热升温，把不透水岩体中的热能提取出来。在岩性均一的情况下，开采热水的速率如果较慢，则提取出来的某一温度限额以上的热能总量就较大。这种方法计算的结果是能流率，而不是可及资源底数。

使用这种方法有许多特定要求，如要求估算出裂隙的面积、裂隙的间距、岩层的初始温度、采出热水的最低要求温度，以及岩石的热导率和热扩散率等。因此，只有在类似冰岛的地质条件下才能使用这种方法，因为冰岛只有玄武岩，地层未经褶皱，只在熔岩的界面上才有透水层，而其他大多数地方的水热系统都是裂隙发育复杂，一般很难按照上列模式进行。

（3）类比法：这是一种较简便、粗略的地热资源评价方法，即根据已经开发的地热系统生产能力，估计出单位面积的生产能力，然后把未开发的地热地区与之类比。这种方法要求地质环境类似，地下温度和渗透性也类似。日本、新西兰等国都采用过类比法评价新的地热开发区，效果比较好。采用这种方法，须测出地热田的面积，在新西兰一般以电法圈定的面积为依据；还要求知道热储的温度，在没有钻孔实测温度的情况下，可用地热温标计算出的热储温度。

（4）岩浆热平衡法：岩浆热平衡法主要是针对干热岩地热资源的评价，以年轻的火成岩体为对象。美国地质调查局采用这种方法评估了西部10个年轻火山系统的岩浆热储。其模式是，某一火成岩体从某一给定时间开始（假定最后一次喷发或侵入发生于某一时间，使岩浆的顶部顷刻间升至距地表0.5千米处），初始温度850℃，按传导传输冷却机制到某一温度，所采岩浆的热量多少取决于岩浆的侵入年代、岩浆体分布面积、厚度、深度和形状等因素。

（5）体积法：这种方法是石油资源估价的方法，现广泛借用到地热评价方面来。

地质调查证明，我国地热资源丰富，分布广泛，其中盆地型地热资源潜力在2 000亿吨标准煤当量以上。全国已发现地热点3 200多处，打成地热井2 000多眼，其中具有高温地热发电潜力的有255处，预计可获发电装机5.8×10^6千瓦，现已利用的只有近3×10^4千瓦。

目前，全国29个省区市进行过区域性地热资源评价，为地热开发利用打下了良好基础。几十年来地矿部门列入国家计划，进行重点勘探，进行地热储量评价的大、中型地热田有50多处，主要分布在京津冀、环渤海地区、东南沿海和藏滇地区。全国已发现的有：①高温地热系统：可用于地热发电的有255处，预计可获发电装机5.8×10^6千瓦，现已利用的只有3×10^4千瓦，近期至2010年可以开发利用的10余处，发电潜力3×10^5千瓦。②中低温地热系统：可用于非电直接利用的2 900多处，其中盆地型潜在地热资源埋藏量，相当于2 000亿吨标准煤当量。主要分布在松辽盆地、华北盆地、江汉盆地、渭河盆地等以及众多山间盆地，如太原盆地、临汾盆地、运城盆地等，还有东南沿海福建、广东、赣南、湘南、海南岛等。目前开发利用量不到资源保有量的千分之一，总体资源保证程度相当好。

据我国地热开发利用现状、资源潜力评估和国家、地区经济发展预测，地热产业规划目标、任务分为近期1999～2000年、中期2001～2005年、远期2006～2010年三个阶段。

（1）2010年长期目标与任务：①高温地热发电装机达到7.5～1×10^4千瓦。主要勘探开发藏滇高温地热200~250℃以上深部热储。力争单井地热发电装机潜力达到10^4千瓦以上，单机发电装机10^4千瓦以上。②地热采暖达到2 200～2 500万平方米。主要在京、津、冀地区，环渤海经济区，京九产业带，东北松辽盆地，陕中盆地，宁夏银川平原地区发展地热采暖、地热高科技农业，建立地热示范区。单井地热采暖工程力争达到15万平方米。

（2）2005年中期目标与任务：①高温地热发电装机达到$4.0～5.0 \times 10^4$千瓦。主要在西藏羊八井开发利用已有深部高温热储，使

ZK4001地热井得以利用（温度250℃以上，发电装机10^4千瓦）；积极建设西藏羊易地热电站，拟定装机1.2×10^4千瓦；在滇西腾冲高温地热田力争完成250℃以上1～2口地热生产井施工，发电装机潜力1.2×10^4千瓦以上。②地热采暖达到1 500万平方米。主要在京津冀，京九沿线的山东西部，松辽盆地的大庆地区建立地热示范区。单井地热采暖达10～15万平方米，单个地热采暖区50～100万平方米。在已开发的地热田建立生产回灌系统。

（3）2000年近期目标与任务：①高温地热发电，主要在羊八井地热电站，对现有地热发电装备进行完善、优化，稳发2.5×10^4千瓦；力争利用ZK4001孔高温地热流体，增发、满发，达到总装机3.0×10^4千瓦；努力完成滇西腾冲高温地热井施工，打出250℃地热流体，力争发电装机潜力达到12兆瓦。②地热采暖达到950万平方米，主要在京津地区、京九沿线的山东西部，松辽盆地的大庆地区，完善、优化已有地热供热工程，选点建立示范区。

到2010年地热开发利用总量是，地热发电装机达到$7.5 \sim 10 \times 10^4$千瓦，地热采暖达到2 500万平方米。热能利用总计约相当于1 500万吨标准煤当量。

存在的问题：①地热管理体制和开发利用工程、项目适合市场经济的运行机制没有建立起来，旧的计划经济管理体制、运行机制还没有完成转变，影响地热产业快速健康发展。②地热资源的勘探、开发是高投入、高风险和知识密集型的新兴产业，化解风险的机制和社会保障制度尚未建立起来，影响投资者、开发者的信心，延缓了地热产业发展。③系统的技术规程、规范和技术标准尚不健全和完善。

地热资源的形式

地热资源有蒸汽型地热、热水型地热、干热岩型地热、地压型地热和岩浆型地热5种形式。

（1）蒸汽型地热：蒸汽型地热是最理想的地热资源，是指以温度较高的干蒸汽或过热蒸汽形式存在的地下储热。形成这种地热田要有特殊的地质结构，即储热流体上部被大片蒸汽覆盖，而蒸汽又被不透水的岩层封闭包围。这种地热资源最容易开发，可直接送入汽轮机组发电，腐蚀较轻。这种蒸汽资源很少，仅占已探明地热资源的0.5%，而且地区局限性大，到目前为止只发现两处具有一定规模的高质量干热蒸汽储藏：一个位于意大利的拉德雷罗，另一处是位于美国的盖瑟尔斯地热田。

（2）热水型地热：是指以热水形式存在的地热田，通常既包括温度低于当地气压下饱和温度的热水和温度高于沸点的有压力的热水，又包括湿蒸汽。这类资源分布广，储量丰富，温度范围很大。90℃以下称为低温热水田，90～150℃称为中温热水田，150℃以上称为高温热水田。中、低温热水田分布广，储量大，我国已发现的地热田大多属这种类型。

（3）干热岩型地热：干热岩是指地层深处普遍存在的没有水或蒸汽的热岩石，其温度范围很广（150～650℃）。干热岩的储量十分丰富，比蒸汽、热水和地压型资源多得多。目前大多数国家都把这种资源作为地热开发的重点研究目标。不过从现阶段来说，干热岩型资源是专指埋藏较浅、温度较高的有经济开发价值的热岩。提取干热岩中的热量，需要有特殊的办法，技术难度大。干热岩体开采技术的基本概念是形成人造地热田，亦即开凿通入温度高、渗透性低的岩层中的深井（4 000～5 000米），然后利用液压和爆破碎裂法形成一个大的热交换系统。这样，注水井和采水井便通过人造地热田联结成一个循环回路，水便通过破裂系统进行循环。

（4）地压型地热：一种目前尚未被人们充分认识的、但可能是十分重要的一种地热资源。它以高压高盐分热水的形式储存于地表以下2～3千米的深部沉积盆地中，并被不透水的页岩所封闭，可以形成长1 000公里、宽几百公里的巨大的热水体。地压水除高压（可达几百个大气压）、高温（温度处在150～260℃范围内）外，还溶有大量的甲烷等碳氢化合物。所以，地压型资源中的能量，实际上由机械能（高压）、热能（高温）和化学能（天然气）三部分组成。由于沉积物的不断形成和下沉，地层受到的压力会越来越大。地压型地热与石油资源有关。地压水中溶有甲烷等碳氢化合物，形成有价值的副产品。

（5）岩浆型地热：是指蕴藏在地层更深处处于动弹性状态或完全熔融状态的高温熔岩，温度高达600～1 500℃。在一些多火山地区，这类资源可以在地表以下较浅的地层中找到，但多数是深埋在目前钻探还比较困难的地层中。火山喷发时常把这种岩浆带至地面，这种资源目前尚未被开发，美国这方面的研究计划已于1991年终止，有待于今后进一步研究。岩浆型资源据估计约占已探明地热资源的40%左右。在各种地热资源中，从岩浆中提取能量是最困难的。岩浆的储藏深度在3 000～10 000米。

上述五种形式的地热资源开发技术情况见表3－3。

表3－3　　　　　　　　各种形式的地热资源开发技术情况

热储类型	蕴藏深度（地表下3 000）	热储状态	开发技术状况
蒸汽型	3	200～240℃干蒸汽（含少量其他气体）	开发良好(分布区很少)
热水型	3	以水为主 高温级>150℃ 中温级90～150℃ 低温级50～90℃	开发中(量大,分布广)目前重点开发对象
地压型	3～10	深层沉积地压水,溶解大量碳氢化合物,可同时等到压力能、热能、化学能(天然气)温度>150%	热储试验
干热岩型	3～10	干热岩体,150～650℃	应用研究
岩浆型	10	600～1 500℃	研究

地热的利用形式

人类很早以前就开始利用地热能，例如，利用温泉沐浴、医疗，利用地下热水取暖，建造农作物温室、水产养殖及烘干谷物等，但真正认识地热资源并进行较大规模的开发利用却是始于20世纪中叶。地热能的利用可分为地热发电和直接利用两大类，对不同温度的地热流体可能利用的范围如下：

（1）200～400℃：直接发电及综合利用。

（2）150～200℃：双循环发电，制冷，工业干燥，工业热加工。

（3）100～150℃：双循环发电，供暖，制冷，工业干燥，脱水加工，回收盐类，罐头食品。

（4）50～100℃：供暖，温室，家庭用热水，工业干燥。

（5）20～50℃：沐浴，水产养殖，饲养牲畜，土壤加温，脱水加工。

现在许多国家为了提高地热利用率，采用梯级开发和综合利用的办法，如热电联产联供、热电冷三联产、先供暖后养殖等。

近年来，国外对地热能的非电力利用，也就是直接利用，十分重视。因为进行地热发电，热效率低，温度要求高。所谓热效率低，就是说，由于地热类型不同，所采用的汽轮机类型不同，热效率一般只有6.4%～18.6%，大部分的热量白白地消耗掉。所谓温度要求高，就是说，利用地热能发电，对地下热水或蒸汽的温度要求，一般都要在150℃以上；否则，将严重影响其经济性。而地热能的直接利用，不但能量的损耗要小得多，并且对地下热水的温度要求也低得多，从15～180℃的温度范围均可利用。在全部地热资源中，这类中、低温地热资源是十分丰富的，远比高温地热资源多得多。但是，地热能的直接利用也有其局限性，由于受载热介质——热水输送距离的制约，一般来说，热源不宜离用热的城镇或居民点过远；否则，投资多，损耗大，经济性差。

目前地热能的直接利用发展十分迅速，已广泛地应用于工业加工、民用采暖和空调、洗浴、医疗、农业温室、农田灌溉、土壤加温、水产养殖、畜禽饲养等方面，收到了良好的经济效益，节约了能源。地热能的直接利用，技术要求较低，所需设备也较简易。在直接利用地热的系统中，尽管有时因地热流中的盐和泥沙的含量很低而可以对地热加以直接利用，但通常都是用泵将地热流抽上来，通过热交换器变成热气和热液后再使用。这些系统使用的是普通的常规部件。

地热能直接利用的热源温度大都在40℃以上。如果利用热泵技术，温度为20℃或低于20℃的热液源也可以当做一种热源来使用（例如，美国、加拿大、法国、瑞典及其他国家的做法）。热泵的工作原理与家用电冰箱相同，只不过电冰箱实际上是单向输热泵，而地热热泵则可双向输热。冬季，它从地球提取热量，然后提供给住宅或大楼（供热模式）；夏季，它从住宅或大楼提取热量，然后又提供给地球蓄存起来（空调模式）。不管哪一种循环，水都是加热并蓄存起来，发挥了一个独立热水加热器的全部的或部分的功能。由于电流只能用来传热，不能用来产生热，因此地热泵可以提供比自身消耗的能量高3～4倍的能量。它可以在很宽的地球温度范围内使用。在美国，地热泵系统每年以20%的增长速度发展，而且未来还将以两位数的良好增长势头继续发展。据美国能源信息管理局预测，到2030年地热泵将为供暖、散热和水加热提供高达68兆吨油当量的能量。

对于地热发电来说，如果地热资源的温度足够高，利用它的最好方式是发电。发出的电既可供给公共电网，也可为当地的工业加工提供动力。正常情况下，它被用于基本负荷发电，只在特殊情况下，才用于峰值负荷发电。其理由，一是对峰值负荷的控制比较困难，二是容器的结垢和腐蚀问题，一旦容器和涡轮机内的液体不满和让空气进入，就会出现结垢和腐蚀问题。

总上所述，地热能利用在地热发电、地热供暖、地热务农和地热医疗等方面发挥了重要作用。

地热流体的物理化学性质

目前开发地热能的主要方法是钻井，由所钻的地热井中引出地热流体——蒸汽和水加以利用，因此，地热流体的物理和化学性质对地热的利用至关重要。

地热流体不管是蒸汽还是热水一般都含有二氧化碳、硫化氢等不凝结气体，其中二氧化碳占90%。不同地区地热流体中所放出的不凝结气体的成分与浓度是不一样的。地热流体中还含有数量不等的氯化钠、氯化钾、氯化钙等物质。地区不同，含盐量差别很大，以重量计地热水的含盐量在0.1%～40%之间。不同地区地热流体中所含盐的成分与浓度是不一样的。

在地热利用中按地热流体的性质分为以下几大类：

（1）pH值较大，而不凝结气体含量不太大的干蒸汽或湿度很低的蒸汽；

（2）不凝结气体含量大的湿蒸汽；

（3）pH值较大，以热水为主要成分的两相流体；

（4）pH值较小，以热水为主要成分的两相流体。

在地热利用中必须充分考虑地热流体物理化学性质的影响，如对热利用设备，由于大量不凝结气体的存在需要对冷凝器进行特别设计；由于含盐浓度高需要考虑管道的结垢和腐蚀；如含硫化氢就要考虑对环境的污染；如含某种微量元素就应充分利用其医疗效果等。

传统的地热利用与地热利用新技术

（1）地热发电：地热发电是地热利用的最重要方式。高温地热流体首先应用于发电，地热发电和火力发电的原理是一样的，都是利用蒸汽的热能在汽轮机中转变为机械能，然后带动发电机发电。所不同的是，地热发电不像火力发电那样要备有庞大的锅炉，也不需要消耗燃料，它所用的能源是地热能。地热发电的过程，是把地下热能首先转变为机械能，然后再把机械能转变为电能。要利用地下热能，需要有"载热体"把地下的热能带到地面上来，目前能够被地热电站利用的载热体，主要是地下的天然蒸汽和热水。按照载热体类型、温度、压力和其他特性的不同，可把地热发电的方式划分为两大类：①蒸汽型地热发电，是把蒸汽田中的干蒸汽直接引入汽轮发电机组发电，在引入发电机组前应把蒸汽中所含的岩屑和水滴分离出去。这种发电方式最简单，但干蒸汽地热资源十分有限，且多存于较深的地层，开采技术难度大，故发展受到限制。主要有背压式和凝汽式两种发电系统。②热水型地热发电，是地热发电的主要方式。目前热水型地热电站有两种循环系统：一是闪蒸系统，当高压热水从热水井中抽至地面，于压力降低部分热水会沸腾并"闪蒸"成蒸汽，蒸汽送至汽轮机做功，而分离后的热水可继续利用后排出，当然最好是再回注入地层。二是双循环系统，地热水首先流经热交换器，将地热能传给另一种低沸点的工作流体，使之沸腾而产生蒸汽。蒸汽进入汽轮机做功后进入凝汽器，再通过热交换器完成发电循环。地热水则从热交换器回注入地层。这种系统特别适合于含盐量大、腐蚀性强和不凝结气体含量高的地热资源。发展双循环系统的关键技术是开发高效的热交换器。

（2）地热供暖：地热能直接用于采暖、供热和供热水是仅次于地热发电的地热利用方式。因为这种利用方式简单、经济性好，备受各国重视，特别是位于高寒地区的西方国家，其中冰岛开发利用得最好。该国

1928年就在其首都建成了世界上第一个地热供热系统，现今这一供热系统已发展得非常完善，每小时可从地下抽取7 740吨80℃的热水，供全市11万居民使用。由于没有高耸的烟囱，冰岛首都被誉为"世界上最清洁无烟的城市"。此外，利用地热给工厂供热，如用作干燥谷物和食品的热源，用作硅藻土生产，木材、造纸、制革、纺织、酿酒、制糖等生产过程的热源也是大有前途的。目前世界上最大两家地热应用工厂是冰岛的硅藻土厂和新西兰的纸浆加工厂。我国利用地热供暖和供热水发展也非常迅速，在京津地区已成为地热利用中最普遍的方式。

（3）地热务农：地热在农业中的应用范围十分广泛。如利用温度适宜的地热水灌溉农田，可使农作物早熟增产；利用地热水养鱼，在28℃水温下可加速鱼的育肥，提高鱼的出产率；利用地热建造温室，育秧、种菜和养花；利用地热给沼气池加温，提高沼气的产量等。将地热能直接用于农业在我国日益普遍，北京、天津、西藏和云南等地都建有面积大小不等的地热温室。各地还利用地热大力发展养殖业，如培养菌种、养殖非洲鲫鱼、鳗鱼、罗非鱼、罗氏沼虾等。

（4）地热医疗：地热在医疗领域的应用有诱人的前景，目前热矿水就被视为一种宝贵的资源，世界各国都很珍惜。由于地热水从很深的地下提取到地面，除温度较高外，常含有一些特殊的化学元素，从而使它具有一定的医疗效果。如含碳酸的矿泉水供饮用，可调节胃酸、平衡人体酸碱度；含铁矿泉水饮用后，可治疗缺铁贫血症；氢泉、硫氢泉洗浴可治疗神经衰弱和关节炎、皮肤病等。由于温泉的医疗作用及伴随温泉出现的特殊的地质、地貌条件，使温泉常常成为旅游胜地，吸引大批的疗养者和旅游者。日本有1 500多个温泉疗养院，每年吸引1亿人次到这些疗养院休养。我国利用地热治疗疾病历史悠久，含各种矿物元素的温泉众多，因此，充分发挥地热的医疗保健作用，发展温泉疗养行业是大有可为的。

（5）闪蒸系统地热发电：此种系统的发电方式，不论地热资源是湿蒸汽田或者是热水层，都是直接利用地下热水所产生的蒸汽来推动汽轮机做功的。用100℃以下的地下热水发电，是如何把地下热水转变为蒸汽来供汽轮机做功的呢？这就需要了解水在沸腾和蒸发时它的压力和温度之间的关系。水的沸点和气压有关，在101.325千帕下，水在100℃沸腾；如果气压降低，水的沸点也相应地降低，在50.663千帕时，水的沸点降到81℃；在20.265千帕时，水的沸点为60℃；而在3.04千帕时，水在24℃时沸腾。

根据水的沸点和压力之间的关系，可以把100℃以下的地下热水送入一个密闭的容器中抽气降压，使温度不太高的地下热水因气压降低而沸腾，变成蒸汽。由于热水降压蒸发的速度很快，是一种闪急蒸发过程，同时热水蒸发产生蒸汽时它的体积要迅速扩大，所以这个容器叫做闪蒸器或扩容器。用这种方法产生蒸汽的发电系统，叫做闪蒸法地热发电系统或扩容法地热发电系统。它又分为单级闪蒸法发电系统、两级闪蒸法发电系统和全流法发电系统等。

两级闪蒸法发电系统比单级闪蒸法发电系统可增加发电能力15%～20%；全流法发电系统可比单级闪蒸法和两级闪蒸法发电系统的单位净输出功率，分别提高60%和30%左右。采用闪蒸法的地热电站，基本上是沿用火力发电厂的技术，即将地下热水送入减压设备——扩容器，产生低压水蒸气，导入汽轮机做功。在热水温度低于100℃时，全热力系统处于负压状态。这种电站设备简单，可以采用混合式热交换器。缺点是设备尺寸大，容易腐蚀、结垢，热效率较低。由于系直接以地下热水蒸气为工质，因而对于地下热水的温度、矿化度及不凝气体含量等有较高的要求。

地源热泵和制冷新技术

地源热泵是利用大地（如土壤、地层等）作为热源的一种热泵。较深的地层在未受干扰的情况下常年保持恒定的温度，远高于冬季的室外温度，又低于夏季的室外温度，因此地源热泵可克服空气源热泵的技术障碍，且效率大大提高。此外，冬季通过热泵把大地中的热量升高温度后对建筑供热，同时使大地中的温度降低，即蓄存了冷量，可供夏季使用；夏季通过热泵把建筑物中的热量传输给大地，对建筑物降温，同时在大地中蓄存热量供冬季使用。这样在地源热泵系统中大地起到了蓄能器的作用，进一步提高了空调系统全年的能源利用效率。地源热泵空调系统的主要优点是，环保节能，利用可再生能源，可持续发展；一机多用，节省建筑空间，无需冷却塔和室外风冷部分，对建筑外观影响小；运行费用低，投资回报快；全年运行，均衡用电负荷。但目前我国地源热泵系统中钻孔费用还较高，对地热换热器地下传热的研究还不成熟，这在一定程度上限制了该系统的应用。地源热泵是一种先进的高效节能、无污染的既可供暖又可制冷的新型空调系统。它利用地下常温土壤或地下水温度相对稳定的特性，通过深埋于建筑物周围的管路系统在地下水与建筑物内部完成热交换。冬季它代替锅炉从土壤中取热，向建筑物供暖，夏季它代替中央空调向土壤排热、给建筑物制冷。同时，它还能供应生活热水。需要特别指出的是，地热泵中的热（冷）源不是指地下的热蒸汽或热（温）水、干热岩而是指一般的常温土壤。它对地下热源没有特殊的要求，可在绝大部分地区推广应用。

现在在国外得到较为广泛应用的地源热泵系统采用介质流经埋在地下的管子与大地（土壤、地层、地下水）进行换热的模式。地源热泵（Ground—Source Heat Pump）的概念最早出现在1912年瑞士的一份专利文献中，20世纪50年代就已在一些北欧国家的供热中得到实际应用。由于石油危机的影响，地源热泵在上世纪70年代得到了较大的发展，但当时主要采用水平埋管的方式。水平埋管占地面积大，而且水平埋管的地热换热器受地表气候变化的影响，效率较低。自20世纪80年代以来，在北美形成了利用地源热泵对建筑进行冷热联供的研究和工程实践的新一轮高潮，技术逐渐趋于成熟。这一阶段的地源热泵主要采用垂直埋管的换热器，埋管形式有垂直U形管和套管两种。埋管的深度通常达60～200米，因此占地面积大大减小，应用范围也从单独民居的空调向较大型的公共建筑扩展。国外在开发垂直埋管换热器时对保护地下水资源不受污染给予了高度重视。在打井、下管以后，再用水泥、膨润土等材料把井筒密封，杜绝了地面污染物进入地下水层或各地下水层之间互相贯通的可能性。

地源热泵冷暖空调系统由室外换热系统和室内换热系统两大部分组成，每一部分都有多种不同的系统形式。室外换热系统有闭式与开式两种系统方式；室内换热系统有土—气型地源热泵机组换热和土—水型地源热泵机组换热两种换热方式。

（1）室外换热系统：①闭式换热方式，由埋设在地下或抛放在水中的PE管和循环水泵及相关附属部件组成。由循环水泵驱动PE管路中的循环水，循环水作为热量的载体将热量在室内房间与室外土壤或地表水中进行转换。②开式换热方式，由抽水井、回灌井、调节水池、板式换热器、潜水泵、回灌泵、循环水泵及相关附属部件组成。由潜水泵将地下水抽取到调节水池中，由循环水泵驱动调节水池中的水流经板式换热器后再送回调节水池，板式换热器将地下水与室内循环水进行隔离性的热量交换。当调节水池中的地下水失去利用价值后由回灌泵送回回灌井内。调节水池将抽取上来的地下水进行暂时存放，当水温降低至不可利用的温度（冬季）或当水温升高至不可利用的温度（夏季）后再进行回灌，这样对地下水的抽取及回灌都是间歇性的，充分利用了抽上来的地下水的低位能源，减少了潜水泵的开机时间，节约了电能，同时还降低了回灌的压力。

（2）室内换热系统：①土—气型地源热泵机组的室内换热系统，由土—气型地源热泵机组、水路系统、电气自控系统、风路系统及相关附属部件组成。土—气型地源热泵机组实现热量的转换及热量品质的提升。水路系统连接PE管或板式换热器中的循环水路与机组内的换热器。风路系统将各个需要制冷或供热房间的室内空气进行循环，以实现室内空气的降温（夏季）或升温（冬季）。电气自控系统为机组内的动力设备提供电能及控制调节。②土—水型地源热泵机组的室内换热系统，由土—水型地源热泵机组、水路系统、循环水泵、电气自控系统、风机盘管及相关附属部件组成。

土—水型地源热泵机组实现热量的转换及热量品质的提升。水路系统分为两部分：一部分连接PE管或板式换热器中的循环水路与机组内的换热器；另一部分连接机组内另一换热器与风机盘管。风机盘管实现房间夏季制冷和冬季供热，循环水泵再驱动循环水在热泵机组内与风机盘管内进行循环，电气自控系统为地源热泵机组、循环水泵、风机盘管提供电能及控制调节。

地热尾水热能回收再利用技术

我国地热直接利用量很大，到1997年底直接利用的总装机容量已达 1.9×10^6 千瓦，居世界第一位，但年产能值不高（仅为 4.717×10^9 千瓦小时/年），低于日本（直接利用装机容量 1.159×10^6 千瓦，年产能值 7.5×10^9 千瓦小时/年）和冰岛（直接利用装机容量 1.443×10^6 千瓦，年产能值

5.878×10^9千瓦小时/年）。这主要是由于直接利用了不同品质的地热资源所产生的效益不同。因此，在地热资源的实际利用中，应针对地热的特点采用相应的利用方法，提高能源的利用率与利用经济性。地热作为一种清洁能源，在天津、北京、西安等地发展迅速，主要用于供暖、洗浴、花卉种植、水产养殖等。天津的地热应用位居全国前列，地热供暖面积达800万平方米，其中塘沽区政府同冰岛等国外地热利用先进国家合作，使塘沽区的地热利用处于国内领先水平。

目前，地热供暖的一个重要问题在于尾水排放温度过高，多在40℃以上，造成资源的浪费，同时形成热污染，不环保。建议采用高温水源热泵技术，对地热尾水进行能量回收，不仅能充分利用地热资源，同时还可以降低尾水温度，使尾水排放符合环保要求。

适当降低供暖排水温度可提高地热能的利用率。降低地热水供暖的尾水排放温度，必须考虑供暖系统的初始投资，因为降低尾水排放温度要增加散热器的面积。据有关专家分析，散热器的进出口温差每增加5℃，散热器面积需增加12%，因此，地热供暖尾水排放温度的降低与散热器面积的增加存在一个优化问题。为充分利用地热水的热能，可对供暖排水再次利用，实现地热资源的梯级综合利用。供暖尾水可用于养殖、温室大棚和洗浴。在地热能的开发利用中热泵技术是目前世界上的一个热点，近5年来，全世界地热热泵容量以平均30%的年增长量在发展。对低温地热或地热供暖尾水可利用热泵技术提升其热能品位，使地热资源得到充分利用。

地热井的钻井成本较高，地热水一经采出后，应尽可能提高其热能利用率，做到物尽其用。水源热泵系统是一个可以将低温热能提升为高温热能的集成系统。利用逆卡诺原理，热泵工质在蒸发器中由低压湿蒸汽变成低压气体（简称工质蒸发），工质蒸发温度在0℃左右，蒸发过程中，通过换热器吸收地热尾水中的热量；携带能量的热泵工质气体，经压缩机的抽吸、压缩作用（驱动电能做功），以高温高压过饱和气体进入冷凝器内；在冷凝器内液化为常温高压液体，并释放携带的热量（简称工质冷凝），工质冷凝温度在68℃左右，冷凝过程中热能通过换热器传递给建筑物供暖系统循环水；工质经过膨胀阀降压节流后，又变成低压湿蒸汽进入蒸发器，完成一个循环。如此周而复始，不断将地热尾水中的能量搬运、转移到需用的建筑物内。地热尾水由水源热泵系统回收热能后，由直接供暖后地热尾水温度40℃，最低可降低至10℃左右。

仍以城区地热田的有代表性的地热井为例：直接供暖，地热水由供水温度55℃降至40℃，直接利用地热温度为15℃。采用水源热泵系统，在此基础上可将地热尾水降至10℃，多利用地热水温度30%，提取的地热能增加了2倍。

地热供暖示范工程选定在北京市朝阳区立水桥甲2号的北京市地质勘察技术院的办公、家属区内，项目启动于1999年8月，一期工程2000年4月完成；二期工程2001年12月份完成。地热尾水作为低温热源，供热温度不稳定，用户以住宅楼为主，从而要求其蒸发器应适应较宽的温度范围、承受较高的进水温度；冷凝器用于为建筑物供热，则出水温度越高越好。结合后续项目，与国内著名制造厂家完成了普通工质高效换热器水源热泵的开发和高温工质高温热泵机组的开发，使蒸发器进水的最高耐热温度可达到40℃以上，完全可以用于地热尾水工况，冷凝器的出水温度也逐步提升，由50℃到60℃，进而由60℃到70℃，水温可以达到90℃的高温热泵也已经完成开发。

海洋能

人类居住的地球，是太阳系中唯一存在着大量水的星体，地球上海洋面积达到了36 105.9万平方千米，占地球表面面积的70.78%。如果有人乘人造地球卫星俯瞰地球，就会发现地球是个淡蓝色的水球，人们居住的大陆只不过是海洋中的"岛屿"。一望无际的汪洋大海，不仅为人类提供航运、水产和丰富的矿藏，而且还蕴藏着巨大的能量。

海洋能指依附在海水中的可再生能源，这些能量以潮汐、波浪、温差、盐差、海流等形式存在于海洋之中。潮汐能和潮流能源自月球、太阳和其他星球的引力，而其他海洋能均来自于太阳辐射，也就是说这部分海洋能是太阳能的转化形式。更具体些，海水温差能是太阳能转化为热能的结果，低纬度的海面水温较高，与深层冷水存在温度差，而储存着温差热能，其能量与温差的大小和水量成正比；波浪能是一种在风作用下产生的，以位能和动能的形式由短周期波储存的机械能；河口水域的海水盐差能是化学能，等等。

有人称21世纪为"海洋世纪"，此话并不过分。同其他新能源一样，海洋能以其巨大的潜在价值和美好的发展前景显示出诱人的魅力，21世纪人类对海洋的利用将更加广泛，技术将更加先进，"海洋生产力"对人类的影响也会越来越深远。

海洋能的特点

海洋能的形式多种多样，人们利用的可能是它们的动能和势能，如潮汐能、波浪能；也可能是它们中蕴藏的热能，如海洋温差能；还可以利用其中的化学能，如盐差能。尽管这些海洋能资源之间存在着差异，但是它们也具有某些共同的特征，显著的一点是可再生量大。根据联合国教科文组织的估计数字，5种海洋能理论上可再生总量为766亿千瓦，其中温差能为400亿千瓦，盐差能为300亿千瓦，潮汐和波浪能各为30亿千瓦，海流能为6亿千瓦。可以设想，如果人们开发出比较合理有效的方法对这些能量加以利用，哪怕只是其中很小的一部分，都会产生不可估量的效益，从而大大缓解化石燃料的供应压力。

海洋能作为新能源的一种，还有一个极大的优点即它的洁净。除去其他因素，单就其提取利用来说海洋能是没有污染的清洁能源，不会像煤、石油等燃料燃烧后产生令人讨厌的废气，污染环境。在可持续发展的思想日益引起人们重视的今天，这一点无疑是非常重要的。

由于海洋能资源分布在广阔的海域上，故海洋能资源的密度很小，而且海洋能聚集的地方还往往远离用能中心区，这是人们至今没有大量开发它的一个重要原因。另外，海洋能的强度也较小，这进一步增加了其开发利用难度。例如，海水的温差至多能达到20℃以上，利用温差能发电的效率将受到热力学第二定律的制约；潮汐、波浪水位差小，最大潮差仅7～10米，最大波差仅3米左右，故蕴含的能量有限。再一方面，人类对海洋能的利用开发，还要综合考虑环境、生态及经济等各方面的因素。任何大型的海洋能开发项目都有可能对当地的自然环境和生态环境造成破坏，还有可能引起全国性甚至国际性的经济争端。

总之，从哲学角度来看，任何事物都有其两面性，海洋能也不例外，关键是如何去利用，尽量避免其缺点而发挥其长处，这在很大程度上还要依赖人类的技术发展水平。相信在不久的将来我们能够看到蕴藏巨大能量的海洋将为人类提供更加丰厚的财富。

潮汐能及其开发利用

如前所述，大部分海洋能直接或间接来自太阳，例如温差能、波浪能、海流能等，而潮汐能来源于太阳和月球的引力，它是由于月球和太阳的引力作用于旋转的地球上而产生的：月球的引力使地球的向月面和背月面的水位升高，而地球的自转则使这种水位的上升，以周期为12小时25分钟和振幅小于1米的深海波浪形式由东向西传播。太阳引力的作用与此类似，只是作用力小些，周期为12小时。当太阳、月球和地球在一条直线上时产生大潮；当它们成直角时产生小潮。特别提出的是，实际的潮汐的涨落周期可能不是12小时左右，也可能是一天一次，由此便有了半日潮、全日潮和混合潮的说法。经验告诉我们，潮汐能以动能和位能的形式存在，并且二者会相互转换，人们利用的就是其动能和位能，只不过这种利用是有条件的。

只有在出现大潮，能量集中，并且在地理条件适宜建造潮汐电站的地方，才可能从潮汐中提取能量。虽然这样的场所并不是到处都有，但世界各国已选定了相当数量的适宜开发潮汐能的站址。据最新的估算，有开发潜力的潮汐能量每年约200千瓦小时。

我国对潮汐现象的研究利用有着十分悠久的历史，从商周时期开始就有了关于人们观潮的记载，而潮汐学比较系统的发展是在距今一千多年前的宋朝。据史料记载，在宋朝修建的洛阳桥（在福建泉州），长三百六十五丈七尺，宽一丈五尺，就是利用潮汐能搬运石料。可谓古人了不起的发明！

建国以后，我国的潮汐能利用经过几个时期的演进，潮汐电站的容量从20世纪50年代后期的上百瓦，逐渐发展到现在的几千千瓦，不仅为我国的小型潮汐电站的建设和运行积累了丰富的经验，更为今后的潮汐能资源开发增添了后劲。

在国外，潮汐能也是古老能源的一种。据记载，早在公元前一千多年前，英国、法国、西班牙沿岸就有了潮汐磨坊，这些磨坊一直沿用了许多个世纪。后来，它们逐渐被廉价而方便的燃料和工业革命后出现的机器所取代。

直到20世纪50年代，世界各国才开始重视潮汐能发电技术的开发。其中投入运行最早也是容量最大的潮汐电站是法国1968年建成的朗斯电站，装机容量24万千瓦，年发电量可达5.44亿度。近二十多年来，美、英、印度、韩国、俄罗斯等国也相继投入相当大的力量进行潮汐能开发。目前世界上计划或拟议中建立的大型潮汐电站有20多座，其中装机容量百万千瓦级的就有9座。预计到2030年，世界潮汐电站的年发电总量将达到6.0×10^{10}千瓦小时。那么，人们是如何利用潮汐能发电的呢？下面简单地介绍潮汐能发电的原理。

过去，人们曾尝试过许多种提取潮汐位能和动能的方法，这些装置包括水轮机、空气压缩机、水压机等。在近一百五十年中，已出现了上百种有关这方面的专利。直至今天，潮汐能开发利用仍吸引着众多的发明者，不过似乎还没有哪一项发明超越了古代潮汐磨坊所采用的基本方法。

典型的潮汐磨坊是在高潮位时让水进入蓄水库，过一段时间后再让水从蓄水库通过一个水轮机流向大海，从而使磨坊工作。这是最简单的工作方式，现在通常把它称为单库单向作用。在现代的装置中，蓄水库装有可控水闸，并由低水头水轮机代替旧式的水轮。工作程序分为四个步骤：①向水库注水；②等候，让水库中的水保持到退潮，使库内外产生一定的水头；③将水库中的水通过水轮机放入海中，直到海水涨潮，水头降到最小工作点时为止；④第二次涨潮时再重复上述步骤。

这种方法称为落潮发电。也可以把这一流程倒过来，即当海水从海里向蓄水库注入时发电（称为涨潮发电），但是由于蓄水库的坝边是斜坡形的，因此"落潮发电"更有效。此外，为了克服潮汐能源在一日和一月内的不均匀性，以及潮汐过程与人们活动的时间表不相适应的缺陷，人们提出了单库双向、双库、三库联合等多种开发方式，给潮汐能利用注入了新的活力。

既然大自然给人类送来了潮汐能这种宝贵的能量，人类在利用它的时候也应该尽量不破坏自然界原有的生态环境。但是，在海边建造潮汐电站所必建的大坝必然会在一定程度上改变那里的生态特征，所以，在没有充分的证据证明这些坝址地区特殊的生态特征消失后不会影响栖息在那里的生物，尤其是鸟类种群之前，还是应该慎重地对每个待开发的坝址进行环境影响研究，从而尽量避免或减少任何潜在的问题。只有这样，才能充分体现出利用可持续能源的优越性，保持整个人类社会的可持续发展。

波浪能及其开发利用

俗话说："无风三尺浪"。虽然人们最早认识并利用的一种海洋能源是潮汐能，但也许大家对波浪能的感受是最深的。站在海边，望着海面上一起一伏翻滚不停的浪花，便很容易将其与能量的概念联系起来。的确，每一片翻滚着的波浪都蕴含着海水的动能和势能。海洋中几乎任何地方都有波浪，组合起来就是数量庞大的海洋波浪能。究其原因，它主要是由海面上风吹动以及大气压力变化而引起的海水有规律的周期性运动，也就是说，波浪能是由风把能量传给海洋而产生的。能量传递的速率既和风速有关，也和风与水相互作用的距离有关。

波浪能是海洋能源中最不稳定的一种。这是容易理解的，正如海上时常会有台风甚至海啸等恶劣天气发生一样。退一步讲，即使不发生这么极端的现象，世界各海区波浪的波高与周期也有着明显的日变化和季节变化。但不管怎样，地球上波浪能的分布还是有一定规律的，并且其分布与风带的分布有着密切的联系。南半球和北半球40°～60°纬度间的风力最强，这一地区的年平均波浪能密度也最高，是世界上波浪能的主要分布区。

据统计，波浪能是海洋能源中蕴藏量最丰富的一种，占整个海洋能的90%以上，是潮汐能蕴藏量的几十倍。要想利用它们，首先要掌握海浪运动变化的规律，才能及时准确地将海浪能收集起来。在这方面，人类已经有了两百多年的探索史。

波浪发电是波浪能利用的主要方式，波浪能还可以用于抽水、供热、海水淡化以及制氢，等等。关于波浪能利用的设想，到目前为止工业化国家已拥有1 000多项专利，其中最早的专利是1799年法国的吉拉德父子提出的。经过一百多年的努力，人们终于在1911年建成了世界上第一个波浪发电装置。

1965年，利用波能转换装置为导航及灯塔提供工作用电开始在实际中应用，而且导航浮标可能是目前最普遍的波浪能利用形式。它利用的是水力活塞原理。在这种装置中，浮标随波浪的上下运动导致浮标内部一个活塞状的圆筒中水的体积的变化，而水体积的震荡变化又引起活塞中空气压力的变化，从而驱动一个气动涡轮机。这个涡轮机是发电机的主要动力，后者为浮标上的导航灯和其他导航设备提供电能。目前世界上有成千上万只由空气涡轮机驱动的浮标运行着。

20世纪70年代以来，许多海洋国家积极开展波浪能开发利用的研究，并取得了较大的进展。1985年，挪威在贝尔根岛上相继建成振荡水柱式和聚波能流式两座岸式波力电站，装机容量分别为500千瓦和350千瓦。英国对波浪能的研究更是十分重视，并在20世纪80年代初成为世界波浪能研究中心，1990年在苏格兰伊斯莱岛建成了75千瓦振荡水柱式岸基波力电站。这种装置的原理与浮标式装置正相反：浮标漂浮在水面上，而它是固定的，波浪使水柱运动，其独特之处是依靠共振来加强水柱运动。由于这种装置的特殊优势，使其成为波能系统研究的主攻方向，1984年以来建成的大部分装置都是振荡水柱式波能装置。除前面提到的两个例子外还有欧共体的OSPREY号、英国2000年建成的500千瓦岸式波能装置LIMPET、我国最近建成的100千瓦岸式振荡水柱波力电站等。值得注意的是，上面提到的这些例子都属于岸式波能装置，而日本的Mighty Whale号则是较为少见的一种漂浮式振荡水柱波能装置。

人类对科学技术总是处在不断地探索与进展中，对波能转换装置的研究也不例外。现在，又有一种新的振荡浮子式波能装置引起了大家的兴趣。它采用振荡浮子作为波浪能的吸收载体，然后将浮子吸收的能量通过一个机械或液压装置转换出去，用来驱动电机发电。由于克服了振荡水柱式波能装置造价昂贵和转换效率低这两个弱点，因此对它的研究是为波能装置向实用化发展进行的有益尝试。我国在这方面的研究走在了世界前列。

尽管人们对波浪能的利用历史悠久，但波浪发电技术目前仍处于开发的早期阶段。在这方面全世界范围内的研发努力与在其他有希望的能源技术方面的努力相比差距还很大。如果进一步加强研究和开发，使波浪能发电成本进一步下降，特别是依靠组件设备，那么波浪能就可成为一种在边远地区用以替代柴油和其他能源的新能源。太平洋和加勒比海的一些岛屿将是开发利用波浪能的主要市场。

此外还有第二市场，即海水淡化，也可由波浪能占领。海水淡化市场包括干旱地区的迎风沿海和一些岛屿。到2020年，随着人口的增加，这些地区50%的用水将来自淡化水，因此也是波浪能大显身手的好机会。

投资风险大、回报遥远是目前波浪能难以吸引投资的主要问题。今后，随着政府对示范项目的支持及鼓励政策的增加，希望在不久的将来，我们能够看到海洋波浪能的进一步的有效利用，使海洋这个大能量库为人类做出更多的贡献。

海洋温差能及其开发利用

什么是温差能呢？大家知道，由于地球接受的太阳辐射热随纬度的不同而有强弱，因而海水的温度也随纬度的变化而变化：纬度越高，水温越低；纬度越低，水温越高。其实，海水的温度还随着深度的不同而变化，表层水由于吸收了太阳辐射热量而温度较高，随着深度的增加海水温度逐渐降低，当深度达到3 000米以下时，海水温度可低至$-1 \sim 2℃$。海洋热能就是以这种温度差的形式存在于海洋中的，因此被称为温差能。

在大部分热带和亚热带海域中，表层海水温度与1 000米深处的海水温度相差20℃以上，这是热能转换所需要的最小温差。世界上蕴藏海洋热能（即温差能）的海域面积达6 000万平方米，如果利用这些能量发电，发电能力可达几万亿瓦。由于温差能资源丰富的海区都很遥远，而且根据热力学第二定律，温差能利用的效率很低（温差20℃时转换效率仅为6.8%，温差27℃时仅为9%，加上泵等辅助负载，最终获得的效率在2.5%～4%之间），因此可以利用的能源量是非常小的。但是即便是这样，海洋温差能的潜力仍相当可观。目前，人们正在不断探索温差能利用的新技术。

海洋温差发电同陆地上的火力发电站、水力发电站、核能发电站等一样，利用温差能进行发电，就需要建立相应的电站，这种特殊的电站叫做海洋热能转换（OTEC）电站。它的工作方式可分为闭式循环（利用海洋表层的温水来蒸发氨或氟里昂之类的工作流体）、开式循环（工作流体为表层水本身）和混合式循环（开式循环和闭式循环的混合）三种。它们类似于常规发电站的工作方式，只不过温度低些，并且不需要支付燃料费。

早在1881年，法国物理学家德尔松瓦就提出利用海洋表层温水和深层冷水的温差使热机做功，这其实就是闭式循环的思想。1930年，人们在古巴曼坦萨斯湾海岸建成一座开式循环发电装置，发电22千瓦。遗憾的是，该装置发出的电力比用于维持其运转所消耗的功率还要小。20世纪70年代以来，美、日和西欧、北欧诸国对温差能利用进行了大量研究工作，其中主要是集中在闭式循环发电系统上。美国于1979年在夏威夷州海面一艘驳船上，成功地运转了一台名为"MINI－OTEC"的闭式循环发电机组，用海面28℃暖海水和670米深处的冷海水作为热源和冷源，发出50千瓦的电力，净功率15千瓦。这是一个公认的具有重大意义的成果。1981年联合国新能源和可再生能源会议文件确认："海洋热能转换是所有海洋能转换中最重要的。"从此，海洋温差能利用技术的开发又进入了一个新阶段。由于世界上具有海洋热能资源的国家大部分是发展中国家，发展这项技术的意义就更加重大。

目前，OTEC电站建设的主要问题集中在海洋生物对换热器性能的影响、设备耐腐蚀性的保证、冷海水取水管及换热器管道的长距离铺设等方面。电站的选址工作也是相当重要的一环，否则热带海区的强热带气旋所引起的风浪可能是对电站致命的打击。虽然面临的挑战很多，但是随着科学技术的不断发展，这些问题终能得到完美的解决。

对于海洋温差能综合开发利用，人们已经看到了利用海洋热能进行发电的种种好处，其实，这只是温差能利用的一个方面。如果能够找到巧妙合理的方法对其进行综合开发利用，必将产生更加诱人的前景。例如，有人提出将温差发电、海水淡化、海洋种植或水产养殖等多项工作综合起来同时进行的理念并进行了研究。实现海洋能源综合利用，是国际上海洋能开发利用的一个重要发展趋势。下面是除发电以外海洋温差能综合利用的几种新途径：

（1）海水淡化和冷水空调：在开式循环系统中，表层海水作为工作介质在低压锅炉里沸腾变为水蒸气，再在冷海水的作用下冷凝，便成为了纯度极高的淡水，而且还可以利用这种冷水制冷。

（2）燃料生产：利用OTEC电站排放的大量深海冷水中富含的营养盐类来养殖深海海藻，再经厌氧处理产生中热值沼气，其转化率可达80%以上；或经发酵生产乙醇、丙酮、乙醛等，或使用超临界水，将高含水量的海藻气化产生氢。另外，还可以利用产生的电力以海水和空气为原料生产氢、氨或甲醇。

（3）发展养殖业和热带农业：深海水中氮、磷、硅等营养盐十分丰富，可将输送上来的深海水用于海水养殖。

盐差能及其开发利用

什么是盐差能？众所周知，溶液（这里指水溶液）中的水总是有从低浓度向高浓度流动的趋势，以使浓度保持平衡。而河流中的水与海水正好具备这种浓度差的关系，因此它们之间有着很大的渗透压力差（相当于240米的水头）。从理论上讲，如果这个压力差能利用起来，从河流流入海中的每立方英尺的淡水可发0.65千瓦小时的电，全世界所有河流的这种能量就相当于约2.6×10^{10}千瓦的电力。多么惊人的数字！这就是盐差能，或者叫盐度梯度能的来历。

海洋盐差能利用研究历史较短。最早在1939年美国人提出了利用海水和河水靠渗透压或电位差发电的设想。20世纪70年代开始，各国开展了许多调查研究，以寻求提取盐差能的方法，第一份关于利用渗透压差发电的报告发表于1973年。1975年以色列人建造并试验了一套渗透法装置，证明了其利用的可行性。目前，日、美、以色列、瑞典等国均有人在进行这方面的研究，但总的来说，还处于初期原理和试验阶段，距实用化尚有一段距离。现阶段盐差能利用的基本思想和成果简单介绍如下：

目前，各国普遍研究的一种方法是利用半透膜的选择性。被薄膜分开的两种液体，由于浓度差作用，淡水向盐水一侧渗透，但半透膜却阻止溶化在水中的盐分通过。液体流经半透膜产生液面差h，对应于相应的渗透压$P_0 = \rho g h$。式中：ρ为液体的平均密度；g为重力加速度。在水的流动过程中，原先盐分高的一侧水量增加，使两者的盐分逐渐趋向平衡，形成的水位差，即水的势能，可用于发电。在所有装置中，关键部分是起选择分离器作用的半透膜，其技术上的难点是薄膜必须能够承受风、浪、流的强大应力以及要具有抗生物污损和抗沉积物堵塞的能力，并能排除有可能穿越薄膜的水中碎屑的影响。

另外，人们还研究出来一种新的利用反电解工艺的盐差能实用开发系统，但这种方法的发电成本高达10～14美元/千瓦小时，尚不具备竞争力。

总之，盐差能转换技术刚处于起步阶段，要使该资源的潜力得到开发利用，还有许多经济、技术和环境方面的难题需要解决。

海流能及其开发利用

什么是海流能？简单地说，大洋水体有规则的运动就是海流，而海流携带的能量就是海流能。不过，要深刻理解海流能的概念，还需首先了解海流形成的原因。

按照海流成因的不同，可以将其分为3类：风海流、潮流和密度流。由于地球表面各个区域受太阳辐射的强度不同，纬度低的地区气温高，纬度高的地区气温低。气温的差异引起空气的流动，赤道地区的空气上升并向两极方向流动，于是便在赤道和两极之间形成一个大气环流。这种空气流动就是最常见的风。又因为受地球自转等因素的影响，原本正南、正北的风向发生了变化，使地球表面形成了风带。风吹水动，某处海水流走了，邻近的海水马上补充过来，这种由风直接产生的海水连续不断的流动就是风海流。与此类似，由于海水密度分布不均而产生的海水流动称为密度流；海水涨落潮时发生的海水的水平运动则为潮流。实际上，单一原因产生的海流是极少见的，海流往往是多种原因综合作用的结果。

上面介绍了海流形成的原因并根据它对海流进行了分类，其实，这只是海流的一种分类法。另外，还可以按海流所处位置将其分为沿岸流、赤道流和极地流；按海流的深度分为表层流和底层流；或根据海流的温度与流经海域的水温相比较，将其分为暖流和寒流。但不管怎样分类，海流都表示了海水的流动，因此必定有水的动能包含在里面，这就是我们为什么要利用海流能的原因。

谈到海流能开发利用，海流中到底包含了多少能量呢？让我们以地球上较大的一股海流黑潮为例算一笔账。黑潮是沿太平洋西岸流动的巨大暖流，从我国东侧流入东海，过吐噶喇海峡，沿日本列岛南面海区流向东北，大约在北纬35℃、东经141℃附近海域离开日本海岸蜿蜒东去。黑潮南北跨16个纬度，全长约6 000千米。它的流速比一般海流大很多，为

3～10千米/小时，由此计算出黑潮在我国东海的流量为每秒3 000万立方米，这个流量相当于长江流量的1 000倍。专家们测算，如果仅从黑潮中提出4%的能量，就可获得大约10亿～20亿千瓦的电力。因此，把海流能量转换成为人类生活生产所需的电能是人类孜孜追求的重要课题。

人们最早系统地探讨用海流能发电是1974年在美国召开的专题讨论会上。从那以来，英、日、美、加等国就对其周围的海流能和潮流能利用提出了若干方案。例如，美国正在进行有关开发墨西哥湾流的研究，日本自1981年着手潮流发电研究，于1983年在爱媛县今治市来岛海峡设置一台小型潮流发电装置。

我国也对该领域的研究做出了一定的努力。中国舟山70千瓦潮流实验电站的研究工作从1982年开始，经过60瓦、100瓦、1千瓦三个样机研制以及10千瓦潮流能实验电站方案设计之后，终于在2000年建成70千瓦潮流实验电站，并在舟山群岛的岱山港水道进行海上发电试验。

同其他形式的可再生能源一样，海流发电不会造成污染。但是，不恰当地从某些重要海流中获取大量能量可能会对某些地区气候造成影响。另外，在繁忙的海区建造大型构筑物也可能会影响船舶航行，或妨碍人们在海上开展娱乐活动，甚至危及海洋生物。但是，只要在建造海流电站时充分考虑到这些因素并采取相应的措施，海流发电就能够成为某些地区一种十分有价值的辅助性能源。

全球海洋能利用及发展概述

能源是人类社会存在与发展的物质基础。过去二百多年，建立在煤炭、石油、天然气等化石燃料基础上的农业体系极大地推动了人类社会的发展。然而，人们在物质生活和精神生活不断提高的同时，也越来越感悟到大规模使用化石燃料所带来的严重后果：资源日益枯竭，环境不断恶化，还诱发了不少国与国之间、地区之间的政治经济纠纷，甚至冲突和战争。因此，人类必须寻求一种新的、清洁、安全、可靠的可持续能源系统。海洋中蕴藏着无尽宝贵的资源，于是如何打开这一资源宝库，利用这一深邃的空间，逐渐成为当前世界各国，特别是各海洋国家密切关注的重大问题。下面就让我们以国家为单位，去看一看他们是如何开发利用海洋能资源的。

英国从20世纪70年代以来，制定了强调能源多元化的能源政策，鼓励发展包括海洋能在内的多种可再生能源。1992年联合国环境与发展大会后，为实现对资源和环境的保护，又进一步加强了对海洋能源的开发利用，把波浪发电研究放在新能源开发的首位，曾因投资多、技术领先而著称。英国在潮汐能开发利用方面进行了大规模的可行性研究和前期开发研究，目前已具有建造各种规模的潮汐电站的技术力量。

日本在海洋能开发利用方面亦十分活跃，仅从事波浪能技术研究的科技单位就有日本海洋科学技术中心等十多个，还成立了海洋温差发电研究所，并在海洋热能发电系统和换热器技术上领先于美国，取得了举世瞩目的成就。

美国把促进可再生能源的发展作为国家能源政策的基石，由政府加大投入，制定各种优惠政策，经长期发展，成为世界上开发利用可再生能源最多的国家，其中尤为重视海洋发电技术的研究。

除了这三个海洋大国之外，其他国家也把开发利用海洋能资源列入本国的发展计划。如法国在20世纪60年代就斥巨资建成了至今仍是世界上最大的潮汐电站——朗斯电站；印度在多个方面对海洋能等新能源利用实行优惠政策，在短短两三年内便进入世界可再生能源利用的先进行列；印尼在1 500千瓦波力电站的基础上，制定了建造数百座波力电站，实现联站并网的发电计划。

世界各国都在积极改进和完善技术手段，期望海洋能补充和代替即将枯竭的陆地资源，进而开辟新的能源供应，发展人类利用的空间。在这个意义上，海洋的确是一个极具战略意义的开发领域。

我国海洋能利用及发展特点

我国大陆海岸线长达18 000多千米，有大小岛屿6 960多个，海岛总面积6 700平方千米，有人居住的岛屿有430多个，总人口450多万人，沿海和海岛，既是外向型经济的基地，又是海洋运输和开发海洋的前哨，并且在巩固国防、维护祖国权益上占有重要地位。改革开放以来，随着沿海经济的发展，海岛开发迫在眉睫，能源短缺严重地制约着经济的发展和人民生活水平的提高。外商和华侨因海岛能源缺乏，不愿投资；驻岛部队用电困难，不利于国防建设；特别是西沙、南沙等远离大陆的岛屿，依靠大陆供应能源，因供应线过长，带来诸多不便。为了保证沿海与海岛经济持久快速发展及人民生活水平不断提高，寻求解决能源供应紧张的途径已刻不容缓。近年来，我国同世界上其他许多国家一样，都注意到了海洋中蕴藏的巨大能量，并投入了很大力量进行这方面的开发利用。我国在海洋能的开发利用方面呈现出的几个特点：

（1）有计划地系统地开发历史较短，不少技术尚处于理论研究和试验阶段：我国对五大海洋能的系统利用仅不到四十年，因此，与世界海洋能开发大国相比较，我们的绝大部分技术还不够成熟，规模也较小，电站容量甚至只能达到先进国家几十年前的水平。虽然这与不同国家的自然环境有着很大关系，但我们不可否认差距，应当积极向别国学习，寻求经验，尽快地把我国的海洋能利用技术提升一个新的层次。

（2）某些技术处于世界先进水平，成为我国海洋能开发的优势及示范项目：如我国是世界上建设潮汐电站最多的国家，其中江夏电站是中国最大的潮汐电站，也是国家"六五"重点科技攻关项目，从1974年开始研建，目前已正常运行近二十年。它为我国潮汐电站的建造提供了较全面的技术，同时也为潮汐电站的运行、管理积累了丰富的经验。

（3）国家越来越重视对海洋资源的开发利用：包括海洋中蕴藏的油气资源、生物资源以及数量众多的海洋能资源，无论从资金方面还是政策方面都给予了很大的鼓励和帮助。我们有理由相信我国的海洋事业发展会越来越快，越来越好。

生物质能

生物质包括植物、动物及其排泄物、垃圾、有机废水等几大类。从广义上讲，生物质是通过光合作用生成的有机物，它的生成过程如下：

$$CO_2 + H_2O + 太阳能 \xrightarrow{\text{叶绿素}} (CH_2O) + O_2$$

每个叶绿素都是一个神奇的化工厂，它以太阳光为动力，把二氧化碳（CO_2）和水合成有机物。它的合成机理目前人类仍未搞清楚。模仿叶绿

素的结构，生产出人工合成的叶绿素，建成工业化的光合作用工厂，是人类的梦想。

生物质所蕴含的能量称为生物质能，它最初来源于太阳能，所以也可以说是一种太阳能。从能源利用角度来看，凡是能够作为能源而利用的生物质能统称为生物质能源。

自然界中生物质种类繁多，分布广泛，包括所有生物及其代谢产物，但是能够作为能源用途的生物质才属于生物质能资源，其基本条件是资源的可获得性和可利用性。按原料的化学性质分，生物质能资源主要为糖类、淀粉和木质纤维素物质；按原料来源分，则主要包括以下几类：①农业生产废弃物，主要为作物秸秆；②薪柴、枝杈柴和柴草；③农业加工废弃物、木屑、谷壳和果壳；④人畜粪便和生活有机垃圾等；⑤工业有机废弃物，有机废水和废渣等；⑥能源植物，包括所有可作为能源用途的农作物、林木和水生植物资源等。其中，各类农林、工业和生活有机废弃物是目前生物质能利用的主要原料。它们主要提供纤维素类原料。能源植物是近20多年才提出的概念，是未来建设生物质能工业的主要资源基础。

生物质能的特点

生物质能作为人类最主要的可再生能源之一，具有许多优点。

与矿物能源相比，生物质在燃用的过程中，对环境的污染小。如生物质的灰分含量、含氮量、含硫量都少于煤。它燃烧时排放的二氧化硫、氮氧化物和烟尘比煤少。燃用生物质能产生的二氧化碳，又可被等量生长的植物光合作用所吸收，这就是人们常说的实现二氧化碳的"零排放"。如果采取一定的措施，把燃烧生成的二氧化碳储存起来，如存在地下，则可实现二氧化碳的"负排放"。这对减少大气中的二氧化碳含量，从而降低"温室效应"（导致地球变暖的一个因素）极为有利。

生物质能蕴藏量巨大，而且是可再生的能源。根据生物学家估算，地球上每年生长的生物质总量约1 400亿～1 833亿吨（干重），相当于目前世界总能耗的10倍。我国的生物质能也极为丰富，现在每年农村中的秸秆量约6.5亿吨，到2010年将达到7.26亿吨，相当于5亿吨标准煤。再加上柴薪和林业废弃物、日益增多的城市垃圾和生活污水、牲畜粪便等其他生物质资源，我国每年的生物质能源可达6亿吨标准煤。

生物质能源具有普遍性、易取性，几乎不分国家、地区，它到处存在。并且，它是可再生能源中唯一可以储存和运输的能源，这给其加工转换与连续使用带来了方便。

生物质挥发组分高，碳活性高，易于转化为气态燃料，如沼气，并且它燃烧后，灰分少，可简化除灰设备。

提倡生物质能开发利用，有助于改善生态环境。大力开发生物质能，就要积极种树，绿化大地，这可以美化环境，保持水土，减少风沙。在用科学的方法利用生物质的热能后，剩余部分还可还田，改良土壤，提高肥力。

生物质能源也有缺点。由于生物质的多样性和复杂性，其利用技术远比化石燃料复杂和多样。首先，由于有些生物质含水极高或以污水为载体，生物质利用除与化石燃料相似的燃烧技术和物化转换技术外，还需要许多独特的生化转化技术，如堆肥等。其次，生物质形状多样，能量密度低，利用时需要更多的预处理和能量品位提升过程，所以它的特殊转化技术比直接燃烧更重要；另外，生物质分布分散，难以使用集中处理技术，而分散处理技术效率较低。这也是目前生物质难以大规模利用面临的主要问题。

生物质能的利用技术

生物质能的多样性，导致了生物质能利用技术的复杂性和多样性。由于生物质的能量密度低，分布分散，要想经济有效地利用生物质能，必须采取一定的生物质转化技术，将其转化为能量密度高、利用效率高的形式。

生物质利用技术多种多样，主要分为四类：直接燃烧技术、物化转换技术、生化转换技术和植物油利用技术。

人类自从发明了火，便开始以生物质作为燃料使用，直接燃烧作为最原始、最实用的利用方式，一直延续到了今天。随着社会的发展、科技的进步，燃用生物质的设施和方法在不断改进和提高。目前，直接燃烧主要分炉灶燃烧、锅炉燃烧、垃圾燃烧和固型燃料燃烧。

物化转换技术是提高生物质能量密度及利用效率的有效方法。它主要是指生物质热化学转换技术。根据过程中的工艺参数不同，分成干馏技术、气化制生物质燃气和热解制生物质油三种工艺。

生化转化技术，是利用生物技术把生物质转化为优质燃料，主要以厌氧消化和特种酶技术为主。厌氧消化的典型例子是沼气发酵，我国农村应用非常普遍。酶技术的一个典型应用是把生物质转化为乙醇等液体燃料。这项技术在巴西已经非常成熟。

能源植物油是一类贮存于植物器官中，经加工后，可以提取植物燃料油的油性物质。它通过植物有机体内一系列的生理生化过程形成，例如，经常使用的棉籽油、菜籽油。能源油料植物是一类含有能源植物油成分的植物，它可以大面积种植，但它的产油率较低，速度很慢。

从目前国内外生物质能利用现状来看，生物质能利用技术商业化程度很低，还不具备和煤、石油、天然气等传统能源相竞争的实力，很多工程都是在政府的支持下运行。但生物质能源作为将来非常有前途的一种新能源，随着其利用技术的不断成熟，必将获得越来越广泛的应用。

全球生物质能的利用概述

目前，生物质能的技术研究和开发利用是世界上重大热门课题之一。许多国家都制定了相应的研究开发计划，如日本的阳光计划、印度的绿色能源工程、巴西的能源酒精计划。目前国外许多生物质能利用技术与设备已达到了商业化应用的程度，实现了规模化产业经营。

国外的生物质能利用技术主要分为两大类：一是把生物质能转化为电力；二是把生物质转化为优质燃料。

生物质能转化为电力主要有直接燃烧后用蒸汽进行发电和生物质气化发电技术。生物质直接燃烧发电技术已基本成熟，已进入推广应用阶段。美国大部分生物质能采用这种方法利用，近年来已建成生物质燃烧发电站约 6.0×10^6 千瓦，处理的生物质大部分是农业废弃物或木材厂、纸厂的森林废弃物。生物质气化发电是更清洁的利用方式，它几乎不排放任何有害气体。小规模的生物质气化发电已进入商业示范阶段，它比较适合于生物质的分散利用，投资较少，发电成本较低。大规模的生物质气化发电一般采用IGCC（蒸汽燃气联合循环发电）技术，目前，已经进入了工业示范阶段。美国和瑞典、芬兰等欧洲国家在这方面处于领先地位。1991年，在瑞典瓦那茂兴建了世界上第一座生物质气化联合循环发电厂，净发电量6.0×10^3千瓦，净供热量9.0×10^3千瓦，系统总效率超过80%。

生物质制液体燃料，主要是制乙醇和油料。巴西是世界上乙醇燃料开发应用最有特色的国家，实施了世界上规模最大的乙醇开发计划（原料主要是木薯、甘蔗等），目前乙醇燃料已占该国汽车燃料消耗量的50%以上。生物质制油料主要有两种技术：生物质热解法制取生物油和直接利用植物油。荷兰、英国、比利时、希腊、葡萄牙等国都开展了生物质热解制取生物油的研究，生物油经改性后可作液体燃料。植物油燃料在世界上也很流行。20世纪80年代以来，美国、巴西、印度等国进行了能源油料植物种的选用、富油种的引种栽培、遗传改良、建立"柴油林木场"的研究。

现在，生物质能源在全球能源消费中占有15%的份额，仅次于煤炭、石油、天然气。随着技术的不断发展，生物质能源在世界能源中的地位必将越来越重要。

我国生物质能的利用现状

自古以来，农牧民直接燃烧生物质来做饭和取暖，直到现在，我国的广大农村，基本上还是沿用这种传统的用能方式。其效率极低，一般不超过25%，资源浪费严重。直接燃用秸秆、薪柴、干粪、野草，劳动强度大，不卫生，烟熏火燎，易感染呼吸道疾病。

在一些燃料缺乏的地区，农民极力向大自然索取，砍伐树木，割搂野草，致使森林及草原植物被破坏、土壤退化、水土流失、洪涝成灾，给生态环境造成了严重后果。在一些生活燃料不缺乏的地区，夏季忙于换茬复种倒地，在田地中焚烧大量秸秆，火焰四起，浓烟滚滚，严重影响了交通和人们的健康，也浪费了资源。

针对上述情况，我国制定了许多措施，来推动生物质能源技术的发展。经过20多年努力，我国生物质能的开发利用取得了长足进步。

（1）沼气：我国是世界上沼气利用开展最广泛的国家。到1998年底，全国户用沼气池发展到688万个，大中型沼气工程累计建成748处，城市污水净化沼气池49 300处，以沼气及沼气发酵液、沼渣在农业生产中的直接利用为主的沼气综合利用技术得到迅速应用，已达到339万户。

（2）生物质气化技术：经过十几年的研究、实验、示范，生物质气化技术已经基本成熟，气化设备已有系列产品，产气量200～1 000立方米。

（3）生物质燃料乙醇技术：近几年油价大幅上涨，推动了燃料乙醇等石油替代品的发展。我国东北盛产玉米，生产燃料乙醇具有得天独厚的条件。

（4）生物质压缩成型及其他技术：我国已研制出螺旋挤压式、活塞冲压式等几种生物质压缩成型设备。生物质压缩成型后可直接用作燃料，也可经炭化炉炭化获得生物炭，用于烧烤和冶金行业，还可生产块状饲料。

生物质直接燃烧技术

人类自从发明了火，便开始以生物质为燃料使用，直接燃烧是最原始、最实用的生物质利用方式，一直延续到今天。随着社会的发展、科技的进步，燃用生物质的设施和方法在不断改进和提高，现在已经达到了规模利用的程度。

生物质燃料在燃烧利用方式上和煤炭有所差别，主要表现在以下几个方面：

（1）含碳量少，含固定碳较少：生物质燃料中含碳量最高的也仅50%左右，相当于生成年代较少的褐煤的含碳量，特别是固定碳的含量明显比煤炭少。生物质燃料不抗烧，需要频繁添加燃料，同时它的热值也较低。

（2）含氢量稍多，挥发成分明显偏多：生物质燃料中的碳，多数和氢结合成较低分子的碳氢化合物，遇一定的温度后热分解而析出挥发物，所以，生物质燃料易被引燃，燃烧初期析出量大，在空气和温度不足的情况下易产生镶黑边的火焰。

（3）含氧量多：生物质燃料的含氧量明显多于煤炭，它使生物质燃料燃烧热值低，但易于引燃，在燃烧时可相对地减小空气供应量。

（4）密度小：生物质燃料的密度明显较煤炭低，质地比较疏松，特别是农作物秸秆。这类燃料易于燃烧和燃尽，灰渣中残留的碳量一般较燃用煤炭少。

直接燃烧技术主要分为两类：①传统炉灶的改进，②生物质燃料的规模燃烧。

我国绝大多数人口在农村，生活用能主要是为了炊事和取暖。有史以来，农村把生物质作为生活用能的主要来源，用能设施基本上是炕和灶，灶主要用来炊事，炕主要用于休息、睡眠和冬季取暖。由于灶和炕设施简陋，热效率低下，造成了生物质能的极大浪费。据20世纪70年代末统计，全国约有8 000万农户的农民严重缺柴，他们"不愁锅中米，但愁灶缺柴"。为了改变这种现象，我国开展了以节省生物质能消耗为中心的传统炉灶改造运动，涌现出了许多不同形式的省柴灶、节能地炕，极大地缓解了农村生活用能的紧缺情况。

生物质直接燃烧的规模利用，主要指用锅炉燃烧生物质能。燃烧生物质锅炉和燃煤锅炉没有本质上的差别，只是在设计锅炉时需考虑到生物质燃烧时具有的"两小两多"（热值小、密度小；钾含量多、挥发分多）的特点，对传统锅炉的结构作适当调整就可以了。常见的燃用生物质锅炉包括人工进料的堆燃锅炉（荷兰烤炉）、自动进料的炉算燃烧炉（炉排炉）、原料自由下落时燃烧的悬浮炉及循环流化床锅炉。其中，循环流化床锅炉是一种比较有前途的锅炉。

秸秆压块燃料

有粮食生产，就有秸秆产生。秸秆曾是农家的宝贵财富之一，它可以做燃料、饲料、肥料、原材料等，但富裕起来的农民开始摆脱古老的生活方式：土房变瓦房，燃料用上了煤、液化气，畜力由机械代替。这样，在一些经济发达的农业地区，秸秆就成了"废物"，特别是产粮区，出现了焚烧秸秆的问题。焚烧秸秆，污染环境，近年来已经成为我国农业管理中的大问题。其实，秸秆是一种优质的可再生燃料。但是由于它分布散、形体轻、储运困难、使用不便、单位热值低，大大限制了秸秆的规模应用。为了更好地利用秸秆，秸秆压块技术应运而生。

秸秆压块的技术属于简单技术，只需把秸秆粉碎成一定细度后，在一定的压力、温度和湿度的条件下，加入黏结剂，通过压缩将秸秆压成圆形、方形或棒状的块，便可代替煤炭使用。

秸秆压块既可以大规模生产，也可以中、小规模生产。大规模生产一般以产业和地区为基础，适用于机械化方式；中等规模生产，一般以村庄为基础，适用于畜力或电动机生产；小规模生产，以家庭为基础，用人力生产。锯木屑、稻壳等也可以用做压块的原料。

压块时，对使用的黏结剂的基本要求是：能使压块充分变硬，不会掉皮、变软，不产生大量烟雾、胶质、不良气味与粉尘，黏结剂的热值应与木柴相当。常用的黏结剂是有机黏结物，如玉米、小麦、木薯的淀粉、甘蔗糖浆、焦油、沥青、树脂、胶、纤维等。

制造秸秆压块材料，在技术上并不复杂，只要有一台挤压机和简单的加热装置就能解决问题。压成块后，密度大大增加，热值显著提高，也便于储存和运输，同时又保持了秸秆挥发成分高、易点火、灰分及含硫量低，燃烧时产生的污染物少等优点。

国外在20世纪70年代初就开始生产秸秆压块燃料。我国到20世纪80年代才开始研制，虽然起步较晚，但进展较快，有些省份已经建成规模较大的压块燃料生产线。

生物质热化学转换

生物质能源是一种古老的传统能源，从人类钻木取火到工业革命前，以柴草为主的能源结构延续了上万年。那时的能源需求主要是提供人们御寒和烹饪食物的热量，直接燃烧生物质燃料是唯一的用能方式。天然的生物质燃料品质不好，直接燃用时效率很低，而且伴随着大量烟尘，使周围的环境变得肮脏，因此很久以前人们就试图提高生物质燃料的品质，使其使用起来更加方便和干净。早期的方法是烧制木炭，即将木头点燃后隔绝空气，使木材在热作用下析出挥发成分，留下的木炭不但热值较高，而且燃用时不再冒烟。这实质上是生物质热化学转换技术的开端。唐朝诗人白居易的著名诗篇《卖炭翁》描述了卖炭人的辛酸，可见那时烧炭作坊已经相当普遍。

生物质热化学转化是用加热的方法使生物质发生化学反应，改进生物质品质的过程。根据过程中的工艺参数，分成炭化（生产木炭）、气化（生产燃气）和液化（生产热解油）三种工艺。实际上热化学转换的每种工艺都会同时得到这三种产物，只不过各种工艺希望得到尽可能多的某种产品而已。

生物质气化是生物质热化学转换的一种技术，基本原理是在不完全燃烧条件下将生物质原料加热，使较高分子量的有机碳氢化合物链热裂解，变成较低分子量的一氧化碳、氢气、甲烷等可燃性气体。在转换过程中要加气化剂（空气、氧气或水蒸气），其产品主要是指可燃性气体与氮气等的混合气体。生物质气化所用原料主要是原木生产及木材加工的残余物、薪柴、农业副产物等。生物质燃气具有极其广泛的用途，可以用来炊事、取暖、发电等。

生物质热裂解液化是在中温（500～600℃）、高加热速率（104～105℃/秒)和极短气体停留时间（约2秒）的条件下，将生物质直接热解，产物经快速冷却，使中间液态产物分子在进一步断裂生成气体之前冷凝，得到高产量的生物质液体油，液体产率可高达70%～80%。气体产率随着温度和加热速率的升高及停留时间的延长而增加，较低的温度和加热速率会导致物料的碳化，使固体生物质碳产率增加。它产生的生物油可通过进一步分离，制成燃料油和化工原料。

生物质热化学转换技术是将来生物质能利用的最重要的技术之一。

沼气发酵

沼气是有机物质在一定条件下，经过微生物的发酵作用而生成的以甲烷为主的可燃气体。人们经过沼泽地时，用脚踩下去，可见有许多小气泡浮出水面，经点火便见到蓝色火焰，这就是沼气。由于这种气体最早是在沼泽地带发现的，故名"沼气"。

沼气发酵是有机物质在一定温度、湿度、酸碱度和厌氧条件下，经过沼气菌群发酵（消化），生成沼气、消化液（沼液）和消化污泥（沼渣）。这个过程就叫沼气发酵或厌氧消化。

沼气发酵产生的三种物质，应用价值都很高。

沼气是一种混合气体，其中主要成分是甲烷，占总体积的50%～70%。其次是二氧化碳，占25%～45%。此外，还含有少量的氮气、氢气、氧气、氨气、一氧化碳和硫化氢。甲烷是一种可燃性气体，具有很高的热值。二氧化碳可通过石灰水除去，以提高沼气中甲烷的含量。沼气中还含有万分之几的硫化氢，有毒，气味恶臭，沼气中的臭味主要来自于它燃烧后，生成二氧化硫。沼气可用作生活燃料、照明等，是一种清洁能源。

消化液中含有可溶性氮、磷、钾等速效成分，是优质肥料。

消化污泥主要成分是菌体、难分解的有机残渣和无机物，是一种优良高效有机肥，并有改善土壤的功效。

沼气发酵有许多优点。首先，沼气池结构简单，易于修建，适合在我国广大农村推广。其次，沼气能处理的废物多，除了人、畜粪便，各种农作物的有机废物外，工厂的有机物含量高的废水也可用来沼气发酵。另外，沼气设施多种多样，既可以建设小型沼气池，供农村家庭使用，也可以建设大中型沼气设施，供工厂、城市处理废物用。但沼气也有其缺点，例如，受温度影响较大，温度低时，处理能力不高，产气量下降。我国是世界上沼气利用技术最成熟的国家。

生物质燃料乙醇

乙醇，俗称酒精，是一种优质的液体燃料。它不含硫及灰分，可以直接代替汽油、柴油等作为内燃机的燃料，是最具发展潜力的石油替代燃料。巴西汽车普遍使用乙醇和汽油的混合燃料或百分之百的纯乙醇。中国最近也开展了燃料乙醇的应用，并已在吉林、黑龙江、河南、安徽四省建立了4个试点厂，以陈化粮为原料生产燃料乙醇。

生物质通过生物转化的方法生产乙醇，通常称为发酵法。按生产所用的主要原料不同，发酵法生产乙醇又分为淀粉质原料生产乙醇、糖质原料生产乙醇、纤维素原料生产乙醇以及用工业废液生产乙醇。

发酵法是利用微生物，主要是酵母菌，在无氧条件下将糖类、淀粉类或纤维素类物质转化为乙醇的过程。整个过程分为3个阶段：大分子物质，包括淀粉和纤维素、半纤维素，水解为葡萄糖、木糖等单糖分子；单糖分子经糖酵解为二分子丙酮酸；在无氧条件下丙酮被还原为二分子乙醇。糖类原料无需经过第一阶段，直接进入二、三阶段。

在这个过程中，起主导作用的是微生物。微生物的乙醇转化能力是乙醇生产工艺菌种选择的主要标准。常用的微生物主要有两种：一种是生产水解酶（用来把淀粉、纤维素等水解为单糖）的微生物，一般是霉菌；另一种是乙醇发酵菌，一般是酵母菌或缌菌。同时，工艺提供的各种环境条件对微生物乙醇发酵的能力具有决定性的抑制作用，必须提供最佳的工艺条件才能保证最大限度的发挥工艺菌种的生产潜力。

中国是农业大国，每年有大量生物质废弃物产生，仅农作物秸秆和稻壳资源就相当于2.15亿吨标准煤，城市垃圾和林木加工残余物中也有相当量生物质存在。但这些资源未被充分利用，且常因就地燃烧而污染环境，随着农村经济的发展，这已成为全国性问题。另一方面，中国的石油资源有限，对油类产品的需求量却在不断增加，2004年我国进口原油超过1亿吨。显然发展生物质燃料乙醇技术对我国更有意义。

"种"出来的石油

大家都知道石油是从地下矿藏中开采出来的，这似乎是天经地义的事。有人异想天开，"石油是不是也能种出来呢？"既然花生油、玉米油、菜子油、豆油等都可以种出来，也就有可能"种"出石油来。

从理论上讲，石油是碳氢化合物，而植物进行光合作用时，一般都生成碳水化合物，但是在光合作用足够强烈、光合作用进行得很彻底的时候，植物便能生成碳氢化合物。

事实上，世界上确实有这种植物。美国化学家卡尔文最早发现了这种植物。这种植物的树干里含有大量像乳汁一样的东西，只要把树皮划开，乳汁就会流出来，就像橡胶树能流出橡胶汁一样。经化验，其成分就是和石油一样的碳氢化合物。卡尔文称它为"牛奶树"。

卡尔文在找到了能"生产"石油的植物后，就开始选种和育种，并在美国加利福尼亚州种了大约4 000平方米"石油树"，1年之中竟收获了50吨石油。卡尔文"种"石油的成功，激起了一股寻找石油树的热潮。现在，已经发现了上千种可以生产石油的植物。

澳大利亚生物能源专家从桉叶藤和牛角瓜的茎叶中，提炼出能制取石油的白色乳汁液。经过调查，这两种野草大量生长在澳大利亚北部地区，生长速度很快。据估计，每公顷野草每年能生产65桶石油。如果这种资源得到充分利用，可满足澳大利亚石油需要的一半。

我国海南省的热带森林里，有一种油楠树。如果在树木上钻一个洞，几个小时就可以产5升树油。这些树油无需加工，直接就可以当柴油使用。

还有巴西的"苦配吧"、澳大利亚的"高冠树"、东南亚的银合欢树、北美和墨西哥的银胶菊、东非和南非的光棍树等，都是很有发展潜力的能源植物。

石油植物的发展，为人类解决能源危机提供了新的希望。正因为如此，"石油农业"已在全球悄然兴起。如美国种植石油植物已有百万亩；菲律宾种了18万亩银合欢树，6年后可收获石油1 000万桶；瑞士打算种植19万公顷石油植物，以解决全国50%的石油量。这一切极大地鼓舞了人类，能源专家预言，21世纪将是石油农业新星耀眼的时代。

植物油与生物柴油

植物油是指利用野生和人工种植的含油植物的果汁、叶、茎，经过压榨、提炼、萃取和精炼等处理得到的油料。植物油的主要来源是油料作物，如油菜、花生、大豆、向日葵、芝麻和蓖麻等；含油木本植物，如油桐、油棕、光皮树、椰子、乌桕、桉树、油茶、四合木等。另外，含油藻类也是将来植物油的重要来源。

根据油品组分的不同，植物油可以有不同的用途：有些可以作食用油，有些只能作工业原料用，有些可以直接作液体燃料。1900年巴黎博览会上第一次展示的发动机就是以花生油为燃料的。但是，植物油存在黏度高、十六烷值低、挥发性差等缺点，作为发动机燃料时有积炭过多和冷启动困难问题。

为了克服植物油的这些缺点，可对植物油进行酯化处理，使其在性质上更接近柴油，成为较理想的柴油代用燃料，这就是生物柴油。国外研究表明，生物柴油具有许多优点：它不经改装就可适用于任何柴油引擎，而不影响运转性能；生物柴油的单位热值是所有替代燃油中最高的；它的闪点是柴油的2倍，使用、运输、处理和储藏都极其安全。

目前生物柴油的生产方法主要有化学法和生物酶法。

（1）化学法：是目前柴油生产的主要方法。它用动物和植物油脂与甲醇或乙醇等低碳醇在酸或碱性催化剂和高温（230～250℃）下进行转酯化反应，生成相应的脂肪酸甲酯或乙酯，再经洗涤干燥即得生物柴油。甲醇或乙醇在生产过程中可循环使用，生产设备与一般制油设备相同，生产过程中可产生10%左右的副产品甘油。

（2）生物酶法：是用动物油脂和低碳醇通过脂肪酶进行转酯化反应，制备相应的脂肪酸甲酯及乙酯。酶法合成生物柴油具有条件温和、醇用量小、无污染排放的优点。

目前，生物柴油存在的主要问题是成本太高。这主要是因为作为原料的植物油成本太高。"工程微藻"生产柴油，为生物柴油生产开辟了一条新的技术途径。

"工程微藻"是一种含油藻类，经过人们的改良，油脂含量可增加到40%以上。微藻具有很多优点：它的生产能力高，用海水作为天然培养基可节约农业资源；比陆生植物单产油脂高出几十倍；生产的生物柴油不含硫，燃烧时不排放有毒害气体，排入环境中也可被微生物降解，不污染环境。发展富含油质的"工程微藻"是生产生物柴油的一大趋势。

能源植物

能源植物是指直接用于提供能源的植物。大规模开发和利用生物质能源必须有充足的原料资源作保障，仅依靠现有的生物质能源并不能满足未来能源的需求，发展能源植物是必由之路。用新技术开发利用能源植物不仅可代替部分石油、煤炭等化石燃料，而且有助于减轻温室效应、促进生态良性循环，成为解决能源与环境问题的重要途径之一。

能源植物种类繁多，按植物中所含主要生物质的化学类别来分，主要包括：

（1）糖类能源植物：主要生产糖类原料，可直接用于发酵法生产燃料乙醇，如甘蔗、甜高粱、甜菜等。

（2）淀粉类能源植物：主要生产淀粉类原料，经水解后可用于发酵法生产燃料乙醇，如木薯、玉米、甘薯等。

（3）纤维素类能源植物：经水解后可用于发酵法生产燃料乙醇，也可利用其他技术获得气体、液体或固体燃料，如速生林木和芒草等。

（4）油料能源植物：提取油脂后生产生物柴油，如油菜、向日葵、棕榈、花生等。

（5）烃类能源植物：提取含烃汁液，可生产接近石油成分的燃料，如银胶菊、续随子等。

能源植物大多数是自然生长的，收集比较困难。现在人们有意识地培育一些能源作物，经过嫁接、驯化、繁殖，不断提高产量。在这一系列的能源作物中，甜高粱是一颗非常耀眼的明星。

甜高粱为粒用高粱的一个变种。它同普通高粱一样，每亩能结出150～400千克粮食，但它的精华不在于它的籽粒，而在于富含糖分的茎秆。甜高粱生产快、产量高，茎秆高度2～5米，富含糖分，糖度在15%～21%之间，且产量极高，一般亩产量在5吨左右，高产纪录为11.2吨。

甜高粱的汁液可生产乙醇。与其他可制造乙醇的植物相比，甜高粱生长快、产量高，在生长旺期，平均每天增高12厘米，在各种农作物中居首位。甜高粱每亩可产乙醇460千克，比用玉米制乙醇增产1倍多，比用甜菜生产乙醇成本低50%。

甜高粱是作物中的骆驼，它耐旱、耐涝、耐盐碱、耐贫瘠。我国从黑龙江到海南都可种植；特别是在其他作物难以生长的沙荒地、盐碱地也适合种植，适合在我国大范围推广。

随着能源消耗的日益增大，矿物能源的日益枯竭，以甜高粱为代表的能源植物也必将在未来的能源大家庭中大放异彩。

生物质能发电

利用生物质能发电是将来生物质利用的一个主要趋势。生物质能发电目前主要有两种技术：直接燃烧后用蒸汽进行发电和生物质气化发电技术。

（1）生物质直接燃烧发电：是把生物质集中起来，用一定的燃烧设备，主要是锅炉，采用直接燃烧的方式产生蒸汽，进而推动蒸汽机发电，它和当前的燃煤电站的工作原理基本一样。这种技术已基本成熟，已经进入推广应用阶段，如美国采用这种方法发电，近年来已建成的生物质电站发电量约6 000兆瓦，处理的废弃物大部分是农业废弃物或木材厂、纸厂的森林废弃物。这种技术单位投资较高，大规模下效率也较高，但它要求生物质集中，数量巨大，只适于现代化大农场或大型加工厂的废弃物处理，对生物质较分散的发展中国家不是很合适。如果考虑生物质大规模收集或运输，成本也较高。从环境效益的角度来看，生物质直接燃烧和煤燃烧相似，会放出一定的氮化化物，但其他有害气体比燃煤少得多。

（2）生物质气化发电技术：基本原理是把生物质转化为可燃气，再利用可燃气推动燃气发电设备进行发电。它既能解决生物质难于燃用又分布分散的缺点，又可以充分发挥燃气技术设备紧凑而污染少的优点，生物质能发电是最有效、最洁净的利用方式之一。

气化发电过程包括3个方面：一是生物质气化：把固体生物质转化为气体燃料；二是气体净化：气化出来的燃气带有一定的杂质，包括灰分、焦炭和焦油等，需经过净化系统除去杂质，以保证燃气发电设备的正常运行；三是燃气发电：利用燃气轮机或燃气内燃机进行发电。

目前，小规模的生物质气化发电技术已进入商业示范阶段，它比较适合于生物质的分散利用，投资较少，发电成本也较低，较适合发展中国家应用；大规模的生物质气化发电一般采用IGCC技术，适合于大规模开发利用生物质资源，发电效率也较高，是今后生物质工业化应用的主要方式。目前，已进入工业示范阶段，美国、英国、芬兰等国家都在建设6～60兆瓦的示范工程。但由于投资高、技术尚未成熟，在发达国家也未进入实质性的应用阶段。

垃圾能源

城市有机垃圾是人类日常生产和日常生活中所排放的固体废弃物，可造成大气、土壤和地下水污染等环境问题，最终威胁人类健康。我国是世界上的垃圾资源大国，我国城市人均每年"生产"垃圾440千克。

我国城市垃圾的绝大部分未经处理，堆积在城郊。全国670多座大中城市，约有1/3陷于垃圾包围中。垃圾中产生的有毒有害物质渗透到地下和河流中，给城市带来不容忽视的危害。

生活有机垃圾也是一种潜在的生物质能资源，其热值与褐煤和油页岩相近，通过适当的技术加以有效利用，不仅能消除其环境危害，而且回收了其中的能源。

垃圾处理的基本方向是减量化（减少体积和重量）、无害化（减轻污染）和资源化（有效利用其热能，回收资源）。处理垃圾的方式很多，如填埋、堆肥、焚烧、气化、快速热解、压缩成型、倾倒大海等，而真正得到普遍推广应用的是堆肥、填埋和焚烧。尤其是垃圾焚烧发电，在一些发达国家备受重视。

焚烧垃圾发电，从原理上看容易，但经过的程序却不简单。首先是"垃圾报到"：进厂垃圾的质量是控制垃圾焚烧的关键：垃圾进厂前，一般都要经过较严格的筛选，凡有毒有害垃圾、建筑垃圾、工业垃圾都不能进入。第二步是"烈火焚烧"：垃圾进入焚烧炉燃烧，产生热能，使锅炉内的水转化为蒸汽，通过汽轮机带动发电机发电，最终电能并入电网。

焚烧垃圾发电既可以处理垃圾，又可以从中回收大量的能源，是一种理想的垃圾处理方式，但总体看还是发展得较慢。这主要是受一些工艺技术制约，例如，燃烧时有可能产生剧毒气体二恶英（世界上最毒的物质之一）等。这些剧毒气体长期得不到有效解决。垃圾发电发展较慢的另一个原因是经济原因，现在垃圾发电的成本仍然比传统的火力发电高。专家认为，随着垃圾回收、处理、运输、综合利用等各环节技术不断发展，工艺日益科学先进，垃圾发电方式很有可能会成为最经济的发电技术之一。从长远效益和综合指标看，将优于传统的电力生产，尤其是作为"绿色"技术，垃圾发电的环境效益、社会效益等都是无形的、巨大的。

近几年，我国的垃圾发电有了较快的发展，已经建成了很多垃圾发电厂。

氢能概述

氢是一种能源载体，人们可以大规模利用储藏在氢中的能量。大约250年前人们就发现了氢，约150年前氢获得工业应用。在使用天然气之前，人们就用所谓的城市瓦斯来取暖、做饭或道路照明，那种瓦斯含氢高达60%。我国在推广天然气之前，广泛使用的由煤制取的城市煤气中氢含量高达50%以上。但是人们对氢作为能源的认识并不深刻，随着石化能源的资源枯竭和所带来的危害日益严重，人们开始更加关注氢能。

氢能是指以氢及其同位素为主体的反应中或氢的状态变化过程中所释放的能量，包括氢核能和氢化学能两大部分。

核聚变是以氢同位素作为原料的，所以说，目前研究的核聚变也是氢能的一种利用方式。聚变是由较轻的原子核聚合成较重的原子核而释放出能量，最常见的是由氢的同位素氘和氚聚合成较重的原子核如氦而释放出能量。氢聚变能相当大，释放聚变能量在氢弹中已获得成功，但核聚变一旦发生，无法控制，只能作为毁灭性武器，而不能作为能源使用。要想将核聚变作为能源使用，一定要在严格的条件下缓缓释放能量，即称为受控核聚变。

氢能是最环保的能源。利用低温燃料电池，由电化学反应将氢转化为电能和水，不排放二氧化碳和氮氧化物，没有任何污染；使用氢燃料内燃机，也是显著减少污染的有效方法。

氢能是安全的能源，每种能源载体都有其物理、化学、技术性等特有的安全问题。氢在空气中的扩散能力很大，氢泄漏或燃烧时很快就垂直上升到空气中并扩散。因为氢本身不具有毒性和放射性，所以不可能有长期的未知范围的后继伤害，氢不会产生温室效应。现在已经有整套的氢安全传感器设备。

氢能是"和平"能源，因为它既可再生又来源广泛，每个国家都有丰富的"氢矿"。化石能源分布的不均匀常常引起国家或地区间的激烈抗争，而氢能却无此问题。

氢能是未来最理想的二次能源。电和蒸汽、氢一样，都是能源载体，都是对环境友好的二次能源，如果生产它们的一次能源是清洁能源的话，最大的差别在于氢气可以大规模储存，而且储存方式多种多样，这就决定了氢能是比电和蒸汽更有用的能源载体。

氢能的特点

氢位于元素周期表之首，原子序数为1，在常温常压下为气态，在超低温或超高压下可成为液态。作为能源，氢有以下特点：

（1）氢的资源丰富：氢是自然界存在最普遍的元素，据估计它构成宇宙质量的75%。在地球上的氢主要以化合物如水的形式存在。水是地球的主要资源，地球表面的70%以上被水覆盖，水是地球上无处不在的"氢矿"。据推算，如果把海水中的氢全部提取出来，它所产生的总热量比地球上所有化石燃料放出的热量还大9 000倍。

（2）氢具有可再生性：氢由化学反应产生电能（或热）并生成水，而水又可由电解再转化为氢和氧，如此循环，永无至尽。

（3）氢具有可储存性：存储方式多样，可以气态、液态或固态的形式出现，能适应储运及各种应用环境的不同要求。氢可以像天然气一样很容易被大规模储存，这是氢能和电能、热能最大的不同。在电力过剩的地方和时段，可以用氢的形式将电能或热能储存起来。这也使氢在可再生能源的应用中可以起到其他能源载体所起不到的作用。

（4）氢能是最环保的能源之一：氢燃烧后的产物是水，无环境污染问题，而且燃烧生成的水还可以继续制氢，可反复循环使用。利用低温燃料电池，通过电化学反应将氢转化为电能和水，过程中不排放碳和氮化物，没有任何污染；使用氢燃料内燃机，也是显著减少污染的有效方法。

（5）氢气的导热性好：氢气比大多数气体的导热率高出10倍，因此在能源工业中的氢是极好的传热载体。

（6）氢在所有元素中质量最小：在标准状态下，氢的密度为0.089 9克/升，在−252.7℃时可成为液体，若将压力增大到数十兆帕，液氢可变为金属氢。

（7）氢燃烧性能好，点燃快：与空气混合时有广泛的可燃范围，而且燃点高，燃烧速度快。

（8）氢燃烧值高：氢的发热值为1.4×10^5千焦耳/千克，是汽油发热值的3倍，是除核燃料外所有化石燃料、化工燃料和生物燃料中最高的。

（9）氢能的利用形式多：氢能利用既包括氢与氧燃烧所放出的热能，在热力发动机中产生机械功，又包括氢与氧发生电化学反应用于燃料电池直接获得的电能。氢还可以转换成固态氢，用作结构材料。用氢代替煤和石油，无需对现有的技术装备做重大改造，现在的内燃机稍加改装即可使用。

全球氢能发展概述

氢气作为燃料的主张具有相当的历史。1766年，英国人卡文迪什从金属与酸的反应中发现氢。1818年，英国利用电流分解水产生了氢气。1839年，William Grove首次提出燃料电池的概念。20世纪30年代末，德国设计了以氢气为动力的火车。1960年液氢首次用作航天动力燃料，现在氢气已经成为火箭领域的常用燃料了。在交通运输方面，美国、法国、德国、日本等汽车大国早已推出以氢做燃料的示范汽车，并进行了几十万公里的道路运行实验。1970年，通用汽车公司的技术中心提出"氢经济"的概念。自1974年国际氢能协会成立之后，氢能发展的国际化趋势日益明显：一方面，各国都在制定本国的氢能发展规划。例如，2002年，美国推出"美国氢能路线图"；2004年2月，美国能源部公布了《氢能技术研究、开发与示范行动计划》，计划2040年基本实现向氢经济的过渡；德国、英国、欧盟、日本等也制定了类似的计划。另一方面，各国都有加强合作的愿望。2003年11月19～21日在美国首都华盛顿举行了国际氢能经济合作伙伴〔THE INTERNATIONAL PARTNERSHIP FOR THE HYDROGEN ECONOMY（IPHE）〕会议，它是一种新的氢能国际合作组织，这种合作将支持未来的氢能和电动汽车技术，以建设一个安全、有效和经济的世界范围的氢能生产、储存、运输、分配和使用的大系统。

从1974年国际氢能学会的成立，到30年后15个国家和欧盟组成的氢能经济国际伙伴计划，可以看到，氢能从一群学者的呼吁中，进入了多国政治家的宏图大略，氢能离实用化不会太远了。

我国氢能发展概述

氢能将成为人类未来永恒的能源，这已在前面进行了充分说明。当今世界各国都在对氢能的利用进行积极的研究，我国作为发展中的急需大量能源的大国，更应该加速对氢能的研发工作。

中国对氢能的研究与发展可以追溯到20世纪60年代初，中国科学家为发展本国的航天事业，对火箭燃料液氢，即氢气/氧气燃料电池的研制与开发进行了大量而有效的工作。将氢作为能源载体和新的能源系统进行开发，则是20世纪70年代的事。

多年来，我国氢能领域的专家和科学工作者在艰难的条件下，在制氢、储氢和氢能利用等方面，仍然取得了不小的进展和成绩。但是，由于种种原因，我国在氢能系统技术的总体水平与发达国家相比，还有一定的差距。

我国实施可持续发展战略，积极推动包括氢能在内的洁净能源的开发和利用。近年来，在氢能领域取得了多方面的进展，已初步形成一支由高等院校、中国科学院及石油化工等部门为主的从事氢能研究、开发和利用的专业队伍。在国家自然科学基金委员会、国家科学技术部、中国科学院和中国石油天然气集团公司的支持下，这支队伍承担着氢能方面的国家自然科学基金基础研究项目、国家"863"高技术研究项目、国家重点科技攻关项目及中国科学院重大项目等。科研人员在制氢技术、储氢材料和氢能利用等方面进行了开创性工作，拥有一批氢能领域的知识产权，其中有些研究工作已经达到世界先进水平。

氢的制取

氢气是一种重要的资源，近几年来氢能研究在国际上受到广泛重视。制备氢气既是一个老的化学问题，又是一个崭新的研究课题。关于氢的制备方法已有许多种，而新的研究又层出不穷。

目前制氢主要包括实验室中制备氢气和工业生产上的制氢。实验室中制氢方法主要包括金属（金属氢化物）与水/酸的反应或金属与强碱的反应。工业制氢的方法包括水煤气法制氢、天然气或裂解石油气制氢、电解水制氢、热化学分解水制氢、太阳能的光电转换制氢及光化学分解水制氢、生物质制氢、甲醇制氢、氨裂解制氢、硫化氢分解制氢、辐射性催化剂制氢等。

另外还有一些其他的方法制氢。在多种化工过程中，如电解食盐制碱工业、发酵制酒工业、合成氨化肥工业、石油炼制工业等，均有大量副产氢气，如能采取适当的措施进行氢气的分离回收，每年可得到数亿立方米的氢气。这是一项不容忽视的资源，应设法加以回收利用。1970年，美国科学家普哈里希在研究电子共振对血块的分解效率时发现，在经过稀释的血液中，每一频率的振动会使血液不停地产生气泡，气泡中包含着氢气和氧气。这一偶然的发现，使他奇迹般地创造出了用电子共振方法裂解水分子，把海水直接转化成氢燃料的技术。另外，日本东京工业大学的科学家在300℃下，使陶瓷跟水反应得到了氢。

总之，制氢方法的多样性使氢能源的研究开发充满了新的生命力。制氢研究新进展的取得将不断促进氢能源的综合利用与开发，氢能源应用领域的逐步成熟与扩大也必然促进制氢方法的研究与开发。

从含烃的化石燃料中制氢

目前，世界上商业用的氢大约有96%是从煤、石油和天然气等化石燃料中制取的，而我国制氢原料中，化石燃料的比重要比世界的比重还高。化石燃料制氢主要分为三部分：煤制氢、天然气等气体原料制氢、液体化石能源制氢。

传统的煤制氢过程分为直接制氢和间接制氢。煤的直接制氢包括：煤的焦化（高温干馏）和煤的气化。煤的间接制氢过程，是指将煤首先转化为甲醇，再由甲醇重整制氢。我国煤炭资源十分丰富，在未来相当长的一段时间，我国的能源结构仍将以煤为主，因此利用煤制氢是一条具有中国特色的制氢道路。煤制氢的缺点是生产装置投资大，另外，煤制氢过程还排放大量的温室气体二氧化碳。要使煤制氢得到推广应用，应设法降低装置投资和如何使二氧化碳得到回收和充分利用，而不排向大气。

天然气制氢的方法主要有天然气水蒸气重整制氢、天然气部分氧化重整制氢、天然气水蒸气重整与部分氧化联合制氢、天然气催化裂解制氢。由于天然气水蒸气重整反应是强吸热反应和慢速反应，因而该法有装置规模大和投资高的明显缺点。天然气部分氧化重整反应是温和反应，由于天然气催化部分氧化可以实现自热反应，因而耗能比较低且装置投资明显降低，但是，因为需要大量纯氧，增加了昂贵的空分装置和制氧成本。将天然气水蒸气重整与部分氧化重整联合应用制取氢气，比起部分氧化重整，具有氢浓度高、反应温度低等优点。

液体化石能源，如甲醇、乙醇、轻质油和重油等也是制氢的重要原料，主要的制氢方法有甲醇裂解—变压吸附制氢技术、甲醇重整以轻质油原料制氢、以重油为原料部分氧化法制取氢气。甲醇裂解—变压吸附制氢技术，工艺简单，技术成熟，投资省，建设期短，制氢成本低，因此被许多制氢厂家看好，成为制氢工艺技改的一种方式。甲醇水蒸气重整理论上能获得浓度75%的氢气，但是重整中需要的催化剂对氧化环境比较敏感，是实际运行中的主要困难。我国轻质油的价格高，制气成本贵，应用受到限制。重油价格较低，故为人们所重视。

尽管化石燃料储量有限，制氢过程还对环境造成污染，但先进的化石能源制氢技术作为一种过渡工艺，仍将在未来几十年的制氢工艺中发挥重要的作用。

电解水制氢

电解水制氢是一种传统的成熟的制造氢气的方法，其生产历史已有80余年。其生产电能消耗较高，目前利用水电解制造氢气的产量仅占总产量的4%。电解水制氢主要包括电解普通水制氢、电解重水制氢、电解煤水制氢和压力电解。

电解水制氢过程是氢和氧燃烧生成水的逆过程，因此，只要提供一定形式的能量，就可使水分解。电解水制氢的工艺过程简单，无污染，其效率一般在75%～85%，但每立方米氢气电耗4.5～5.5千瓦小时，占整个电解水制氢费用的80%左右，因此，电解水制氢主要用于要求纯度高，用量不多的工业生产中。

重水电解制氢过程和普通水电解制氢过程一样，但电解重水可得到氢的同位素氚。氚作为一种军用材料，在氢弹、中子弹、氟化氘激光武器的制造中有重要作用。

20世纪70年代末美国研究出一种低电耗制氢方法，耗电量只有普通电解水制氢的一半。这种方法的主要特点是以煤水浆进行电解水制氢，实际上是一种电化学催化氧化法制氢，即在酸性电解槽中，阳极区加入煤粉或其他含碳物质作为去极化剂，反应产物为二氧化碳，阴极则产生氢气。但是，这种方法的低耗电是以排放二氧化碳为代价的，在环保要求日益严格的今天，从社会、经济方面整体考虑是否真的合算，还有待认真研究。

对于水力资源、风力资源、太阳能资源丰富的地区，电解水不仅可以制造廉价的氢气，还可以实现资源的合理互补利用，对环境与经济都具有一定的现实意义。

热化学制氢

热化学制氢的概念最早由芬克（J. E. Funk）于1966年提出，热化学制氢的第一个方案Mark I由麦凯蒂（C. Marchelti）和倍尼（G. D. Beni）在20世纪70年代提出，当时估计其制氢效率为55%左右。在此后的几十年里，意大利的ISPRA欧洲共同体联合研究中心、德国的于利希研究中心、美国的拉斯阿拉莫斯科学实验室、日本的东京大学以及日本的原子能研究所等单位都投入到了这方面研究中。据报道，2001年5月，日本原子能研究所开发出用热化学法IS工艺连续制氢装置，每小时可制氢50升，这是目前热化学制氢的最高水平。国内对热化学研究很少，几乎空白。20世纪90年代吉林工学院探索了S－I－Ni开路循环水分解制氢的反应条件及动力学，清华大学核能与新能源技术研究院也在准备开展热化学制氢的研究。

热化学循环制氢过程按照所涉及的物料，主要分为以下几类：氧化物体系、卤化物体系、含硫体系和杂化体系。以水热化学制氢为例来说明此方法的制氢原理。水化学制氢是指在水系统中，在不同温度下，经历一系列相互关联的化学反应，最终将水分解为氢气和氧气的过程。热化学制氢的反应系统可与高温核反应堆或太阳能所提供的温度水平相匹配，易于实现工业化，因此受到广泛重视。另外，热化学制氢还有能耗低（相对于水电解和直接热解水成本低），能大规模工业生产（相对于可再生能源），可直接利用反应堆的热能，省去发电步骤，效率高。

目前热化学制氢还有许多问题亟待解决，如开发新的热源，有效控制反应过程，寻找热化学制氢的材料等。总之，热化学制氢还很不成熟，离商业化还很遥远。它最终能否成功，不仅取决于热化学制氢本身技术是否成熟，还要和其他制氢方法，如核聚变直接热解水制氢、核电站电解水制氢等方法的经济性、可靠性进行比较。

太阳能制氢

太阳能作为一种清洁、免费、无污染的可再生能源，越来越受到人们的关注，其应用正在逐步得到推广。以水为原料，利用太阳能大规模制氢已成为世界各国共同努力的目标。在这种背景下，制氢技术有了较大发展，目前正在探索的有以下几种：

（1）太阳热分解水制氢：其中包括直接热分解法和热化学分解法。所谓直接热分解法是把水或蒸汽加热到3 000℃以上，使水中的氢和氧分解。这种方法分解效率高，不需要催化剂，但太阳能聚焦费用太昂贵。热化学分解法是通过在水中加入催化剂，使氢和氧分解的温度降为

900～1 200℃，然后再加热实现分解。目前这种方法制氢效率已达50%，且催化剂再生后可循环使用。

（2）太阳能光化学分解水制氢：这种方法的步骤主要为三个化学反应，依次为：利用太阳能的光化学作用的光化学反应，利用太阳能的光热作用的热化学反应和利用太阳能的光电作用的电化学反应。经过这三个过程，便可以实现在较低的温度下，先将水分解成氢离子和氧离子，再生成氢和氧。这种方法的关键是寻求光解效率高、性能稳定、价格低廉的光敏催化剂。

（3）太阳能电解水制氢：这种方法是先利用不同形式的太阳能热动力发电技术将太阳能转化为电能，然后再利用电能来电解水制氢。

（4）太阳能光电化学分解水制氢：这种方法是利用一种电极能在太阳光的照射下维持恒定电流的特殊电池，将水电离而获得氢气。这种方法的关键是获得合适的电极材料。

（5）模拟植物光合作用分解水制氢：植物的光合作用，是在叶绿素上进行的。1968年，有科学家发现了"叶绿素脂双层膜"的光电效应，从而证明了光合作用过程的半导体电化学机理，从那以后，科学家就企图利用"半导体隔片光电化学电池"来实现可见光直接电解水制氢的目标。其过程可简单描述为，光合作用初期，水分子被太阳能分解为氧气、氢离子和电子。如果想法把氢离子和电子联姻，变成氢气后抽走，这样的模拟系统就变成了氢气发生器。不过由于人们对植物光合作用分解水制氢的机理还不够了解，要实现这一目标，还有一系列理论和技术问题需要解决。

（6）光合微生物制氢：人们还发现，在江河湖海里的藻类低等植物，有几种也具有用水制氢的能力。这些藻类实质上也是在光和菌的作用下，通过光合作用制氢的。小球藻、固氮蓝藻、柱泡鱼腥藻和它的共生植物红萍等，就能用太阳光作动力，用水作原料，源源不断地放出氢来。有人做过实验，用既有叶绿素又有氢化酶的蓝绿藻通过光合作用制氢，一次反应时间甚至能持续20天。深入了解这些微生物制氢的机制将为大规模的太阳能生物制氢提供必要的依据。

等离子体化学法制氢

等离子化学法制氢，是在不平衡的高频和超高频电子束作用下形成的离子化较弱的不平衡的等离子系统中实现的制氢工艺，其主要特点为反应剂的流速高、容积的能量密度大、反应的进行速率高。

等离子化学制氢的大体过程为，原料水以蒸汽的形式进入反应器内，反应器内保持高频放电，此时水分子的外层失去电子，处于电离状态，被电场加速的离子彼此作用被分解为氢和氧。这种制氢系统可以在较小的反应容积和简单的工艺条件下获得较高的制氢量。

等离子化学法制氢的效率，首先考虑不平衡等离子作用下的反应过程的重要特性：电子束的能量集中输配到被分离的分子各个自由度上和它们的反应路径中，因此就整体来说，气体的加热程度一般并不很高，这样，热损失和跟逆反应有关的损失都很小。拿水在不平衡的等离子束作用下的分解为例，它主要是在较低的气体温度下，通过激活水分子的振动自由度来达到分解的。由于这种过程中的各种能量损失较小，故整体循环过程的效率较高。从热力观点来看，等离子化学法可在较低温度下获得高的换能效果（达到80%），因为在这种场合下能量是以功的形式加到系统中的。在讨论等离子化学法制氢效率时，还得要考虑由一次能源转变为电的换能效率。总的制氢效率应当是热电转换效率与等离子化学过程的换能效率的乘积，所以，即使等离子化学过程的换能效率达到80%，总制氢效率仍和电解水制氢的效率差不多。

氢能资源的评估

作为21世纪的绿色能源，氢能具有一系列其他形式的能源所不具备的优点，如资源丰富、来源多样、环保、可储存、可再生、和平、安全等，因而氢将是人类未来的永恒的能源。

地球上的氢能资源相当丰富。按照地理物理学家的意见，地球可分为地表、地幔、地核。地球及各圈层氢的丰度（$\times 10^{-6}$）分别为：地球370，地核30，下地幔480，上地幔1 400，地壳1 400。在地球上氢主要以其化合物的形式存在，如水、甲烷、氨、烃类等。水是地球的主要资源，地球表面的70%以上被海洋覆盖，总体积约为13.7亿立方千米，若把其中的氢提炼出来，约有1.4×10^{17}吨，所产生的热量是地球上矿物燃料的9 000倍；即使在大陆，也有丰富的地表水和地下水。水是地球上无处不在的"氢矿"。若按质量计，氢占地壳质量的1%；按原子百分比计，则占17%。其中，矿物中氢以OH^-、H_2O以及某些情况下H^+的形式存在。另外，在绿珠石、锂电气石、斜硅镁石和顽火辉石等矿物的构造间隙和通道中也发现有HO存在。

地球的大气层中也分布着游离气态分子形式的氢，其中地球大气圈底层含氢量为（1～1 500）×10^{-6}，且浓度随着大气圈高度的上升而增加。

另外，氢也是生命元素，如体重70千克的人体内氢占10%，氢在人体内是占第三位的元素，排在氧、磷之后，是组成一切有机物的主要成分之一。

氢燃料电池的发展

燃料电池是一种直接将储存在燃料和氧化剂中的化学能高效地转化成电能的发电装置，由于反应过程中不涉及燃烧，因而其能量转化效率不受卡诺循环的限制，可达到60%～80%。鉴于以上所列举的氢能的优点，用其制造燃料电池更是一种高效、环保的能源利用方式。

氢—空气燃料电池实际上是电解水发生氢的逆过程，操作时几乎无声，只有轻微的气流声，表明电池正在工作。燃料电池可建造得很小，也可以很大，小的可用于手电筒，大的可作小城市电源。早期的燃料电池在阿波罗空间飞行器上用作运行动力，这类燃料电池要求用纯氢和纯氧，但氢—氧燃料电池和氢—空气燃料电池在原理上是一样的。在载人空间飞行器中所用燃料电池有极高的可靠性，为空间飞行器所有仪器的操作提供动力，与电能同时产生的水是极纯的蒸馏水，可以不经处理就用作空间人的饮用水。这类早期燃料电池造价极昂贵，主要是由于尽可能完善的设计和制造以及所用的铂催化剂。随着科技的发展，燃料电池的制造费用逐渐降低，同时其种类也越来越多。

燃料电池发展到今天已有碱性燃料电池、质子交换膜燃料电池、磷酸燃料电池、熔融碳酸盐燃料电池和固体氧化物燃料电池等类别。

（1）碱性燃料电池：通常用氢氧化钾或氢氧化钠作为电解质（同时

还可兼做冷却剂），燃料为氢，催化剂主要用贵金属铂、钯、金、银等和过渡金属镍、钴、锰等。工作温度一般为80℃，对二氧化碳中毒很敏感。

（2）质子交换膜燃料电池：其电解质是一种固体有机膜，燃料为氢，一般需要铂作催化剂。工作温度一般为50～100℃，对一氧化碳中毒极其敏感，二氧化碳的存在对其影响不大。

（3）磷酸燃料电池：其电解质采用由碳化硅和聚四氟乙烯制成的微孔隔膜，浸泡浓磷酸而成，燃料为氢，采用铂作催化剂。工作温度200℃左右，亦存在一氧化碳中毒问题。

（4）熔融碳酸盐燃料电池：使用碱性碳酸盐作为电解质，燃料为氢，可使用镍作催化剂。工作温度650℃左右。

（5）固体氧化物燃料电池：其电解质一般是掺入氧化钇或氧化钙的固体氧化锆，燃料可为氢或一氧化碳，而且不需要用贵金属作催化剂，因而被认为是最具有发展前途的燃料电池。

氢能的利用领域

氢能作为一种资源丰富、来源多样、环保、可再生、和平、安全的高效能源，其应用领域极为广泛。

（1）作为直接燃料使用：氢作为燃料不会污染地壳的大气圈和水圈。氢在空气中的燃烧产物只是水，不产生二氧化碳、一氧化碳或碳素，不会生成有毒的有机物，也不会产生颗粒性粉尘、二氧化硫副产物等。氢作为燃料尤其适用于火箭领域，这是因为对于现代航天飞机而言，减轻燃料自重、增加有效载荷变得极为重要，而氢由于能量密度很高，恰恰可以很好地满足这一要求。

目前科学家们正在研究一种"固态氢"的宇宙飞船，其中固态氢既作为飞船的结构材料，又作为其动力燃料。飞行时，飞船上所有的非重要部件都可以转作能源而消耗掉，从而可使飞船飞行更长的时间。

（2）燃氢汽车：氢气作为发动机燃料在许多方面比汽油和柴油更优越。除无污染外，使用氢气作为燃料的发动机比较容易发动，特别是在低温环境里。另外，由于氢气和燃烧产物水对发动机腐蚀性最低，故能够延长发动机的使用寿命。美、德、法、日等汽车大国早已推出以氢为燃料的示范汽车，并进行了几十万公里的道路运行试验。实验表明，以氢作燃料的汽车在经济性、适应性和安全性方面均有良好的前景，但目前仍存在储氢密度小、成本高两大障碍。

（3）燃氢飞机和燃氢机车：科学家们关于在超声速飞机和远程洲际客机上使用氢作为燃料的研究已经进行多年，目前已进入样机和试飞阶段。铁路机车方面，美国和加拿大已联手合作试验使用液氢作为燃料，从加拿大西部到东部的大陆铁路上将奔驰着燃用液氢和液氧的机车。

（4）氢燃料电池：作为氢能利用的最好的终端设备，燃料电池方面的研究方兴未艾，相信将来会取得越来越多的成就。

我国氢能的利用现状

氢能是美好的未来能源，但是能源的替代需要几十年的时间，我国政府正组织专家制定我国的氢能规划，通过几代人的努力，我国的氢能工业从无到有，从小到大，正在快速成长。

氢能开发利用首要解决的是廉价的氢源问题。从化石燃料中制取氢气，国内已能规模化生产，年产量高达800多万吨。其中，变压吸附（PSA）提纯氢气的能力，已经高达20万立方米小时，跨入国际先进行列。我国电解水制氢已具备规模化生产能力，并已经出口发达国家。

储氢技术是氢能利用实用化、规模化的关键。目前，在较小规模合金储氢方面，我国处于世界先进水平。但在高压储氢罐研制方面，国内只可以生产250兆帕的储氢罐，且尚无正式的生产许可证，而国际上已有700兆帕的超高压储氢罐的样品，在这方面国内与国际间的差距还比较大，这也正是今后大工业应用的重点。

在氢能利用方面，最好的利用方式是采用燃料电池技术，但主要的制约因素是价格，同时还有氢能基础设施的问题。我国已经加入WTO，今后国内的汽车市场也必然国际化。目前，虽然燃料电池还未市场化，但各大公司已经看好我国燃料电池市场，纷纷准备抢占市场份额。例如，通用汽车公司不但将该公司的燃料电池车拿到我国来展览，而且还让我国观众试驾，体会燃料电池车的性能；杜邦公司、通用汽车公司在我国不同场合召开燃料电池研讨会；戴姆勒－克莱斯勒公司更是出巨资，分别于2003年10

月和2004年5月资助在北京召开"青年氢能论坛"、"第二届国际氢能论坛"（Hyforum2004），培育中国氢能市场。

目前看来，燃料电池汽车的实用化还需15～20年，或者更长一些时间。IPHE也将其商业化的时间表定在2020年之后，近期氢能使用最现实的方法之一是氢气—天然气混合燃烧。

我国于1999年开展清洁城市汽车计划。压缩天然气（CNG）燃料汽车和液化天然气（LNG）燃料汽车技术由于成本低廉、使用环保，在国际上越来越受到重视。我国在北京、上海、广州、南京、沈阳等大中城市规划和建立了上千个天然气加气站，现有天然气燃料汽车15万辆以上。天然气作为汽车燃料，虽然可以降低二氧化碳、二氧化硫、铅、细颗粒（PM2.5）等污染物的排放量，但是容易产生氮化物气体，在实际使用过程中和汽油、柴油车相比，天然气汽车并不能降低氮化物气体的排放。氢气和天然气混合燃烧不仅能有效降低氮化物的排放，还能起到二氧化碳减排的作用。

在世界范围氢能国际合作的大好形势下，我国的氢能研究一方面要发展自己，另一方面要打入国际市场，积极投身到氢能国际合作的大潮中，迎接氢能经济新时代的到来。

氢的运输和储存

尽管氢气有很多特殊的物理和化学性质，但其运输也类似于其他燃料，可以采用储罐车或管道输运，其中储罐车适用于小规模运输，管道则适用于大规模运输。用管道输氢具有一系列的优点，比转化成电能输运成本低、可保持、不占用土地等。

氢虽然具有很好的可运输性，但不论是气态氢还是液态氢，在使用过程中都存在着不可忽视的特殊问题。首先，氢特别轻，在运输和使用过程中与其他燃料相比单位能量所占的体积特别大，即使液态氢也是如此。其次，氢特别容易泄漏，以氢作燃料的汽车行驶试验证明，即使是真空密封的氢燃料箱，每24小时的泄漏率就达2%，而汽油一般1个月才泄漏1%，因此对贮氢容器和输氢管道、接头、阀门等都要采取特殊的密封措施。再次，液氢的温度极低，只要有一滴掉在皮肤上就会发生严重的冻伤，因此在运输和使用过程中应特别注意采取各种安全措施。

在氢的储存方面，目前有三种方法：高温气态储存、低温液氢储存、金属氢化物和活性碳储存。气态储存由于比重低，存在防火问题，另外所占空间大；液态储存所需的体积只有气态储存的几百分之一，但储存成本较高；金属氢化物储存是指将氢与金属化合后，固化成金属氢化物进行储存或运输，如对这种金属氢化物进行加热，则可分离释放出氢，同时还原成金属。

氢的高压气态储存

氢的高压气态储存是最简单的储氢方法，即将氢气在高压的加压条件下，储存于钢制圆筒形容器中。

加压储氢的缺点是，需要采用厚重的金属压力容器以及消耗很多的氢气压缩功，而能储存的氢气重量又不多。这是因为氢气的密度很小，即使在高压之下，其比容仍很大，这样不但高压容器本身笨重，搬动不易，而且所花的材料和投资费用也很高并影响使用安全。虽然在同样的储氢容积下，提高储氢压力可以增加储氢质量，但容器的壁厚及强度就成为突出的问题。一般商用高压钢瓶的最高允许压力为20兆帕，即使达到最高压力时储氢质量也只占1.6%。所以，地面上使用的加压氢气储存只适用于氢气使用量很小的运输或固定式应用场合。另外，为提高贮氢量，目前正在研究一种微孔结构的储氢装置，它是一微型球床。微型球系薄壁（1～10微米），充满微孔（直径10～100微米），氢气贮存在微孔中。微型球可用塑料、玻璃、陶瓷或金属制造。

要大规模储存氢气可以采用地下储存方法，特别是当有现成的地下储存空间，如用尽的密封性很好的气穴或采空的油田或盐窟等可供利用时。在这种情况下，储氢的成本只有氢气的压缩耗功，而在储氢容器上的投资费用大大降低。对固定式应用场合来说，大规模的氢气储存以采用地下储存较为经济和安全。但地下储存的投资费用由于要牵涉到地窖的大小、地质和地理条件、最大的氢气使用压力、储存氢气的纯度以及劳动工资的支付情况等，故较难估计。

氢的低温液态储存

低温液态储存，是指将氢气冷却到其凝结点（-253℃左右）以下，从而使其变成液态储存于高真空的绝热容器中。同一体积的储氢容器，其储氢重量可比储存气态氢有较大的提高。

低温液氢储存工艺首先用于宇航中，其贮存成本较贵，安全技术也比较复杂。这种工艺存在的主要问题是储氢容器的绝热问题，这是由于储存液氢的容器内的温度跟外界的环境温度之间存在着巨大的传热温差。现在出现了一种间壁间充满中空微珠的绝热容器，其中所含的二氧化硅微珠直径为30～150微米，中间是空心的，壁厚1～5微米，部分微珠上镀有厚度为1微米的铝。由于微珠导热系数极小，其颗粒又非常细，故而可完全抑制颗粒间的对流换热；将部分镀铝微珠（一般为3%～5%）混入不镀铝的微珠中可有效地切断辐射传热。这种新型的热绝缘容器不需要抽真空，其绝热效果远优于普通高真空的绝热容器，是一种理想的液氢贮存罐。美国宇航局已广泛采用这种新型的贮氢容器。

液化储氢的另一缺点是，氢气的液化需要消耗额外的能量。理论上使氢气液化的最小耗能量是11.8兆焦/千克，若考虑到转化热，这一能量消耗要增加到14.1兆焦/千克，约占氢本身所含能量的10%左右，实际上液化氢气的耗能量还要更高，约比此值高3倍左右。因此，今后努力的一大方向是尽力减少能耗。

金属氢化物制氢

金属氢化物储氢的机理如下：氢可与许多金属或合金发生可逆化学反应，生成金属氢化物（有些金属氢化物单位体积内的含氢量甚至可高于液氢的密度），当外界加热分解金属氢化物时，又可释放出氢气以供使用。这种储氢工艺自20世纪70年代以来就得到广泛的重视。

目前世界上用来储氢的合金大多为多种元素构成的合金。根据不同的应用，已开发出的储氢合金主要有稀土系、拉夫斯相系、钛系、钒基固溶体和镁系五大系列。

储氢合金的优点是合金有较大的储氢容量，单位体积储氢的密度是同样温度、压力条件下气态氢的1 000倍，且充放氢循环寿命长，价格低廉。

该法也有其自身的缺点，即储氢合金易粉化。这是因为储氢时金属氢化物的体积发生膨胀，而解离释氢过程又会发生体积收缩，经多次循环后，储氢金属便易破碎粉化，使氢化和释氢渐趋困难。另外，由于金属或合金表面易生成一些氧化膜，还易吸附一些气体杂质和水分，故而会妨碍金属氢化物的形成，因此须进行活化处理。同时，杂质气体对储氢金属性能的影响也不容忽视。虽然氢气中夹杂的氧气、二氧化碳、一氧化碳、水等气体的含量甚微，但反复操作也会使有的金属发生不同程度的中毒，影响氢化和释氧特性。

带金属氢化物的储氢装置有固定式和移动式之分，它们既可以做氢燃料和氢物料的供应来源，也可用于吸收废热和储存太阳能，还可作氢泵或氢压缩机使用。活性炭吸附性强，故而储氢量大。随着其成本进一步降低，相信将氢可以实现实用化。

氢的安全性分析

氢能的应用与发展中，安全问题不容忽视，不论是制氢、储氢、输氢或用氢，也不论是气态氢、液态氢或固体金属氢化物，人们在接触、使用过程中安全问题极为重要。

提到1937年"兴登堡"号飞艇事故，人们仍心有余悸。据说美国三里河核电站事故也与氢气爆炸有关，故而一直以来人们对氢气都有一种敬而远之的想法。但实际情况是氢气并没有那么可怕，这从以下的分析中可以看出来。

通常情况下，氢比碳氢化合物燃料更易处置。由于非常轻，氢的扩散性比天然气高4倍，比汽油蒸汽的挥发性高12倍，因此，氢发生泄漏后会很快从现场散发。如果点燃，氢会很快产生不发光的火焰，在一定距离外不易对人造成伤害，散发的辐射热仅及碳氢化合物的1/10，燃烧时比汽油温度低7%。一般情况下，受害人不会被烧伤，也不会被烟雾窒息，除非确实在火焰中。

空气中的氢混合物不易爆炸，除了储存在细长形的容器中。在中学的化学实验中，我们曾观察过氢在试管中点燃时会"砰"地发生爆炸。但是，如果在自由空气中而不是在狭长的圆柱体中则其根本不会发生爆炸。虽然氢爆炸的可能性比上限高出4倍，但引爆需要至少2倍于天然气的氢混合物。即使在建筑物中，氢泄漏遇到火源更可能是燃烧而不是爆炸，这是因为氢燃烧的浓度大大低于爆炸底限，而着火所需要的最小浓度比汽油蒸汽高4倍。简言之，在大多数情况下，如果点燃的话，氢气泄漏只会造成燃烧，而不会爆炸。虽然极少数情况下可能会爆炸，但是其单位体积氢气爆炸的理论能量不到汽油蒸汽爆炸产生能量的1/12。

作为燃料的普通氢气发生化学反应与高能原子核的特殊同位素造成氢弹爆炸发生反应没有任何关系。氢弹不能用普通氢气制造。引发氢弹核子融合的条件也不可能发生在氢意外事故中，只有原子弹才能具备这样的条件。

由上可见，氢气是一种相当安全的能源，应该充满信心和勇气去使用它。

太阳能氢能系统的兴起

目前在新能源应用领域中，氢能利用技术正在以惊人的速度发展。其原因：氢是自然界中最丰富的元素，广泛地存在于水、矿物燃料和各类碳水化合物之中，初始资源非常丰富；氢本身无毒、无臭，与氧化剂（如空气中的氧）发生化学反应时释放出能量，同时产生纯净的水；不受热机卡诺循环的限制，燃料的转换效率可以很高，而且不造成环境污染，是一种具有高转换效率的清洁能源。用作能源的氢必须从各种含氢物质中提取，因此是一种二次能源。这种二次能源可以被直接存储和输运；随着科学技术的进步，氢的提取、贮存和运输已变得比较容易，它已逐步发展成一种理想的能源载体；在氢能转换及其应用技术方面，自从出现了质子交换膜燃料电池（PEMFC）后，其优点愈加突出。正是由于它的诸多优点，现在已引起了工业界的极大关注。

现在不仅甲醇、汽油、天然气、地下煤气和水可用于制氢，而且大量的生物质，如秸秆、谷壳、沼气、垃圾等废弃碳水化合物均可用于制氢。我国现在采用地下煤气制氢，这种制氢方法往往要产生二氧化碳等对大气层有害的气体。因此，尽管这种方法是目前最主要的制氢方式，但从长远来看并不理想。水分子是由氢和氧组成的，因而分解水制氢是另一类制氢方法。它又可分为用电能电解制氢、用光能光解制氢、用热能热解制氢，目前以电解制氢工艺最成熟，应用最广泛。电解制氢的效率一般可达74%~84%，工艺简单，无污染，但耗电量大。因此，使用常规能源电解制氢受到较大限制。

太阳能是一种取之不尽而又没有污染的能源，其缺点是，能量密度低而且昼夜差别大，不稳定，贮存与运输相当困难。若能将太阳能与氢能结合在一起，构成太阳能氢能系统，其优缺点有着非常好的互补性，通过它可以实现一个完全可再生的无污染的燃料循环。德国早在1992年就对这种系统进行了基础研究。

能源技术畅想

人类的想象力是无限的，人们的新点子也是层出不穷的。想象是人类进步的动力，今天的想象往往到明天就会变为现实。前面已经谈了现有的能源技术，现在就让我们对未来的能源技术进行一次畅想吧！

其实，改造地球上人类生活的宏伟方案任何时候都不缺乏，并且许多方案都离不开能源技术。例如，上世纪初，泽格儿提出了一个非常有名的计划，它可以充分利用全美洲的雄厚资金和全亚洲的丰富人力。每秒钟有88 000立方米大西洋海水经过直布罗陀海峡流入地中海，以补充地中海水蒸发的损耗。泽格儿提出，要是人为地让地中海的海平面降低200米，就可以修建在直布罗陀海峡上的水电站轻而易举地获得1.2亿千瓦的发电容量（三峡电站的容量是1 820万千瓦），为此，须在直布罗陀海峡上修建一道堤坝……

"黑洞"是宇宙中密度非常大的一种星体，它的引力非常大，以至于连从它身边经过的光都不能逃脱。有人提出了这样一种设想：从星际飞行器（它在距离黑洞相当远的安全轨道上环绕"黑洞"飞行）上，向"黑洞"方向投掷一块石头，在强大引力的作用下，石头下降的速度就会越来越快，直到接近光速，消失在"黑洞"中为止。应当补充说明的是，石头被拴在绳子一端，而绳子另一端绕在发电机的轴上，当石头坠落时，发电机就开始发电……

还有更巧妙的……

具有磁场的天体旋转时，由于所谓的单极磁感应作用，就会产生电动势。我们的地球，每24小时自传1周，形成一个磁场强度约为0.1高斯的磁场。地球自转的动能具有很大的数值。要是把地球作为天然发电机的转子，以南北两级为正极，赤道为负极，那么原则上可获得10万伏左右的电压！只是该如何利用这个发电机，眼下还不太清楚。

像这样的想象还有很多，但是，其中很多不仅不符合生态要求，而且规模过于庞大，不具有可行性。但是，也有很多设想是比较合理的，它们有望在未来的几千年成为人类的主要能源。

正物质　反物质

在讲正物质、反物质之前，应首先了解质量亏损和爱因斯坦的质能方程。

理性告诉我们，要是把一只苹果切成均匀的两半，每一半的体积和重量都应该正好等于这只苹果的1/2；把这两半合在一起，又变成了一只苹果。两个半只苹果的重量加起来，决不会比整只苹果的大。

在宏观世界中，下述的情景绝不会有，可是在基本粒子世界……在把物质分得越来越细小的过程中，突然发现质量守恒定律被破坏了。

原来，整个粒子的质量总是小于构成它的那些粒子质量的总和，这种质量上的差额就叫质量亏损。但科学家们并不感到惊讶，因为爱因斯坦早就证明了质量和能量是等价的。

就目前所知，最大的质量亏损发生在核聚变中。但有一种方式，可以把质量完全转化为能量。这就是正物质和反物质的湮灭。

什么是反物质？反物质可以理解为物质的镜像，它的一切属性和正物质恰恰相反。例如，氢元素，氢原子拥有一个带正电的质子和一个带负电的电子，而反氢原子则拥有一个带负电的质子和一个带正电的电子。当正、反物质相遇时，它们就会释放出难以估量的巨大能量，并且它们双双消失在爆发之中，这种现象就称为湮灭。

反物质所蕴含的能量是巨大的。打个比方，如果你真能幸运地得到1克反物质，那么你的汽车即使使用10万年也不用加燃料！

现在的关键是如何寻找反物质？目前，科学家们采取两种方式寻找反物质：一种是在自然界中寻找，一种是在实验室中制备。

科学家们相信宇宙中拥有大量的反物质。美籍华裔科学家丁肇中教授和一些科学家组成了反物质探测小组，决心寻找到充满反物质的世界，为此研制了阿尔法磁谱仪（AMS－02），准备发射到国际空间站上，进行寻找反物质的实验。山东大学空间热科学中心的科学家们也参与了这项计划，负责其中热系统的设计。

在实验室中，科学家们也在积极地制造反物质。2002年，在世界各地9个研究所、39位科学家的通力合作下，欧洲核子中心成功制造出约5万个低能量状态的反氢原子，这是人类首次在受控条件下大批量制造反物质。对于反物质的储存和输出，科学家们也想到了一些方法，如将反物质保存在被称为"陷阱"的地方，就不会和物质发生湮灭。

反物质是能源之最，也是理想的宇宙航行能源，要使反物质进入实际应用，还有漫长的路要走，但反物质作为能源的前景是光辉灿烂的。

太阳帆飞船扬帆太空

在大海中扬帆航行是一件很惬意的事情，而如今人类也可以依靠太阳帆驰骋太空。世界首艘依靠太阳能驱动的太阳帆飞船"宇宙一号"于2005年6月21日，承载着人类实现星际远航的梦想发射升空，但随后不久便与地面失去联系。

太阳帆技术的研究起始于400年前，著名天文学家开普勒曾设想不要携带任何能源，仅仅依靠太阳光能就可使宇宙飞船驰骋太空。但太阳帆飞船这一概念到20世纪20年代才明晰起来。1924年，前苏联航天事业的先驱康斯坦丁·齐奥尔科夫斯基和其同事弗里德里希·灿德尔明确提出"用照到很薄的巨大反射镜上的阳光所产生的推力获得宇宙速度"。正是灿德尔提出的太阳帆——一种包在硬质塑料上的超薄金属帆的设想，成为今天建造太阳帆的基础。

光是由没有静态质量但有动量的光子构成的，当光子撞击到光滑的平面上时，可以像从墙上反弹回来的乒乓球一样改变运动方向，并给撞击物体以相应的作用力。单个光子所产生的推力极其微小，在地球到太阳的距离上，光在一平方米帆面上产生的推力只有0.9达因，还不到一只蚂蚁的重量。因此，为了最大限度地从阳光中获得加速度，太阳帆必须建得很大很轻，而且表面要十分光滑平整。"宇宙一号"的太阳帆面积为530.93平方米，由光压获得的推力仅为255克。

如果太阳帆的直径增至300米，其面积则为70 686平方米，由光压获得的推力为0.034吨。根据理论计算，这一推力可使重约0.5吨的航天器在200

多天内飞抵火星。若太阳帆的直径增至2 000米，获得的1.5吨的推力就能把重约5吨的航天器送到太阳系以外。

由于来自太阳的光线提供了无穷尽的能源，携有大型太阳帆的航天器最终可以以每小时24万千米的速度前进。这个速度要比当今以火箭推进的最快航天器快4～6倍，即比第二宇宙速度快6倍，比第三宇宙速度快4倍。

太阳帆飞船航行时，就像在大海中航行，只需改变帆的倾角，就可以达到调整飞行方向的目的。当帆与太阳光形成的角度所产生的推力与太阳帆的运动方向一致时，飞船将逐渐被加速。

虽然"宇宙一号"失败了，但在不久的将来，一定会有更多的飞船扬帆太空。

未来的能源宝库——月球

月球曾经是太阳系中最引人注目的星球，30多年前人类的脚步已经踏上月球。进入21世纪，人类重返月球的呼声越来越高，并且打算改变从前那种突击式的"访问"，要做长期驻留的准备！究其根由，开发利用资源是主要的目的之一，而月球上最令人动心的资源当首推一种叫氦-3的物质。

氦-3是氦的同位素，含有两个质子和一个中子。它可以和氢的同位素氘发生核聚变反应，但与一般的核聚变反应不同，氦-3在聚变过程中不产生中子，所以放射性小，而且反应过程易于控制，既环保又安全。地球上氦-3的储量总共不超过几百千克，难以满足人类的需要。科学家发现，虽然地球上氦-3的储量非常少，但在月球上它的储量却是非常可观的。

为什么会这样呢？原来太阳在内部核聚变过程中，产生大量的氦-3，而这些氦-3经过太阳风的吹拂，落到周围的行星中，成为太阳系行星氦-3的主要来源。地球表面由于覆盖着厚厚的大气层，太阳风不能直接抵达地表，所以地球上氦-3的天然储量非常小。但是，太阳风到达月球就不一样了，月球几乎没有大气，太阳风可直接抵达月球表面，它里面的氦-3也就大量地"沉积"在月球表面。科学家通过分析从月球上带回来的月壤样品估算，在上亿年的时间里，太阳风为月球带去大约5亿吨氦-3，如果供人类作为替代能源使用，足以使用上千年。其中，约有100万吨氦-3很松疏地嵌附在月壤中，只要月壤被加热到指定温度，嵌附在月壤中90%以上的氦-3就会被释放出来。

氦-3是一种清洁、安全和高效率的核融合发电燃料。如果采用氘和氦-3进行核聚变反应发电，美国年耗电量仅需消耗25吨氦-3，全世界一年也仅需100吨氦-3就够了。以目前全球电价和太空运输成本计算，1吨氦-3的价值约40亿美元，而且随着太空技术的发展，太空运输成本将大大下降。最近法国科学家宣布，2030年氦-3核聚变发电将有可能商业化。

月球是处在高真空环境中，真空度达10^{-10}帕，因此制造真空条件的设备一般可以免去，月球上的引力只有地球的1/6，挖掘开采月球土会很容易。月球的环境温度也是"冶炼"氦-3的最佳场地：白天温度高达130℃，可将月球土壤加热，夜间温度又降到-183℃，正好使氦-3和氦-4低温同位素分离。此外，从月球土壤中提取1吨氦-3还可以得到6 300吨氢、70吨氮和1 600吨碳，这些副产品正好可以维持月球基地的日常需要。

我国"嫦娥一号"探月卫星搭载的探月仪器于2004年4月开始初样研制，其中探测月球土壤厚度与元素含量是该探测卫星工作的重要内容。氦-3作为最有潜力的新能源，已经成为世界各国能源研究的重要课题。

四、二次能源

二次能源概述

谈到二次能源，首先需要解释什么是一次能源。所谓一次能源是指直接取自自然界，而没有经过加工转换的各种能量和资源。一次能源包括原煤、原油、天然气、油页岩、核能、太阳能、水力、风力、波浪能、潮汐能、地热、生物质能和海洋温差能等等。由一次能源经过加工或转换而得到的不同形式的"产品能源"称为二次能源。二次能源可由常规能源加工或转换而来，也可以由新能源转换而来。由于常规能源分为燃料能源和非燃料能源，因此二次能源也可以分成由燃料能源转换而来的燃料型二次能源和由非燃料能源转换而来的非燃料型二次能源。燃料型二次能源包括煤气、焦炭、汽油、煤油、柴油、重油、液化石油气、丙烷、甲醇、乙醇、苯胺、火药等；非燃料型二次能源包括电、蒸汽、热水、余热等。由新能源转换而来的燃料型二次能源有沼气、氢等，由其转化的非燃料型二次能源主要是激光。

二次能源是联系一次能源和能源用户的中间纽带。二次能源又分为过程性能源和含能体能源。电能是人类应用最广的过程性能源；柴油、汽油则是应用最广的含能体能源。过程性能源和含能体能源是不能互相替代的，它们各有自己的应用范围。作为二次能源的电能，可从各种一次能源中生产出来，如煤炭、石油、天然气、太阳能、风能、水力、潮汐能、地热能、核燃料等均可直接生产电能；同样，作为二次能源的汽油和柴油等则不然，生产它们几乎完全依靠化石燃料。随着化石燃料耗量的日益增加，其储量日益减少，终有一天这些资源会枯竭，这就迫切需要寻找一种不依赖化石燃料的、储量丰富的新的含能体能源，氢能正是一种理想的新的含能体能源。

二次能源的特点是常规能源或新能源经过加工而形成的某种形式的能源，更能反映人们对能源使用的需求。二次能源都是具有较高品质的能源，如电能。与一次能源相比，二次能源通常具有热值高，燃烧清洁，热效率高；运输使用方便，能够容易地转换成其他形式的能量；能满足不同工艺的要求。二次能源中应用最广的燃料能源是各种燃料油、煤气和焦炭；非燃料能源是电、蒸汽和热水。

全球二次能源概述

世界能源构成在21世纪将发生重大变化，能源多元化是21世纪世界能源发展的必然趋势和发展前景。1999年，世界一次能源消费构成的比例是：石油40.5%，天然气24%，煤炭25%，核能8%，可再生能源2.5%。由此可见，化石燃料约占世界一次能源构成的89.5%。在21世纪，以化石燃料为主体的世界能源系统将转化成以太阳能和生物质能等可再生能源为主体的新的世界能源系统。世界能源理事会和国际应用系统分析研究所合作研究认为，到2100年，太阳能和生物质能等可再生能源将占世界一次能源构成的50%以上。到2050年，煤炭在我国能源构成中的比例将由目前的72%左右下降到50%左右。在21世纪，化石燃料将失去世界能源主体的地位，可再生能源将获得快速发展，核能是未来人类能源的希望。

在21世纪，世界一次能源构成的变化必将导致二次能源产生重大变化，氢能和电力将并列为世界二次能源的两大支柱。电源系统的小型化和多样化是二次能源的另一重大变化。随着太阳能、风力发电、燃料电池和地热发电等新型电源的商业利用，小型电源将成为未来供电系统的重要组成部分。小型电池系统中最引人关注的是燃料电池，据估计，燃料电池将在2015年左右进入普及推广阶段。

能源的最终消费，绝大部分依靠二次能源，从一次能源转换成二次能源伴随着相当部分的损失，减少这个过程中的损失是节能的支柱之一。二次能源转换主要包括石油制品转换和电能转换。由原油向石油制品转换过程中主要消耗掉的能量为精炼、改质、脱硫等工序中以蒸气的形式消失的部分。日本的炼油转换效率可达到90%～95%，占全部一次能源消费量的5%左右。此外，在电能转换过程中，现在使用的蒸汽涡轮机发电形式的效率被认为理论上只可能最大限度地达到53%，当今最先进的电厂的效率在技术上的上限为42%。要想进一步提高其效率，在原理上需要开发，如高温汽式涡轮机、复合循环式发电形式（即用汽式涡轮机或MHD发电机等与传统的蒸汽式涡轮机进行组合）。现在发电过程中的损失可达到一次能源全部消耗量的16%左右。

怎样有效地利用发电过程中所损失的"余热"或称"废热"也是一个关键问题。为此，美国、欧洲、日本以及"亚洲四小龙"等国家和地区，以及我国悄然兴起现代热电联产技术。此外，为了夺回电能输送配电过程中6%～7%的损失，有关利用1 000～1 300千伏超高压大容量送电以及超导送电的研究开发也在进行过程中。

我国二次能源概述

长期形成的以煤为主的能源消费结构，由于二次能源转换率低和洁净煤利用技术水平不高，造成整体能源效率低和环境污染严重。我国目前的能源效率仅为33%，比发达国家约低10个百分点，主要产品单位能耗平均比国际先进水平高40%左右，重点钢铁企业吨钢能耗高40%，火电煤耗高30%，我国现有400亿平方米的建筑中，99%是高耗能的，由于建材保暖性能差和采暖设备效率低，单位采暖面积比发达国家多耗能3倍。我国GDP的万元产值能耗是世界平均水平的2倍，是发达国家的10倍。原油、原煤的消费量分别占世界同类消耗量的8.19%和34.4%，而创造出的GDP却只相当于世界总量的大约4%。

受资源条件的限制，我国的能源消费结构与发达国家存在很大的不同。在能源消费总量中，煤炭比例过高，核能和天然气及其他新能源比例较小，是我国当前能源结构的特点。采用先进的燃煤技术和环保设备的大规模燃煤电站将煤炭高效洁净地转化为二次能源，是发达国家煤炭利用的最主要方式，在这方面，我国与发达国家之间存在较大的差距。目前，我国燃煤发电的单位能耗比发达国家约高20%，工业锅炉的能耗更高，这不仅大大浪费了煤炭资源，也给环境保护造成了巨大的压力。当前我国二氧化硫和二氧化碳的排放量分别列世界第一位和第二位，烟尘和二氧化碳排放量的70%、二氧化硫的90%、氮氧化物的67%都来自于燃煤的低效利用。因此，应该合理调整各种能源的发电比例，通过技术进步提高燃煤电厂的煤炭利用效率，努力减少污染排放，将一次能源高效地转换为洁净的二次能源，把解决当前燃煤造成的污染问题和电力供应紧张问题有机地结合起来。

由于能源开采和使用的一些技术较为落后，导致我国能源利用效率低下。目前，全国煤矿采煤机械化程度仅为45%，远低于国际上80%～100%的先进水平。科技进步对我国煤炭经济增长的贡献率不到30%，而国外已达到70%～80%。目前我国主要煤炭技术装备产品与发达国家相比，性能指标落后15年左右。按单位国民收入能耗比较，我国分别是日本、德国和美国的10.6倍、8.3倍和4.6倍。有很大比例的能源在开采、加工转换、储运和终端利用过程中损失和浪费掉了。

分布式能源技术是中国可持续发展地必须选择。中国人口众多，自身资源有限，按照目前的能源利用方式，依靠自己的能源是绝对不可能支撑13亿人的"全面小康"，使用国际能源不仅存在着能源安全的严重制约，而且也使世界的发展面临一系列新的问题和矛盾。中国必须立足于现有能源资源，全力提高资源利用效率，扩大资源的综合利用范围，而分布式能源无疑是解决问题的关键技术。

所谓"分布式能源"是指分布在用户端的能源综合利用系统。一次能源以气体燃料为主，以可再生能源为辅，利用一切可以利用的资源；二次能源以分布在用户端的热电冷（植）联产为主，其他中央能源供应系统为辅，实现以直接满足用户多种需求的能源梯级利用，并通过中央能源供应系统提供支持和补充；在环境保护上，将部分污染分散化、资源化，争取实现适度排放的目标；在管理体系上，依托智能信息化技术实现现场无人值守，通过社会化服务体系提供设计、安装、运行、维修一体化保障；各系统在低压电网和冷、热水管道上进行就近支援，互保能源供应的可靠。分布式能源实现多系统优化，将电力、热力、制冷与蓄能技术结合，实现多系统能源容错，将每一系统的冗余限制在最低状态，利用效率发挥到最大状态，达到节约资金的目的。

能耗高是我国钢铁工业发展过程中一直存在的问题，尽管近年来能耗在不断降低，但与国外先进技术相比，还存在很大的差距。以高炉综合能耗为例，国外先进国家的高炉焦比已达到每吨300千克以下，燃料比小于每吨500千克，而我国重点钢铁企业入炉焦比为每吨426千克，部分企业为488千克，燃料比每吨560千克左右。高炉工艺的能耗（标煤）比世界先进水平每吨高50～100千克。

业内人士指出，加快余能回收建设，提高余能回收技术和管理水平是缩小与世界先进水平差距的工作方向。二次能源中，各种副产煤气占比例最大，总计约达到59.35%。目前高炉渣、钢渣显热尚无有效回收利用技术；高炉煤气显热、烧结和焦化废烟气显热由于工艺操作原因，尚未进行回收利用。这几部分的二次能源量约占总量的11.92%。如果考虑充分利用现有的先进技术和设备，二次能源回收利用率约达到72.6%；现有余热（余能）回收利用技术如进一步提高回收利用效率，则二次能源回收利用率可望提高到80%左右。因此，二次资源回收利用潜力较大。

无论从能源资源的结构性短缺，还是从经济可持续发展目标来考虑，我国不能再延续过去资源耗竭性的发展模式。一方面，能源开发和利用必须坚持把节约放在首位，提高采收率，在利用上通过采用先进技术和设备，提高能源使用效率，降低单位产值的能耗；另一方面，应进一步优化能源结构，提高优质能源比重，推进煤炭洁净化利用，积极开发新能源与可再生能源。

蒸　汽

蒸汽作为二次能源被广泛应用于各种加热过程，是纺织、轻工、化工、制药、食品、建材、采暖等行业理想的热源。

在一定的压力下对水加热，使水温度升高直至沸点，此时，所加入的热量仅是使水的温度升高，并不用于水的相变。温度等于其沸点的水称为饱和水，温度低于沸点的水则称为未饱和水。相应的沸腾温度也称为水的饱和温度，相应的压力称为水的饱和压力。如果对饱和水继续加热，水就开始沸腾并逐渐变为蒸汽，这时饱和压力不变，饱和温度也不变，呈现蒸汽和水共存的状态，称为湿饱和蒸汽。随着加热过程的继续进行，水逐渐减少，汽逐渐增多，直至水全部变为蒸汽。这时的蒸汽称为干饱和蒸汽或饱和蒸汽。饱和温度与水的压力有关：当压力为0.101 3兆帕时，水的饱和温度即沸点为100℃。压力高，饱和温度也高；反之亦然。每一压力都对应于一个确定的饱和温度，或者说每一温度都对应于一个确定的饱和压力。例如，压力为0.361 36兆帕时，对应的饱和温度为140℃；当饱和温度为180℃时，对应的饱和压力为1.002 7兆帕。水的饱和压力和温度的关系，以及在该饱和状态下的水和水蒸气的热物理性质，如比热容、比焓和汽化热等都可以由水和水蒸气表查得。

当饱和蒸汽继续在等压下加热时，此时蒸汽比容增大，温度升高，超过饱和温度而成为过热蒸汽。超过饱和温度之值称为过热蒸汽的过热度。过热蒸汽的各种热物理性质也可由水蒸气表查得。

大多数热用户都采用饱和蒸汽作为热源，主要是利用蒸汽凝结所放出的汽化热。通常根据所要求得温度高低选用不同压力的饱和蒸汽。对于某些温度要求较高的热用户，也可以采用过热蒸汽，此时所利用的热量除汽化热外还包括蒸汽的过热热量。

锅炉是生产蒸汽的主要装置。热用户根据所需蒸汽温度、压力和流量来选定不同型号的锅炉。

热 水

热水是除蒸汽之外被用作热源的另一种二次能源。热水大多由热水锅炉提供，少数是由高温蒸汽将水加热而获得。

作为热源的热水，根据供热温度的高低可分为高温热水（温度高于120℃）和中温热水（水温低于120℃）。水作为热媒在高温状态下的某些性质明显优于低温状态，表现在：①高温水的比热容明显高于低温水，例如，100℃的饱和水的比热容比20℃时增加了11.5%，所以高温水比低温水有更大的蓄热能力，可以用较小的管道输送较大的热量。②高温水的动力强度比低温水低，例如，100℃的饱和水的动力强度比20℃时减少了71.8%，因为流动的摩擦阻力与黏度有关，因此在相同的条件下，输送高温水所消耗的泵功比低温水低得多。

使用高温水作热媒也有不利之处，表现在：①随着饱和温度增高，饱和压力迅速增高，例如，160℃的饱和水的压力比100℃时增加510%，这样采用热水的用热设备和管道必须是承压件，这样使初投资大大增加。一般认为，230℃是高温水的经济使用极限。②水的密度随温度的升高而减小，而膨胀系数却随温度增加而增加。这样就增加了热水系统结构设计上的复杂性，如不得不设置膨胀水箱。

电　能

电是应用最广的二次能源。电力工业既是国民经济的基础产业和"先行产业"，又是技术密集、资本密集和资源密集型行业。电能在能源工业中起着举足轻重的作用，而且电力发展水平也是衡量一个国家经济发达程度、能源利用率高低和综合国力强弱的主要标志之一。

世界发电量逐年增加，尤其是发展中国家更是如此。例如，1987年发展中国家的发电量为2.1×10^4亿千瓦小时，到1996年发电量增至6.0×10^4千瓦小时，10年增长了2倍。

目前，从发电形式看，火力发电仍占很大比重，约为65%，水力发电占18%，核电占17%。在发展中国家火电所占的比重更大：亚洲占72%，非洲占80%，中东地区火电所占的比重更高，达93%以上。

改革开放以来，我国电力行业发展十分迅速，全国发电总装机容量和年发电量均居世界第二位，成绩巨大，根据电力发展规划，到2010年全国电力总装机容量将达2.9亿千瓦。尽管如此，我国电力工业与发达国家的差距仍然明显。

焦　炭

焦炭是煤干馏（也叫煤的焦化）的高温产物，将炼焦用煤在焦炉炭化室内隔绝空气加热到1 300℃以上，得到的固体残留物就是焦炭。焦炭呈银灰色，焦块中有裂纹和孔泡结构，除有机成分外，还含有水分和灰分。

焦炭的主要用途是炼铁，少量用作化工原料制造电石、电极等。焦炭按不同的用途分为：冶金用焦、铸造用焦、气化用焦和电石焦等。

（1）冶金用焦：在高炉炼铁过程中既是主要燃料和还原剂，又是料柱的支撑剂和疏松剂。

（2）铸造用焦：主要利用焦炭燃烧时放出的热量来熔化铁。为防止熔铁时有杂质混入铁中，要求焦炭杂质少、含硫低、有较大的粒度且反应性较低，此外，还应具有一定的结构机械强度。

（3）气化用焦：一般利用生产冶金焦的小块作原料，生产水煤气或发生炉煤气，要求焦炭具有较高的反应能力。

（4）电石焦：是电石生产的炭素材料，每生产1吨电石约需焦炭0.5吨，要求电石焦粒度为3～20毫米。

炼焦是钢铁工业中最耗能的工序之一，为了节省炼焦能源，可以通过把入炉煤预热到较高温度，从而提高开始炭化温度，并减低焦炭排出温度，降低能量消耗；另外，回收发生煤气以及气体出口处排出的废气的显热也是减少炼焦能耗的途径之一。

焦炭生产中重要的一环是提高焦炭质量。焦炭质量可通过提高原料煤的结焦性能而得到提高，原料煤质量可通过快速预热煤炭并增加装炉煤的堆密度得到改善。煤的堆密度经过粉煤的干燥和压块后可以提高。

除了获得主要产品焦炭，焦炭生产还会得到焦炉煤气和多种煤化工产品，这些产品与国防、冶金、化工、电讯、交通运输等部门都有密切关系，是重要的原料。

汽　油

汽油是石油中的轻油馏分，石油常压蒸馏40～200℃的馏分即为汽油。汽油的主要成分为C_5～C_{11}的烷烃和环烷烃。由石油蒸馏得到的汽油称为直馏汽油，这是制取汽油的基本方法。另外，还可以通过重油的裂化制取汽油。重油裂化是制取高质量汽油的主要途径，常用的裂化方式有热裂化、催化裂化和加氢裂化。热裂化所得的汽油的辛烷值高于直馏汽油，因产物中含有较多的不饱和烃，其安定性不好。催化裂化所得的汽油的辛烷值可达80左右，安定性也比热裂化汽油好。加氢裂化可得到高辛烷值的汽油，但要在高压下操作，设备投资高，技术要求严格，因而没有像催化裂化那样得到普遍应用。

汽油主要用于汽化器或汽油发动机，是汽车和螺旋桨式飞机的燃料。汽油的质量指标主要有3个方面：蒸发性、抗爆性和安定性。评价汽油蒸发性的指标是馏分组成和蒸气压，汽油的抗爆性可用辛烷值度量，辛烷值越高抗爆性越好，安定性是指汽油在常温和液相条件下抵抗氧化的能力。安定性不好的汽油会最终导致辛烷值降低。

提高辛烷值制取高质量的汽油是汽油改性的主要目标，为此有两种基本的办法：一个是在汽油中加入添加剂，如抗爆剂四乙基铅等；另一种是通过石油馏分的化学转化来改变汽油的烃类组成。前者造成汽车尾气中含有剧毒物质——铅，为此我国在1993年提出无铅汽油行业标准，到2000年已经实现了汽油无铅化。美国从1975年提出汽油无铅化，到1996年全面禁止销售含铅汽油，用了21年时间；日本从1975年普通汽油无铅化，到1987年汽油全部不含铅，用了12年时间。我国的汽油质量升级，虽然起步比较晚，但发展速度很快。随着石油炼制技术，特别是各种高效催化剂的不断开发，以及环境保护的要求，石油的催化裂化、催化重整和小分子烷基化将成为高质量、高辛烷值和无环境污染的汽油生产的主要途径。

煤 油

煤油是一种精制的燃料，是石油在180～300℃范围内得到的蒸馏组分，挥发度在车用汽油和轻柴油之间，不含重碳氢化合物。常温下为液体，无色或淡黄色，略具臭味。煤油不溶于水，易溶于醇和其他有机溶剂。煤油易燃，与空气混合形成爆炸性的混合气，爆炸极限为2%～3%。一般沸点为110～350℃。不同用途的煤油，其化学成分不同，煤油因品种不同含有烷烃28%～48%，芳烃20%～50%，不饱和烃1%～6%，环烃17%～44%，碳原子数为10～16。此外，还有少量的杂质，如硫化物（硫醇）、胶质等。煤油按用途分为灯用煤油、拖拉机用煤油、航空用煤油和重质煤油。航空煤油主要用作喷气式飞机燃料，灯用煤油供照明用。煤油除了作为燃料外，还可作为机器洗涤剂及医药工业和油漆工业的溶剂。各种煤油的质量依次降低：航空用煤油、动力煤油、溶剂煤油、灯用煤油、燃料煤油、洗涤煤油。

随着航空事业的发展，喷气式飞机的使用日益广泛，喷气燃料的消耗量迅速增加，对喷气燃料的要求也更加严格。喷气燃料要有良好的燃烧性能、良好的热安定性、较低的结晶点、良好的雾化性和蒸发性。另外，燃料的馏分也有严格的要求，馏分越轻，燃烧性能越好，起动也越方便，但油箱质量和加油量减小，馏分越重，体积发热量越大，续航距离大，但不便起动，因此，喷气燃料的馏分必须根据各有关因素选定，目前一般用150~250℃的馏分。

航空煤油主要有3个来源：原油的蒸馏产物、掺和催化裂化的产物和利用加氢裂化装置生成的产物。在生产过程中辅以必要的精制，再加入改善其性能所必需的添加剂。目前喷气式飞机向超高速发展，要达到8倍音速，将使喷气燃料的开发面临新的任务。最有前景的航空燃料为液化甲烷和液氢，不仅热值高、安定性好，而且有很好的吸热冷却性能。另外，它们还是很好的清洁燃料。

柴　油

通过炼制加工，可以把石油分为几种不同沸点范围的组分。其中，在250~350℃的组分作为柴油，主要用于高速柴油机；在350~520℃的组分作为重柴油（也叫润滑油），主要用于低速柴油机。按石油产品的用途和特性，石油产品分为14大类，其中有一类叫燃料油，按燃料油的馏分组成，分为石油气、汽油、煤油、柴油、重油。柴油以前的各种油品统称为轻质燃料油。

在我国的工业、农业、交通和国防事业中，柴油的用量相当可观。柴油发动机是压燃式发动机，它与靠电火花塞点火燃烧的点燃式汽油发动机完全不同。柴油机和汽油机的爆震现象似乎相同，但产生的原因却完全不同。汽油机是由于燃料自燃点低，太容易氧化，过氧化物积累过多，以致电火花点火后，火焰前锋尚未到达的区域中的温和气体便已自燃，而形成爆震。柴油机的爆震原因恰恰相反，由于燃料自燃点过高，不易氧化，过氧化物积累不足，迟迟不能自燃，以致在开始燃烧时气缸内的燃料积累过多而产生爆震。因此，柴油机要求自燃点低的燃料，而汽油机要求使用自燃点高的燃料。柴油发动机具有压缩比大、燃料热转化为功的效率高、耗油少等优点，一般汽车用柴油机比相同的汽油机节约燃料30%左右（按体积算），但是，柴油中硫化物燃烧产生的硫氧化物排入大气，将造成严重的环境污染，所以，柴油车虽然比汽油车更省油，但是排放标准低，这是市场上柴油车不能普及的主要瓶颈。我国规定优质轻柴油含硫量不得高于0.2%，一级品不高于0.5%，合格品不高于1%，在质量标准上与国外先进水平差距较大。

柴油的来源主要有：一是原油的直馏产物，二是催化裂化柴油，三是利用加氢精制的方法将有些质量较差的柴油精制成合格柴油。对柴油质量的要求，最主要的是要有良好的燃烧性能。柴油的燃烧性能表示燃烧的平稳性，又称为柴油的抗爆性。燃烧性能越差的柴油，燃烧时滞燃期越长，压力增加越激烈，爆震越严重。评定柴油抗爆性的指标为十六烷值，我国规定轻柴油的十六烷值不低于45，重柴油的十六烷值没有规定。

重　油

重油是石油蒸馏在200~400℃的馏分，一般指燃料油或燃料油与柴油混合而成的中间油料。重油直接产品可分为渔船用油和锅炉用燃油两种，组成中含C_{15}~C_{25}。经过处理后可生产润滑油、柏油、石油焦、汽油、液化石油气、一氧化碳、丙烯等。

首先，可以在重油中分离出许多非常有用的馏分，但由于重油的沸点高达350~500℃，如果采用常压蒸馏，则重油在这么高的温度下会裂解为轻油而得不到想要的馏分，所以要进行减压蒸馏，即在降低压力的条件下加热重油，使重油在较低的温度下沸腾蒸发成气体，而得到各种变压器油馏分、轻质润滑油馏分、中质润滑油馏分和重质润滑油馏分，这些馏分统称为馏分油。

另外，由于内燃机的发展，汽油和柴油的用量猛增，直馏汽油和柴油已远远不能满足要求，将重油裂化是制取高质量汽油的主要途径。所谓重油裂化，是将重油等大分子烃类分裂成汽油、柴油等小分子烃类的一种炼制方法。最初的裂化是通过加热方法把大分子烃类转化成小分子烃的热裂化。为防止大分子烃在高温下蒸发，热裂化常在加压的情况下进行，压力一般在2兆帕左右，有的需要10兆帕。催化裂化是在硅酸铝和合成沸石等催化剂作用下使重油裂化成小分子烃，反应产物是C_4~C_9的烃类。加氢催化裂化是在370~430℃的高温、10~15兆帕的高压以及催化剂的作用下使直馏柴油、减压渣油等各种轻重油原料加氢反应。这种方法可去除原料中硫、氮的化合物，还可以通过裂化和异构化原料中的大分子烃获得高品质的油品，产品收率接近100%。

在重油的生产技术上，目前主要是使用蒸汽重力下水系统生产重油。加拿大政府最近通过技术伙伴计划，向卡尔加里Petrobank能源与资源公司投资900万加元，用于开发清洁重油生产技术，主要是就Petrobank公司开发的重油生产专利技术THAI™（Toe－to－He11 Air Injection）进行中试。Petrobank的项目将采用垂直空气注入井与水平生产井相结合的新燃烧工艺。井孔将用蒸汽预先加热，当空气注入时，立即发生自燃，产生的热量可降低油的黏性，使重油因重力进入水平生产井，燃烧面将覆盖整个水平生产井，使70%～80%的原油被提取出来，同时部分原油还可就地提炼。THAI™专利技术与蒸汽重力下水系统生产重油相比具有提取率高、生产成本低、天然气与淡水用量少、温室气体排放量减少等多种优势。

乙　醇

乙醇，俗名称为酒精，是仅次于石油的最引人注目的液态燃料之一。乙醇的沸点为78℃，热值约为2 930千焦/千克，抗爆性强，可经受7.5的压缩比。乙醇可以代替汽油，而发动机无需做较大改动，但乙醇给出的功率不大，因为功率与燃料的热值成正比。另外，自然界中不存在天然的乙醇，乙醇是由糖质原料或淀粉原料发酵制成，再通过蒸馏提取。它的原料是甜菜、土豆、谷物、各种含糖汁。发酵过程很缓慢，这些都是乙醇价格较高的原因。但在当前国际原油大幅涨价，国内汽柴油价格也开始上涨，在能源危机隐现的情况下，有关专家算了一笔账，结论是乙醇燃料的价格劣势已经出现扭转。专家们是这样计算的：生产1吨燃料乙醇需要3.1吨玉米，每吨玉米的价格是860元，那么，算上其他成本，每吨燃料乙醇的价格成本费至少3 000元。在汽油涨价之前，燃料乙醇的这个价格没有丝毫竞争力。现在汽油价格上涨，而国内的粮食价格又有所下跌，以玉米作原料加工的乙醇燃料每吨价格在3 300元左右，而汽油每吨价格是3 700元左右，利润空间开始出现。今后，一旦乙醇燃料规模化生产，使用成本无疑可以再次降低，乙醇燃料也将越来越便宜。

1999年，我国汽油消费量约5 000万吨，以加入15%的乙醇计算，需

750万吨，可消化粮食2 250万吨。而且乙醇的加入量可大可小，有很大的调节空间，如推广使用乙醇燃料，等于使政府"拥有一个巨大的粮食转化机器"，丰年多转化，欠年少转化。这样做不仅能增加农民收入，保护农民种粮的积极性，而且能很容易地把国家粮食储备保持在想保持的任何水平上，极大地减轻因粮食过剩而造成的数百亿元财政负担，彻底解决我国粮食生产、消费和储备上的一系列问题。从这个意义上讲，在出现石油危机、不能不从战略高度考虑能源短缺问题的今天，使用乙醇燃料既划算也大有必要。

乙醇燃料能否有朝一日取代汽油，成为汽车的主要动力能源呢？乙醇汽车不是什么新鲜事物，以乙醇作为汽车燃料的想法在很早就提出了，美国汽车大王亨利·福特就认为乙醇是最好的汽车燃料。20世纪70年代发生世界石油危机，油价上涨，巴西政府凭借产糖大国的优势，大力推行全国乙醇计划，利用甘蔗和木薯渣等制作乙醇。在汽油中掺入20%乙醇，可节约10%的汽油。这样，不仅降低了石油消耗，还减少了污染。从2002年开始，巴西加大了乙醇技术的开发力度，使乙醇汽车的销售情况呈上升趋势，2003年1至5月，共售出乙醇汽车18 514辆，占总销售量的3.8%。其中，巴西大众汽车公司开发出可单独使用汽油或乙醇，也可两种燃料混用的多功能引擎汽车，这就给消费者多一种选择余地，即在一种燃料短缺或价格不能接受的时候，可以选择另外一种燃料。近来，一些美国公司回收了大批过期饮料和生活垃圾，并从中提取含糖物质，以获取乙醇的生产原料，乙醇燃料的生产成本大大降低，其市面价格降至普通汽油的一半左右。同时，被遗弃的垃圾也得到了利用，环境污染也有所减轻。在我国，目前已经制定了燃料乙醇发展的产业政策，在8省推广乙醇燃料，这势必将缓解能源短缺、汽车尾气污染等问题。此外，乙醇燃料的触角已经伸向了航空领域。

乙醇代替汽油并不是什么天方夜谭，我们相信并期待着乙醇燃料能源时代的到来！

二次电池

传统的电池用完就被丢弃，不仅浪费材料，而且污染环境，如果换成可以重复使用的电池就可以很好地解决这些问题。于是，人们研究发明了二次电池，二次电池也称为可充式电池。当电池储存的能量用尽时，用一直流电源充电后，电池即可重新使用，直到不能再充电为止。最早问世的二次电池是镍镉电池，我们使用的手机、笔记本电脑、摄影机等大都使用的这种充电电池。目前，镍金属氢化物电池、镍锌电池、免维护铅酸电池、锂离子电池、锂聚合物电池等新型二次电池也备受青睐，在我国得到了产业化的发展。

二次电池的产生，有着时代和科技背景：信息科技和产业的发展日新月异，手机、笔记本电脑等便携式的电器层出不穷，电动自行车、电动汽车也悄然成了路面上的重要交通工具。这些移动型产品的开发，高度依赖这种能量高、可移动、资源节约、能反复充放电使用的小型绿色电源。二次电池的产生，一方面满足了市场的需求，另一方面，环境污染、资源枯竭的警示，使得人们不得不寻求绿色电源。电池中含有少量的重金属，重金属通过各种途径进入人体以后积蓄下来，难以排除，久而久之对人体的神经系统造成很大的伤害。二次电池与普通电池相比，增加了使用的周期，也就相当于减少了污染物的排放，对废弃的二次电池再进行回收利用，可以进一步减小对环境的破坏。

目前，二次电池产业化最发达的国家是日本。二次电池以其广泛的适应性和使用的可重复性在中国也拥有了广阔的市场。而且，二次电池与世界节约能源的思想相一致，无疑二次电池将会逐步替代传统电池而成为主导。

不可再生能源

根据能源性质不同，分为可再生能源和不可再生能源。可再生能源是取之不尽、用之不竭的；不可再生能源是指被消耗掉而在短时间内不可能再恢复的能源，如煤炭、石油、天然气、核能等都是不可再生能源。

煤炭、石油等能源中的能量是太阳能借助于光合作用以化学能的形式存在下来的，生物中储存的能量可通过氧化作用释放出来，其释放的速度大约与其积聚的速度相等。少部分动植物在未经完全氧化的条件下被埋藏下来并腐烂，经过几百万年的高温高压等复杂条件的作用，逐渐变成了各种形态的能源。例如，在潮湿、积水的环境中沉积下来的植物会发生细菌性腐烂，在受到泥浆、土壤及地壳变迁所造成的高温高压作用后，逐渐变成了煤；原油则是在缺氧的条件下腐烂和浓缩的各种海相沉积物生成的；天然气是地下岩层中以碳氢化合物为主要成分的气体混合物的总称，其形成过程更为复杂。

不可再生能源长期以来都是能源消耗的主要对象，在长期的利用过程中人们积累了丰富的技术和经验。但由于这部分能源本身具有的不可再生性和当今经济高速发展对能源所提出的更高要求，能源的供应和需求之间的矛盾日益尖锐。若以消耗的速度来衡量这部分能源，根据联合国2001年发布的数据，全球不可再生能源可开采期仅为：石油约40多年，天然气约60多年，煤炭约200多年。这个数字可能很粗略，不过，不可再生能源的枯竭肯定会发生在可预见的未来。

为了打破能源危机给经济社会发展带来的瓶颈影响，人们正大力推行对能源的节约，并加快了对不可再生能源的开发和应用，现在太阳能、风能、生物质能的发展已初具规模，全球范围的产业化大发展也指日可待。我们应该乐观地相信，在真正的能源枯竭到来之前，人类会为自己找到解决能源问题出路的。

能源的开发利用与可持续发展

科技的发展让人类的生活更加舒适和便利，但人类生活质量提高的背后意味着能源资源的大量耗费。现代社会发展的规模和速度，向能源资源提出了更高的要求。同时，人们也渐渐感觉到了过度开采和不合理使用能源资源所带来的困扰。

毋庸置疑，人类存在就要发展，能源的消耗是发展的必然代价。但是，除大气、太阳等环境资源以外，几乎所有的资源都是有限的，这就限制了人类的发展。另一方面，由于能源资源的使用，我们的生态环境已经遭到了严重的破坏，这让站在经济发展领奖台上的我们做不到心安理得地享受成功的喜悦，反而还感觉到了一丝忧虑。人总是善于思考的，环境如此发展下去，我们的后代还能生存发展吗？那我们今天取得的成就又有什么意义呢？所以，社会、经济不仅要发展，而且要可持续发展。

可持续发展应当"以人为本"，还包括能源资源、环境等各方面的可持续。能源的可持续发展，首要的问题是提高能源的采收率。在能源资源的开采过程中的确存在严重的浪费现象，能源的开采同时也是一个耗能的过程，提高了采收率就降低了能源的初级浪费。能源的可持续发展的关键是提高能源的利用效率。在资源十分有限的大环境下，提高能源利用效率无疑是最合理的选择。从中国的能源效率与世界发达国家的比较显示，我国的能源效率一般在30%左右，比发达国家低10个百分点，终端能源效率41%也比发达国家低10个百分点左右，而整个能源系统的总效率，我国却只有发达国家的一半。这也证明了提高能源采收率的重要性。提高能源的利用效率，不仅仅从总量上节约了能源，而且高的利用效率意味着高的产出和低的排放，在防治空气污染保护环境方面也具有不可估量的意义。走能源的可持续发展之路还要大力开发利用新能源及可再生能源。我国的新能源储量非常丰富，也具有了一定的技术和生产基地，但是应用的范围却比较窄。

能源的可持续发展，要求我们树立节能和环保意识，并在资源利用、产品开发过程中有所体现，让更多的绿色能源、绿色产品走进入们的生活。

五、节　能

节能概述

节能，顾名思义就是节约能源，这是从能源的角度来定义，也就是从能源的生产到能源的消费使用等各个环节最大限度地减少能源的损失和浪费；从经济的角度来说，节能是通过科学的管理、合理的规划以及技术水平的提高，逐步实现最大的经济效益。1997年通过的《节约能源法》对节能给出了更为科学的定义，即"节能是指加强用能管理，采取技术上可行、经济上合理以及环境和社会可以承受的措施，减少从能源生产到消费各个环节中的损失和浪费，更加有效、合理地利用能源"。

无论是我国还是全球范围，能源问题是一个备受关注的问题。在研究开发新能源的同时，节能无疑成为21世纪最具潜力的"特殊能源"，也有科学家称节能为"第五大能源"，与煤炭、油气、水能、核能等重要能源并列，可见节能的重要意义。

我们也应当避免一个误区：节能不等于"不用"或"少用"能源。"不用"或"少用"能源只是以牺牲生活质量为代价，其实不能叫"节能"，真正的"节能"应该是提高能源的利用率。

从我国的实际情况看，节能具有很大的必要性和可挖掘的潜力。到2020年，按照我国的煤炭储量和我国开采水平计算，最多能供应25.6亿吨标准煤，所以我们必须大幅度节能。我国节能的潜力怎样呢？从能源强度（即单位GDP的能耗）来看，为了比较，可以把世界平均水平定为100，我国为295，美国为96，日本为41，可见节能的潜力较大。从能源利用率来说，我们也有很大的差距，我国能源利用率是31%，欧洲的能源利用率是42%，日本的能源利用率是52%，美国的能源利用率是40%，所以我国一直对节能很重视。1999年，我国的能源政策是"资源节约和开发并举，把节约放在首位"，2004年国家又提出要建设"节约型"社会，党的十六届五中全会要求能耗要降低20%，这些目标都是很艰巨的。

对于节能我们应当做些什么呢？①研究开发具有节能共性的新技术和通用设备；②建立节能技术和高能效设备的基地，通过基地推动节能技术以及法规的实施；③在研究过程中解决制约节能问题的瓶颈问题，找出共性的东西，在节能的某个领域形成坚实的理论基础，从而获得国家原创的自主知识产权，并获得巨大的经济效益。

节能与社会的关系

我国地大物博、资源丰富，自然资源总储量居世界前列。但是，我国人口众多，约占世界总人口的21%，这样平均下来，人均能源占有量不到世界平均水平的1/10，能源资源相对匮乏。针对我国能源的现状，中国《新能源和可再生能源发展纲要》明确指出，节约能源，提高能源利用效率，尽可能多地用洁净能源替代高含碳量的矿物燃料，是我国能源建设遵循的原则。

在我国，节能成为解决能源问题的突破口，节能也被誉为"21世纪最具潜力的能源"。由于我国能源利用效率低，能源浪费多，这也意味着节能的潜力非常大。我国政府相继制定了许多能源法规，把节能提到相当高的程度。20世纪90年代以来我国的节能工作取得了显著成绩，能源消费呈良好发展趋势。我国以一次能源年均4%～5%的增长速度，保证了国民经济年均8%～9%的增长速度，实现了经济发展所需要能源的一半靠开发、一半靠节约的目标。但应该更清楚地看到，我国节能工作的成绩是在总体能耗水平较高的情况下取得的，与可持续发展的要求和国际先进水平相比，还存在很大的差距。

针对我国能源发展的现状，节能将是一项长期而且重要的工作，总结其意义如下：节能是我国经济和社会可持续、健康发展的一个重要措施，节约人类的资源，符合可持续发展的战略；节能可以促使企业加快科技更新，降低生产成本，提高经济效益。我国加入WTO以后，节能降耗是中国企业提高竞争力的重要措施；节能的同时还大大减少污染物的排放，减轻环境污染，对保护地球的生态环境起积极的作用。

节能与《节约能源法》

各国政府都非常重视节能，在完善节能的法律法规和制定相关的政策方面做了大量的工作。我国在1997年11月1日第八届全国人大常委会第28次会议通过、1998年1月1日正式施行了《中华人民共和国节约能源法》，为提倡合理用能、加强节能管理提供了法律依据。

（1）《节约能源法》明确规定了制定该法的目的是在全社会推进节约能源，提高能源利用效率和经济效益，保障国民经济和社会的发展，满足人民生活的需要，并且明确规定了适用的能源范围，并把节能规定为发展经济的一项长远战略方针。

（2）从能源管理方面对节能做了相关的规定。从能源管理、经营的角度看，节能包括政府的宏观调控和企业的经营管理两个方面。国家通过制定节能的标准来限制、淘汰一些用能过高的产品、设备，并对相关的用能单位实行重点管理。

（3）规定了合理用能的原则来加强节能管理。要求用能单位加强节能技术的培训，并且对生产用能产品的单位做了有关的要求。同时，国家鼓励、支持先进的节能技术，对于相关的节能技术开发，国家给予奖励和政策上的扶持；对于违反国家规定应用或生产高耗能产品的单位，国家将给予严厉的处罚。

各级政府、部门、各地区以及企业以此为基础也制定了相应的实施细则，但是我国在制定和贯彻有关节能的经济政策方面还有缺陷，能源价格偏低、节能工作金融调控手段偏软。以日本为例，为了推动节能工作，采用了加大节能项目的投资，倾斜节能项目的贷款并实行低利率的优惠，加重超标能耗的项目的税收，减轻节能项目的税收等金融政策，而我国这方面还不是很完善。

随着市场经济的发展和完善，企业也会逐渐重视节能工作，健全能源的管理机构，制定完善的能源管理制度，并把它们落实到生产组织管理中，对能源生产的整个过程进行监督、检测，以求达到最大程度的节约能源、降低生产成本，毕竟，效益是企业生存的终极目标。

能源的利用效率

人们利用能源的过程，就是能量转化和传递的过程。水力、煤炭、石油、天然气等自然界的物质须通过人工转化和传递才能被利用。例如，把煤炭、石油等转化成电力。

煤炭、石油等燃料要在各式各样的炉子里燃烧转化为热能。热能可以直接使用，也可以通过热机转化成机械能，然后输出使用。目前世界上有90%左右的能源是经过化学能到热能这个环节而被利用的。燃料的化学能在炉子内转化成有效热能的程度，称为炉子的转换效率。转换效率是能源利用的一种表示形式，电站锅炉为90%～94%，工业炉为50%～70%。煤炭或其他燃料在炉中燃烧后产生高温燃气，把热传给锅炉内的水，使水变成具有一定温度和压力的蒸汽。蒸汽进入气缸，在膨胀过程中，推动活塞，输出机械功。热能转化为机械能的过程比第一阶段复杂，其转化效率也随机器的性能不同而有所差别。一般来说，中间传递机械越多，损耗也越多，效率就越低。蒸汽机、燃气机等产生的机械能推动发电机，产生电流，发电机组也存在发电效率。所以，能源的利用效率要在特定的过程中来讨论。

抛开以上能量的转化过程，单纯地从热力学的角度来评价能源的效率，常用两种分析方法，即基于热力学第一定律的热量法和基于热力学第二定律的火用方法。热量法从能量转换的数量上来评价其效果，而火用方法从能量的质量（品位）来评价其效果。整个能源系统又有一个综合评价的标准，即能源系统的总效率。能源系统的总效率由开采效率（能源储量的采收率）、中间环节效率（加工转换效率和贮运效率）和终端利用效率（终端用户的有用能与输入能量之比）三部分组成，总效率的结果数值等于三者的乘积。

在20世纪末，专家估算我国的能源系统总效率约为9.3%，这个数字不及发达国家的一半。这说明，我国在能源有效利用方面，与世界先进水平相比还有相当大的差距。

节能涉及的方面

节能包括两方面的内容：一是节约能源，二是节约能量。

（1）节约能源：是在能源的开采、开发、运输、储藏过程中，尽可能减少不必要的损失，从源头杜绝浪费，节约天然能源。我们应该利用先进的开采技术，杜绝开采中的"采富矿，弃贫矿"现象，提高能源的开采率，采用先进的能源输送技术，减少运输过程中的能量损失，例如，采用超高压输电技术，利用管道输送石油、天然气等。

（2）节约能量：指在能源的转换利用过程中，不断提高能源的转化效率，做到物尽其用。这是深层次的节能工作，包括机械节能、电力节能、动力节能及化工节能等，涉及的范围十分广泛，动力、机械、冶金、纺织、交通、建筑、建材等领域都会涉及。其中最重要的方面有：①能量生产，主要包括采用先进的发电技术，提高发电效率，如煤气化联合循环发电（IGCC），可使煤发电效率达到50%左右；发展热能的梯级利用技术，实现不同能量的联供，例如，热电联产、热电冷联产；注意回收工业生产中的余热、废热等，大力推广热泵、热管等优秀的余热、废热利用设备；开展能源的综合利用，例如，建立坑口能源联合体，可将煤炭生产、电力生产、化工生产结合起来，充分利用能源。②动力设备，主要是指采用先进技术，使各种设备具有高效率；通过合理的设计和维护，使设备能够在其效率最高点工作。例如，泵与风机是两种耗电量非常大的设备，其耗电量可占到我国发电量的6%～8%。但目前我国泵与风机的效率普遍不高，提高它们的运行效率，可节约大量能源。③建筑，建筑能耗主要包括材料生产能耗、建筑施工能耗、使用能耗等，占我国总能耗的25%左右。我国建筑物中，节能建筑比例非常低，因此应大力发展节能建筑，采用优质的保温材料，提高供热效率，充分利用太阳辐射。我国的建筑节能具有非常大的潜力。④交通运输，要采用先进的汽车制造技术和发动机制造技术，降低汽车出厂能耗、运行能耗，实施汽车的能耗标识和节能认证制度。在城市大力推广公共交通、智能交通，适当发展轻轨铁路。⑤日常生活，在日常生活中，要养成节能的好习惯。例如，要使用能耗低的设备，如节能灯、节能冰箱等；夏天，空调温度不要设定得太低；不要长时间让电脑、电视处于待机状态等。

节能的途径

节能是一项复杂的系统工程，从能源的开采、运输到转换、利用等各个环节，都存在节能潜力。一个国家（或者一个行业、一个企业）的能耗水平与其自然条件、经济体制、生活方式、技术水平等因素都有关系。因此，"加大产业结构调整力度，推进技术进步，发挥市场作用，促进提高能源利用效率"是节能的方向。大力发展低耗能产业，调整企业地区分布，合理布局经济结构是我国节能的重要途径。采用科学的管理系统和方法也可以大大节约能源，其中包括政府的宏观调控和企业的经营管理。

利用先进的科学技术，对现有的生产方法、生产流程、生产工艺、生产设备等进行改进或改造，是当前节能工作的主要内容。目前，我国的能源利用率仅有30%左右，比发达国家低10个百分点。我国能源利用率比发达国家低的原因有很多，其中最重要的原因是能源利用技术上的差距。因此，采用先进的科学技术是节能的最重要的手段。采用先进的技术可以大幅度提高能源利用率，例如，我国目前火电的平均煤耗率在370克/千瓦小时以上，比发达国家高出50克/千瓦小时以上，发电效率只有35%左右。如果采用先进的发电技术，如超临界发电技术，煤气化联合循环发电技术（IGCC）等，可以大幅度提高能源利用率，从而达到节能的目的。

我国能源利用率远低于发达国家水平，GDP能源强度大，能源浪费就大，同时也意味着节能潜力大。只要我们对节能给予足够的重视，采取各种节能技术和措施，一定会取得显著的成果。

节能的评价标准

物质世界是一个统一的世界，万事万物都是相互联系、相互作用、相互影响、相互制约的，不会独立存在。因此，对节能的评价不能光从减少能源、能量的消耗来考虑，应从经济、环境、资源、舒适性、人体健康等多方面来考虑。例如，采用的节能措施不同，资源的使用量和使用种类也会发生改变，而不同资源的固有存量和价值是不同的。另外，材料回收和处理的难易程度也各不相同。从原材料的采掘、半成品的加工、成品的生产、运输、使用和处理的全过程都会放出或排放对环境有害的气体、液体或固体污染物，尤其是原材料的采掘会对自然生态系统产生不同程度的危害。

由此可见，节能是一个系统工程，要考虑到各个因素的相互影响，切实做到舒适性与节能之间的统一、能源与资源的利用与环境保护之间的统一、人体健康与节能之间的统一。对节能的评价有多方面，从节约能源的角度来评价主要包括以下几方面：

（1）能源消耗的总量，包括原材料的采掘，半成品加工，成品生产、建造、运行、维护，废弃物的处理全过程及这些过程中的运输总耗能。

（2）能源的稀有性，也就是能源在地球上的固有存量及其在国民经济中的地位。

（3）是否使用可再生能源。

合理使用能量的原则

根据热力学第一定律和第二定律，能量合理利用的原则，就是要求能量系统中能量在数量上保持平衡，在质量上合理匹配。从能量利用经济性的角度考虑，就是要尽量使系统的热效率和㶲效率接近100%。

能量在数量上保持平衡在实践中容易做到，根据热力学第一定律，没有足够的能量输入，就达不到人们所要求的生产和生活需求。同时，还要认识到输入的能量并不一定能够完全被生产和生活所利用，工业生产过程中工质跑、冒、滴、漏带走的能量，管道运输中能量的沿程损失、废热废物的遗弃等都是不可避免的，关键问题在于最大限度地减少这种非需求的能量损失。通常把这种能够在数量上表现出来的能量损失叫外部损失。工程上常常采用的余热回收利用、保温防漏、废副产物回收利用等都是减少能量外部损失，实现节能的重要措施。

根据热力学第二定律，能量是有品质的。电能和机械能的品质最高，热能的品质最低，其中，高温热能的品质又高于低温热能。高品质的能量可以完全转换为低品质能量，但低品质能量却只能有条件地部分转化为高品质能量，例如，热量可以自由地从高温热源流向低温热源，但却不能不负代价地从低温热源传向高温热源，要实现这一过程就必须消耗一定的功。

能量在品质上合理匹配，在很长一段历史时期被人们所忽视，即使现在往往也不被重视。工业实践中使用高压蒸汽通过减压阀来提供低压动力，生活实践中使用电热供暖就是典型的例子。把高压蒸汽和电能这种高"品质"能量直接转化为低压蒸汽和热能这种低"品质"能量，使能量中大量的㶲转化为炕，也是能量损失的一种形式。通常把这种不能从数量上表现出来、只能在质量上反映出来的能量损失叫内部损失。能量发生内部损失贬值到一定程度，往往难以利用而只好废弃，又引发能量的外部损失。所以，能量在品质上的合理匹配是不容忽视的。通过能量系统中㶲损失的分析，计算其大小，找出其发生的部位和原因，改进生产方法、设备、工艺流程或者采用新技术等都是合理匹配利用能量、实现节能的方法。

能源互补

无论是哲学、机械运动学还是能源利用学，都向我们传达了一个基本的认识：能源是一切物质形态运动、变化的唯一动力，故而是人类社会一切生活和生产活动得以进行的根本依据。然而，近百年来，随着人口的增长和人均能源消费量的增加，能源的供应已经不能满足人们越来越增长的需求量，能源危机不断出现，由此引起的地区冲突亦屡见不鲜。因此，寻求有效合理的能源利用方式以及新的能源形式已成为了各国的重中之重，各种研究工作方兴未艾，有的已颇见成效。

长期以来，人们在能源利用上一直都存在着利用形式较为单一的弊病，例如车辆就是燃用汽油、柴油，发电就是燃用煤炭等。这种利用方式虽然可使人们对某一种能源的利用方式、利用效率进行不断地探索与改进，从而达到对其认识的精确化及使用的极为合理化，但是某一种能源的总量总是有限的，人们习惯于使用的煤炭、石油、天然气资源更是如此，这就要求我们不断探索其他形式的可供利用的能源来进行及时的能源补充；另一方面，能源的分布往往在各地区之间是不均匀的，而某个地区又绝不可能只利用自己储量或产量较多的能源，故而使能源合理地在各地区之间进行流动，尽量同时满足各个地区的需求也是一项相当重要的任务；另外，一种能源在使用时总会有自身的缺点，如果经过合理论证和其他形式的能源同时互补使用，往往可以达到克服各自的缺点、发挥各自优点的作用。

近年来，各种形式的新能源层出不穷，人们对它们的研究也不断深化和系统化，有的已基本上可实现实用化。其中主要包括太阳能、生物质能、风能、水能、地热能、海洋能、核能、氢能等。这些形式的能源或可再生、清洁，或可大幅度减少环境污染，或来源丰富、储量巨大，总之，与常规能源相比具有极大的优越性。进一步对它们进行技术研发从而使利用简单化、费用降低，将是人们努力的一大目标。

在能源合理流通方面，人们也取得了一定的进展。例如，我国的"西电东送"、"西气东输"便是很好的范例；两广与云贵四省之间的"西电东送"、"东油西送"正如火如荼地进行。

在多种形式能源同时使用扬长避短方面，太阳能氢能系统是一种很好的方式，通过它可以实现一个完全可再生的无污染的燃料循环。

热能的节约

在人类的能源利用中有85%～90%是先转化成热能，然后再加以使用的，一次能源中热能资源也占了绝大部分，因此，热能是人类使用最为广泛的一种能量形式。

热能的获取方式主要有以下几种：

（1）燃料化学能：这是获取热能的最常规的方法。无论是燃烧木柴或煤炭用来做饭取暖，还是大型电厂燃烧化石燃料加热工质成蒸汽用来推动汽轮机发电，都是这种热能获取方法的体现。但是这种热能获取方法往往会造成严重的环境污染，因此，对燃料进行改质、改进燃烧过程以保证完全燃烧，从而减少对环境的污染，是一个重要的研究课题。目前燃料的改制措施主要有：煤气化或液化技术，包括新的气化方法及煤的地下气化的研究，水煤浆（CWN）的制备、运输储存、燃烧的研究，煤油混合燃料（COM），油页岩中油的提取，油的掺水乳化等。关于改进燃烧的研究有：固体燃料的沸腾燃烧、旋风燃烧，液体燃料的雾化燃烧、分层燃烧，新型燃烧装置的开发等。

（2）太阳能：太阳能作为一种来源丰富、对环境无污染的清洁能源，是一种很有潜力的新能源。太阳表面的温度高达6 000℃，故而可不断地向宇宙空间辐射大量的能量，虽然只有二十亿分之一到达地球大气层，但是功率也有174万亿千瓦，到达地球表面的约为47%，即81万亿千瓦，其中到达陆地的有17万亿千瓦。一年内地球接收太阳辐射的总能量约有1 018千瓦时，相当于地球上全部化石燃料能的10倍，全世界年耗能量的30 000倍。目前在太阳能的利用中存在的主要问题是太阳能能流密度低，且随季节、气候及地区不同而变化很大，太阳能利用装置制造、运行费用高等。主要的利用方式有4种：光—热转换、光—热—电转换、光—电转换、光—化学转换。

（3）核能：利用核反应时放出的热能是新能源利用的一条重要途径。核反应分核裂变和核聚变两种，其中1千克U-235核裂变反应可释放出6.95×10^{11}千焦耳的热能，即使只利用其中的10%，也已相当于2 400吨标准煤的发热量。目前核能利用主要是发电：通过冷却介质将反应堆释放出的热量去除，再在蒸汽发生器内将热量传给水，使水蒸发变成蒸汽，从而推动汽轮发电机组发电。可供利用的反应堆主要有沸水堆、压水堆、石墨气冷堆、快中子增殖堆等多种形式。蒸汽动力循环与一般的火电厂无大区别。

（4）地热能：在地层10千米内有1.05×10^{24}千焦耳的热量，相当于3.57×10^{16}吨标准煤，地热的形式分为热水型、蒸汽型、热岩和熔岩。地热的利用方式主要有直接热利用和地热电站。

（5）海洋热能：海洋的表面被太阳照射后，在1米深的海水范围内将被海水吸收掉80%的太阳辐射能，形成表面温度（25～28℃）与深处（500～1 000米，4～7℃）有15～20℃的温差，构成两个热源，因此，利用海洋的上下温差发电理论上是完全可行的，目前尚不能推广是因发电成本过高。

热力学第二定律表明，各种形态能量相互转化时存在明显的方向性，如机械能、电能等可完全转化成热能，但是反方向的热能转化为机械能、电能等，却不可能全部转化，转化能力受到热力学第二定律的限制，故而有了可用能的概念：热力系只与环境相互作用，从任意状态可逆变化到与环境相平衡状态时，做出的最大有用功称为该热力系的可用能。根据卡诺循环效率的表达式可知，一定量的热能能够转化为多少可用能，取决于这部分热能的温度，即温度越高，能转化成的可用能就越多；温度越低，能转化成的可用能就越少。也就是说，热能是有品质的，温度越高，热能的品质越高，能转化成的机械能就越多。

　　正因为热能是有品质的，实现热能的合理利用，不仅涉及热量使用的量上要节约，还涉及热量的使用应尽量做到"物尽其用"，应尽量实现热能的分级利用，即尽量减少因温差传热、摩擦等因素造成的热能温度的降低。在这方面，燃气蒸汽联合循环是一个极好的例证。首先，高温烟气在燃气轮机内做功，发出一部分电能，温度降低后的烟气再进入余热锅炉加热水变成蒸汽，然后蒸汽进入蒸汽轮机做功发电，这样就避免了燃烧所得高温烟气直接加热水造成的极大的温差损失。

　　现代大部分能源还无法做到分级利用，即使能够做到，根据热力学第二定律，也必然有一部分热量排入低温热源才能完成做功过程，这部分热量即通常所说的余热白白排入环境，不仅是一种极大的浪费，还造成环境污染。因此，如何充分利用这些余热就变得相当有意义。回收余热可以节约能源消耗，但是不能只单纯考虑回收。首先，要调查装置本身的热效率是否还有提高的潜力，提高装置的热效率会减少余热量，它可直接节约能源消耗，比通过余热装置回收更为经济有效。第二，应考虑余热回收能否返回到装置本身。如果可以的话，可以起到直接减少装置的能源消耗，节约高质燃料的效果，这比回收余热供其他用途（例如产生蒸汽）节能效果要大。第三，具体研究回收的方案。余热利用的总原则是，根据余热资源的数量和品位以及用户的需求，尽量做到能级的匹配，在符合技术经济原则的前提下，选择适宜的系统和设备，使余热发挥最大的效果。

　　热能利用中的新技术及设备主要包括余能的利用、多种能源联产联供技术、热管与热泵的利用。余能利用系统主要有干法熄焦余热利用系统、工业炉冷却水热量利用系统及炼油厂催化裂化装置再生烟气余能利用系统。多种能源联产联供系统主要有热电联产技术、燃气轮机热电联产系统、热电冷联供系统。热管具有传热量大、温度均匀、结构简单、工作可靠和无运动部件等特点，可用于余热利用、太阳能回收、空调等方面。热泵可将低温热量转化成高温热量，用于建筑物空调、干燥、产生蒸汽、供应热水等。

热　泵

　　所谓热泵，是指依靠消耗一定量的功，使热量从低温的周围环境转移到高温介质中的热回收装置。恰当地使用热泵，可以把大气、海洋、江河、大地蕴藏着的取之不尽的不能直接利用的低品位热能利用起来为人类服务。热泵本身虽不是自然能源，但它能把低温热量转变成有用热，故在这个意义上讲，热泵可称得上是"特种能源"。

热泵按热机的逆循环工作，从周围环境中吸取热量传递给高温介质，实现供热目的。热泵主要分为压缩式和吸收式两大类。

（1）压缩式热泵：主要由压缩机、冷凝器、节流阀和蒸发器四部分构成。汽态工质在压缩机内被压缩，压力和温度升高后从压缩机排出，进入冷凝器，经冷却介质冷却降温，放出热量，冷凝成液态。冷却介质吸收工质放出的热量，温度升高供热能用户使用。降温后的液态工质经节流阀膨胀至气化压力以后，进入蒸发器从低温热源吸取热量并气化成气态，再进入压缩机进行第二次循环。

（2）吸收式热泵：工作介质是两种流体的混合物：一种是挥发性的冷冻剂，另一种是液态吸收剂。冷冻剂在蒸发器中吸热蒸发，经过中间冷却器进入吸收器。在吸收器中，吸收剂吸收冷冻剂蒸汽成为浓溶液，并放出熔解热Q。然后该溶液由泵升压后，通过换热器进入发生器，向发生器中加入热量Q，使溶液中的冷冻剂蒸发，与吸收剂分离。剩下的冷冻剂在吸收剂中的稀溶液，经换热器降温和节流阀减压后返回吸收器，完成吸收剂的循环。冷冻剂蒸汽离开发生器后进入冷凝器，向冷却介质释放出热量Q后冷凝成液态。然后，液态冷冻剂经中间冷却器进一步降温，并经节流阀减压后进入蒸发器，开始新一次的循环。

热泵应用于工业，一般应具备以下条件：有合适的余热，供热温度和余热温度的差别不大，供热温度不太高。

热　管

在众多的传热元件中，热管是最有效的传热元件之一，它可将大量热量通过其很小的截面积远距离传输而无需外加动力。热管的原理最先是由美国的R. S. Gaugler（1944）提出，从20世纪60年代末用于宇航的热控制，扩展到近期的电子工业、余热回收、新能源及化学工程等方面，且收到了显著的效果。我国自70年代开始，也开展了热管相关方面的研究，目前热管技术工业化应用的研究发展迅速，学术交流活动也十分活跃。

热管是由什么组成的，其工作原理又是怎样的呢？热管主要由管壳、毛细多孔材料（管心）和蒸汽腔（蒸汽通道）组成。具体制作起来就是将管内抽成一定的负压后充以适量的工作液体，使紧贴管内壁的吸液心毛细多孔材料中充满液体后再加以密封。从传热状况看，热管沿轴向分为蒸发段、绝热段和冷凝段三部分。工作时，蒸发段因受热而使其毛细材料中的工作液体蒸发，蒸汽流向冷凝段，在这里由于受到冷却使蒸汽凝结成液体，液体再沿多孔材料靠毛细力的作用流回蒸发段。如此循环不已，完成热量由热管的一端传至另一端的任务。

尽管热管的组成和工作原理如此简单，可它具有十分优良的工作特性。首先，热管内部主要靠工作液体的气、液相变传热，热阻很小，具有很强的导热能力且温降很小。与银、铜、铝等金属相比，单位重量的热管可多传递几个数量级的热量。其次，热管可以独立地改变蒸发段或冷却段的加热面积从而改变热流密度，解决了其他方法难以解决的传热难题。再次，热管的环境适应性很强，热管的形状可根据热源和冷源条件不同进行相应的变化。例如，可做成电机的转轴、燃气轮机的叶片、钻头、手术刀等。

空冷技术

我国电力工业发展迅速，大容量火电厂和高参数大型火电机组日益增多。常规火电厂采用湿式冷却塔，塔内的循环水以"淋雨"方式与空气直接接触进行热交换，这种热交换相当程度上依靠水蒸发换热，因而带来大量的冷却水损失，这是电厂成为耗水大户的根本原因；另外，我国煤炭资源分布与水资源分布大相径庭，如何解决电站所需的大量冷却水是目前电站建设最为关注的问题。空冷技术的发展正是解决上述矛盾的有效途径，因此，发电厂空冷技术研究成为电站建设的热门课题。

空冷技术是指采用翅片管式的空冷散热器，直接或间接利用环境空气来冷凝汽轮机的排汽的一种冷却技术。与常规电厂相比，采用空冷技术的电厂，其最大特点是节水。目前国际上用于发电厂的空冷系统有直接空冷系统、带表面式凝汽器的间接空冷系统（又称哈蒙间接空冷系统）和带喷射式凝汽器的间接空冷系统（又称海勒式间接空冷系统）3种形式。

（1）直接空冷系统：其流程是汽轮机排气通过大直径的排气管道直接送入空冷平台上的空冷凝器内，空冷凝汽器下部的轴流风机使冷却空气由下而上渡过空冷散热器外表面，使空气与汽轮机排汽进行热交换，将排气冷凝成水，再由凝结水泵送回汽轮机回热系统。

（2）哈蒙式间接空冷系统：由表面式凝汽器和空冷塔组成。该系统类似于常规的湿冷系统，只是用空冷塔代替湿冷塔，散热器布置于自然通风冷却塔中，采用自然通风冷却方式。散热器与凝汽器水侧形成密闭式循环冷却水系统。

（3）海勒式间接空冷系统：由喷射式凝汽器和空冷塔组成。散热器以缺口三角形立式布置于塔底部外围，缺口处装有百叶窗，用来调节冷却风进风量。汽轮机排气在喷射式凝汽器内与冷却水膜混合冷凝，冷凝后的少量水进入机组凝结水系统，大部分凝结水由循环泵送入空冷塔散热器，与空气进行对流换热冷却，冷却后的水再进入喷射式凝汽器，进行下一个循环。

场协同原理概述

从能源利用率的角度来说，通过强化热交换器的传热能力来提高对热能的利用率就是"节能"。关于传热的强化物理机理一般可归纳为：流体边界区域与中心区域的混合，流体边界层的减薄和流体湍流度增强等。传统的传热强化技术普遍存在某些问题，例如，当增加流体湍流度、减薄边界层的同时，也使流体的流动阻力相应增加，从而增加了功耗，限制了某些工程的应用。这时，正需要一种新的理念来指导传热强化技术的发展。中国科学院院士过增元教授从流场和温度场相互配合角度重新审视流体换热的物理机制，并在此基础上提出了换热强化的场协同理论。该理论不仅能统一认识现有各种对流换热和传热强化现象的物理本质，更重要的是，能指导发展一系列新的强化传热技术。这种理论不但在思路上与现有的传热强化技术有很大的不同，而且在强化传热的同时，阻力增加情况也得到了很大改善，为工程应用和节能开辟了广阔的前景。

强化传热技术概述

强化传热是20世纪60年代蓬勃发展起来的一种改善传热性能的先进科

学技术，现已发展为第三代强化传热技术。强化传热在工业中有着极为广泛的应用，在能源的开发、利用和节约中起着重大作用。强化传热是研究什么呢？

大家对传热有着比较直觉的了解，我们生活周围无处不存在着传热问题，如烧水、做饭、暖气，等等。在现代科学技术领域里，如动力、冶金、石油、化工、材料、制冷以及空间、电子、核能等，也涉及加热、冷却和热量传递问题。在能源开发及利用中，热能的传递现象更普遍了。如果说传热学的主要任务是研究传播速率的话，那么强化传热研究的主要任务则是改善、提高热传播的速率，以达到用最经济的设备来传递规定的热量，或是用最有效的冷却来保护高温部件的安全运行，或是用最高的热效率来实现能源合理利用的目的。

强化传热具有如此广泛的应用，那么怎样才能实现强化传热呢？首先沿用传热公式进行分析，在表面式换热器中，单位时间内的换热量Q与冷热流体的温度差$\triangle t$及传热面积F成正比，即$Q = KF\triangle t$，其中K为传热系数，是反映传热强弱的指标。由上式不难看出，增大传热量可以通过增大传热温差、扩大传热面积和提高传热系数三种途径来实现。

增大传热温差，可以采取的方法有两种：①提高热流体的进口温度或降低冷流体的进口温度；②通过传热面的布置提高传热温差。当传热面的布置使冷热流体同向流动时，平均温差最小；当传热面布置成两种流体相互逆向流动时，平均温差最大。

扩大换热面积是增加传热量的一种有效途径。扩大传热面积并不是简单地通过增大设备体积来扩大传热面积，而是通过传热面结构的改进来增大单位体积内的传热面积，从而使得换热高效而紧凑。其中，采用扩展表面传热面是提高单位体积内传热面积最常用的方法。扩展表面传热有多种形式，如肋片管、螺纹管、板肋式传热面等。采用小直径的管子，并实行密集布管，也可达到相同的目的。

提高传热系数是增加传热量的重要途径，也是当前强化传热研究工业的重点内容。提高方式可通过处理表面、扰流元件、添加物、射流冲击、机械搅动、表面振动和流体振动等方法实现，例如，缩放管、弹性管束等新型换热元件在强化传热应用中都取得了良好的强化效果和巨大的经济效益。

强化传热方法繁多，选用强化措施及有关参数时，应全面考虑以下问题：效果有多大，费用多少，工艺复杂性如何，能否批量生产，能否保证强化传热性能持久有效，能收到多大的经济效益等。

保温材料

保温材料，是以减少热损失为目的而使用的导热系数小于0.14瓦/米开尔文的绝热材料。保温材料是绝热工程应用技术的物质基础，它在工业上，特别是在节能工作中占据十分重要的地位。现在面临能源短缺问题，世界各国都非常重视保温材料的开展。我国保温材料的工业化生产始于20世纪50年代，80年代以后得到了较快的发展，与此同时工艺装备水平也有很大提高。目前保温材料产品种类与国外相比应有尽有，但在产品结构、生产工艺、产量、质量、应用技术及应用领域等方面还存在很大差距。下面简单介绍几种常用于火力发电厂设备、管道及其附件的保温材料。

（1）硅酸钙：一种理想的硬质保温材料，以氧化硅（石英粉、硅藻土等）、氧化钙（也有用消石灰、电石渣等）和增强纤维为主要原料，经搅拌、加热、凝胶、蒸压硬化、干燥等工序制成。具有容重轻、导热系数小、外形美观、施工方便等优点；缺点是吸水性强，易破碎，在生产过程中耗能较多。

（2）矿棉与岩棉：这两种的性能和制造工艺基本相同。前者以工业废料高炉渣为主要原料；后者以玄武岩或辉绿岩或其他硅酸盐岩石为主要原料。其化学成分均为二氧化硅、氧化钙、三氧化铝和氧化镁。矿棉和岩棉不燃、无毒、容重轻、导热系数小、经久耐用、不易风化、对金属不腐蚀、原材料丰富、成本低、使用温度高；缺点是对皮肤有刺痒。

（3）硅酸铝纤维及制品：以焦宝石为主要原料，经过熔化、成纤、喷黏结剂、成形、固化等工序制成，是近几年来发展很快和应用很广的一种新型保温材料。硅酸铝耐温高，导热系数小，有一定抗拉强度，可受气流冲击，是高温区域使用的一种理想材料。

（4）玻璃棉：主要原料为石英石、长石、碳酸钠、硼酸等。玻璃棉按含碱量和纤维直径的大小可以分为多种，它的使用温度取决于其金属氧化物的含量。

（5）膨胀珍珠岩制品：珍珠岩是一种火山喷发的酸性深岩急速冷却形成的玻璃质岩石。近年来，随着各种保温材料的发展及珍珠岩制品的自身的缺点（如容重较大、导热系数也较大、破损率较高、吸水性强），珍珠岩制品的应用已逐年减少。

（6）复合硅酸盐保温涂料：是一种呈微孔网状结构的新型高效节能保温涂料，具有隔热性能好、黏结力强和耐久性好等优点。它比传统保温材料具有明显的优越性，如省去了支撑件，可现场涂抹，不受保温表面形状限制等。

保温材料种类如此之多，如何进行选材呢？事实上只要能够顾及到以下几点就可以了：保温材料本身的使用条件及特点，选材料经综合比较是否经济，保温材料的适用环境、部位，用导热系数和价格的乘积进行经济比选，在可满足使用和安全条件时，乘积最小的材料最经济。

电能的节约

节约电能是通过采取技术上可行、经济上合理和对环境保护无妨碍的一系列措施，消除供电和用电过程中的不合理和浪费现象，提高电能的有效利用率，达到电力供需平衡。目前，我国能源短缺，主要表现为电力供应紧张。由于供应不足，致使我国的工业生产能力得不到应有的发挥。为了缓和电力供应的紧张局面，一方面需要加快电力建设速度，增加新的电源；另一方面则要提高运行的发、变电设备的效率，实现计划用电以及节约用电。节约电能具有十分重要的意义，那么，节约电能的措施有哪些呢？分别从供电和用电两个方面进行分析。

（1）供电方面：电力网运行时，电能在输配电设备和线路中传输，线路和变压器中会产生损耗，这部分损耗一般占系统有功功率的15%～20%，是电流在输变电设备和线路流动中产生的，它由线路损耗和变压器损耗两部分组成。这一部分损耗是电能浪费的最主要方面，因此，降低这一部分损耗对节约电能来说意义尤为重大。具体采取的措施有：选择合理的线路路径，以使线路最短；合理选择导线截面，以降低线路和电阻值；合理确定供电中心，以减少变电所低压侧线路的长度；实行电网升压改造；选用高效低耗节能型变压器，以降低空载损耗和负载损耗；合理选择变压器的容量，以使变压器的效率达到最大。

（2）用电方面：除必须大力加强用电的科学管理外，还应搞好用电设备的技术改造；广泛采用节电新技术和新材料；采用高效节能新产品；改造旧设备，提高设备效率，提高功率因数；改造落后生产工艺，改进操作方法，提高产品质量和生产效率，降低产品的电耗；改造工厂供配电系统，降低线损率，合理使用现有设备，提高自然功率因数，安装无功功率装置，采取人工补偿措施，提高企业功率因数。

另外，根据供电系统的电能供应情况及各类用户的不同用电规律，合理地、有计划地安排和组织各类用户的用电时间，以降低负荷高峰，填补负荷低谷，尽可能地平衡三相负荷；充分发挥发、变电设备的潜力，提高电力系统的供电能力，最大限度地满足电力负荷日益增大的需要，从而实现电能节约。

发电效率

能源是经济和社会发展的动力，随着我国经济发展和人们生活水平的提高，对能源的总需求必然还会增加。我国一次能源消费结构，随着技术的进步和资源的变化，将会有所改变，但煤炭占主导地位的状况短期内不会改变，因此，提高煤炭利用效率已经成为我国可持续发展战略的重要组成部分。提高煤炭的利用效率，主要是提高燃煤火力发电厂的效率。发电厂的效率分为发电效率和供电效率（又称发电净效率）两种。发电效率是指发电机输出功率与单位时间中燃料送入热量的比值；发电净效率是发电机输出功率扣除掉厂用电功率后的值与单位时间中燃料燃烧送入热量的比值。

当前我国很大一部分火电机组容量偏小、参数偏低，使得平均发电煤耗率比发达国家高出60多克，发电净效率在33%左右，一年多耗煤约 6×10^{10} 吨，不仅浪费能源，还造成严重的环境污染。解决方法之一是发展超临界机组和超超临界机组。何为超临界机组呢？对于火力发电机组，当机组做功介质蒸汽的工作压力大于水的临界状态点压力时，就称为超临界机组，这种机组的发电净效率可达45%左右。工业发达国家非常重视发展超临界机组及超超临界机组，美国能源部1999年提出了火力新技术发展Vision计划，对15～20年后工程中采用的先进发电技术提出研发实施计划。计划所开发的超超临界机组的发电效率将高达55%，二氧化碳和其他污染物的排放减少30%。可见采用这种机组无疑对节约能源、减少污染具有非常重要的意义。解决方法之二，采用增压流化床联合循环发电技术，它是一种高效率、低污染的新型洁净煤发电技术，其重要特点是燃烧与脱硫效率高。解决方法之三，发展煤气化联合循环发电技术（IGCC），它是把煤气化和燃气—蒸汽联合循环发电系统有机集成的一种洁净煤发电技术。IGCC近期的发展目标是，使IGCC单机容量达到500～550兆瓦，净效率达到48%～50%，污染物排放达到常规燃煤电厂的1/10。IGCC长远目标是效率达到60%左右，污染物和温室气体排放量更低。未来IGCC将具有很高的能量转化效率、资源利用率和广阔的应用前景。

这三种技术的普遍采用，必将为我国经济发展和环境保护带来巨大的收益，成为我国经济、社会和环境持续、健康、协调发展的重要保障之一。这是一项非常重要的工业发展政策，必须及时确立，长期坚持。

输配电节电

我们通常只知道电厂发出的电力要通过输电线路输送到用户处，似乎道理很简单，其实，这中间的输送过程是很复杂的。首先变压器将电厂发出的电升为超高压电，然后再通过超高压输电线路、一次变电站、高压配电线路、配电变压器、低压配电线路等若干环节才能最终到达用户处，其间还可能有二次甚至三次变电站等更多的环节。输送电压是逐级降低的，输送距离越远则电压越高。例如，若城际输电电压为500千伏，城内则采用110千伏或更低的配电电压。发电厂内的发、供、用电设备和发电厂到用户之间的所有输配电线路及变电站、变压器等的总和构成了通常所说的电网。

电厂内的发、供、用电设备要用去一部分所发出的电能，这部分电能称为发电损耗。在电的输送过程中也产生电力损耗。这是因为输电线路存在电阻，当其中有电流流过时就会发热，使一部分电能以热量的形式散失掉了，这部分散失的能量是输配电线路的电能损失。同一段输电线路在输送相同功率的情况下，其功率损失为$\triangle P = (P/U)^2 R$。式中：P为输送功率；U为输送电压；R为线路电阻。

功率损失与输送电压的平方成反比，这是输电距离越远采用的输电电压越高的原因。另外，输配电过程中必然要用到的一种重要的设备——变压器也会产生数量不少的电能损失，一般来说，变压器损耗可占到全电网损耗的30%。综合起来，输配电过程中各种设备的损失，即人们通常所说的线损，可达发电量的14%～16%，按平均值15%计算，2003年我国全国发电量为1.9万亿千瓦小时，则线损电量为2 850亿千瓦小时，相当于一个4 600万千瓦电厂一年的发电量！惊人的数字警示人们，搞好电网中输配电过程中的节电工作，是一件需要引起全社会共同关注和努力的大事。

目前电网在这方面存在的主要问题很多：主网网架结构薄弱，有些线路导线截面偏小，经常超经济电流运行，有时甚至还短时超安全电流运行；调压手段落后，城网和农网的电压等级、供电距离、导线截面等与负荷水平不适应，改造任务繁重；城网退役的高能耗设备流入农网再用等。这些问题的存在使电网运行方式不合理，不灵活，电能质量特别是电压质量和用电可靠性得不到保证，不仅造成电能浪费，而且严重威胁着电网的安全运行。因此，应针对上述问题尽快采取一些有效的输配电节电手段，如选择合理的电压等级和确定变电层次，根据电源和负荷发展情况选择合理的导线截面积和供电半径，采用工艺先进、技术参数好、适应运行条件的变压器等。

特别值得一提的是，目前一项新的技术正在成为人们关注的焦点——超导电缆输电。我们知道，金属在温度低到一定程度时会具有超导性，即电阻接近零状态，这是令人兴奋的，因为用这种超导态的电线输送电能的话几乎不会有能量损失，从而节省大量的电能。但是，由于现在还没有找到在常温下就具有超导性的金属或合金，因此超导电缆输电还只是人们的一个美好的设想，希望不久的将来这个难题能被攻克。

电加热设备节电

电加热设备是通过把电能转换为热能，进行散热和加热、熔融或热处理等用途的设备，习惯上称为电炉。按照加热方式的不同，可将其分为电阻加热炉、电弧炉、感应炉、电子束炉等。此外，更加高效、可适应更苛刻条件的加热方式还有介电加热、等离子体加热、微波加热、远红外加热、激光加热、离子束加热等。

从电能利用的角度看，电加热设备可以说是一种节能的加热设备。但是，由于电能是一种二次能源，在生产、转换和输送过程中不可避免地要产生一定的损失，因此，从一次能源利用的角度看，采用电加热方式时一次能源利用率又很低。所以，只有在工艺条件（温度要求、杂质含量、温度控制精确度等）用其他热源不能满足要求时，才选用电加热设备。在确定选用电加热设备后，还应该注意采用一些有效的节电技术，尽量做到节能降耗，如在满足产品技术性能的前提下，改进工艺、简化流程，缩短加热时间；对旧式热处理设备进行节能技术改造；尽量使用结构合理、重量轻、数量少的夹具及料筐，以减少吸热损失；通过在炉子内壁喷涂高温节能涂料等方法强化炉内的热交换过程，提高炉子的热效率；充分回收利用设备余热等。

另外，注意加强对设备的管理也能收到明显的节电效果，以下是人们在实践过程中总结出来的一些有效的节电管理经验。①定期维护检修，减少设备热损失：电加热设备炉内温度高，炉门、炉盖、观察孔等处易发生烧损变形，使炉子密封不严，造成热损失。因此，加强设备的定期检查工作，及时封堵漏风部位是十分重要的。②实行集中生产，减少空载损失：在加热产品产量一定的情况下，开炉次数多，时间长，一次装入工件量少，都会引起一定的热损失，应进行合理调度生产，使炉子在满负荷情况下运行，以减少空载损失。③制定科学的工艺操作规程，严格按工艺要求进行操作。④加强定额考核，促进炉台晋升等级：科学合理地制定出各种产品的电耗定额，严格考核、奖惩兑现，是实现节能降耗的重要手段。

我国目前的电力供应形势决定了在选择和使用电加热设备时应该本着节能再节能的原则，让有限的资源发挥尽量大的作用。

电动机节电

电动机是利用带电导体会产生与所在磁场的相对运动这一原理将电能转换为机械能的一种装置，其结构主要包括两部分，即转子和定子。定子是电动机的固定部分，用于产生磁场；转子为电动机的旋转部分，由导体绕在转轴座上构成。导体绕组的排列方式决定电动机的类型及其特性。电动机在各个领域都有广泛应用，据统计，它消耗的电能约占全国总电量的60%～70%。然而，目前在一些企业中，由于管理水平低，技术落后，多数电动机处于轻载、低效、高能耗的运行状态，电能浪费十分严重。因此，电动机的节电工作就显得非常重要。为了更好地说明电动机的节电技术，了解一些关于电动机能量损耗方面的基本知识是必要的。

当电动机将输入的电能转换为输出轴上的机械能时，总要伴随一些能量损耗。这些损耗可分为恒定损耗、负载损耗和杂散损耗三大类。恒定损耗，是指电动机运行时的固有损耗，包括铁耗和机械损耗两种。它与电动机材料、制造工艺、结构设计、转速等参数有关，而与负载大小无关。与此对应，负载损耗的大小取决于负载电流及绕组电阻值。杂散损耗，则是除恒定损耗和负载损耗之外的其他种类的损耗。如果能够采取一些有效措施使各项损耗减小，便达到了节电节能的目的。

应该明确，减耗不能盲目地减，而应该着眼于损耗最大的一项。是恒定损耗占主要部分，还是负载损耗最严重？明确了这个问题，才有助于选择相应的手段，从而最有效地达到节电的目的。例如，通过增大导线截面积降低绕组电阻实现降低负载损耗；采用导磁性能良好的优质材料制作定子从而降低铁耗；选用优质、低摩擦轴承和高效风机以降低机械损耗等。通常这些节能降耗手段都要以成本增加为代价的，因此还要做好充分的经济比较。

以上是从改进电动机材料、结构等"硬件"方面的一些节能节电措施，其实，保持电动机的经济运行等"软件"方面的问题也是节电节能的重要环节。电动机经济运行是指电动机在满足生产机械运行要求时，以节能和提高综合经济效益为原则，选择电动机类型、运行方式及功率匹配，使电动机在经济效益最佳状态下运行。这就涉及电动机的选型问题，选型时应注意事项有：选择最适于负载的启动特性及运行特性的电动机；选择具有与使用场所的环境相适应的防护方式及冷却方式的电动机；计算和确定合适的电动机容量，使需求容量与被选电机的容量差值最小，从而使电机的功率被充分利用等。另外，当电动机不可避免地要处于轻载、空载时，运行效率必定很低，这时若采用电动机轻载节电器，可达到节能效果。对于处在重轻载交替工作状态的电动机，采用电动机绕组接线由△形接线变为Y形接线，是简捷易行的节能方法。

综上所述，无论是选用现成的电动机，还是设计制造某种电动机，只要肯动脑筋，总是有节电的方法存在的。

照明节电

电照明设备是电光源和灯具的组合，其中，电光源是把电能转换为可见光的装置，而灯具的作用则是固定光源，同时把光源的光能合理地分配到需要的方向，防止眩光和外力、潮湿及有害气体的影响。按照电光源的发光原理不同，分为热辐射型电光源和气体放电型电光源，电照明设备据此也分为两类。白炽灯是使用最早的一种热辐射型电光源，其最大优点是物体颜色的失真较少，但光效低、寿命短，人们通过在灯丝上加碳化物、硼化物，在灯泡内充以氪气或将灯丝改为双螺旋形的钨丝结构等措施制成节能型白炽灯，使其发光效率提高、使用寿命延长，一般来说，高效节能白炽灯与普通白炽灯相比可节电10%以上。另一种常见的照明设备荧光灯，正在越来越广泛地被人们在生产和生活中采用。日光灯就属于荧光灯的一种，它具有光线柔和、亮度高、结构紧凑、节电显著等优点。一只18瓦的球形荧光灯，其辐射可见光的能力相当于75瓦的白炽灯。其他如金属卤化物灯、钠灯等，都是近年发展起来的新型高效气体放电光源。

下面从几个方面谈谈究竟如何做好照明设备的节电工作。

（1）根据工作或生活场所的不同，确定合理的照明标准，从而选择合适数量及功率的照明设备，是提高照明用电效率、节约照明用电的前提，更有助于保障生产、生活正常进行，保护工作人员的视力等。

（2）使用白炽灯及荧光灯时，注意消除运行过程中的负荷不对称现象；及时调换已老化的灯泡；有条件时尽量采用专用变压器向照明装置供电，并调节电压使白炽灯运行在额定电压的状态，而荧光灯群的运行电压则越低越好。若荧光灯的运行电压降低5%，发光效率可提高2.8%；若运行电压降低10%，发光效率可提高6.5%。

（3）节约照明用电，不仅要采用各种高效照明灯具、照明光源，而且要大力推广使用各种照明节电技术、节电控制装置。例如，有一种对公共场所照明灯具等进行自动控制的ZK系列照明控制器，既能调节灯具电压，又能延时自动关灯，使用后可节电70%。

（4）加强照明器具的维护管理。各类照明设备使用一段时间后，会产生积灰、积垢现象，引起效率衰减。如果不及时清扫，则加大照明灯的容量或增加安装数量，造成浪费。

（5）根据各工作部位和生活场所的不同，合理确定照明方式。例如，采用均匀的一般照明方式，还是采用局部照明或移动照明？或是两种方式相结合？

家电及办公节电

近年来，全国缺电形势十分严重，很多地区，尤其是经济发达的东部、南部地区，在夏季用电高峰时往往要采取拉闸限电的不得已办法缓解用电紧张，这不仅严重制约了经济的发展，更给人们的日常生活带来极大不便。因此，每一个人，每一个家庭，每一个单位，都有责任在平时的工作生活中尽量做到节约电能，积极为全社会的节电工程尽一份力量。经济较发达的地区，人们的生活水平比较高，对电费不大在乎，更给地区的电力需求增加了压力。虽然生活用电仅占全社会用电的12%左右，但由于生活水平的日益提高，生活用电的增长速度已经有超过生产用电增长速度的趋势，尤其在用电高峰期更是如此。所以，"在日常生活和工作中节省每一度电"不是一句空话，需要实实在在地落实下来的。

有哪些好办法能使在家里也能时做到节约电能呢？下面推荐一些实用小窍门，利用它们不仅为社会大"家"节约电能资源，更为小家减少了电费开支。

（1）合理选择电视机屏幕的大小，不要盲目追求越大越好；控制电视机屏幕的亮度、音量，都是节电的有效途径；不要仅使用遥控器关机，否则待机功耗可达5~15瓦，为开机功率的10%左右。

（2）使用洗衣机时尽量集中洗涤衣物；脱水时恰当掌握脱水时间，因为脱水1分钟以后再延长时间脱水率也提高很少。

（3）将风扇放置在便于空气流通的门、窗旁边，可以提高降温效果，缩短使用时间，从而减少耗电量；风扇处于缺油状态，或风叶变形、震动时费电；相反，维护良好的风扇省电。

（4）尽量减少电冰箱的开门次数和时间；在盛夏，冰箱的冷藏室温度定为8℃比定为5℃每月少耗十几度电，且保鲜效果更佳；贮存食物不宜过满过紧，以利于箱内冷空气对流，使箱内温度均匀稳定，减少耗电；及时除霜，冰箱挂霜太厚会产生很大热阻，不仅制冷效果差，更使耗电量增加。

（5）使用空调不宜频繁启动；温度定为与室外温度相差4~6℃时最省电，对人体也最适宜。

（6）计算机主机关闭后，要注意及时关闭显示器并切断电源，才能算真正"关"机，否则待机功率可达5瓦。

许多省份发布通知，要求各级党政机关、事业单位和社会团体开展节能节电工作，体现了人们在这方面的意识逐渐增强。例如，要求各单位各部门淘汰高耗电设备，选购节能产品；尽量采用自然光，少开照明灯，杜绝长明灯现象；尽量减少开启和使用计算机、打印机、复印机等办公设备，下班必须关闭总电源；办公场所夏季空调温度控制在26℃以上并尽量缩短使用时间等。希望这些"条条框框"不只成为摆设，而要逐渐深入人心，作为一项制度长久保持下去。

总之，节电不仅是能缓解电能资源压力，更为全人类节省宝贵的能源；不仅在现在电力紧张的时期应该提倡，即使是电力资源富裕了的将来，也应该继续下去。

煤炭的节约

全球煤炭资源储量丰富，在世界能源结构转化过程中起着承上启下的作用。许多研究报告指出，在21世纪的能源结构中煤炭的比重将有所下降，但是煤炭产量的绝对值仍会保持增长。2050年前后，由于石油和天然气资源趋于枯竭，煤炭的液化和气化技术将迅速发展，煤炭资源可能超过石油天然气成为全球第一资源。为此世界很多国家未雨绸缪，开始开展洁净煤计划。据动态估计，煤炭可供人类继续开采150年，所以在大力发展洁净煤技术的同时也要有节煤意识。

在国内，为适应国民经济迅速发展的需要，近年来煤炭产量由12亿吨、14亿吨到17亿吨实现了大幅的增长，预计2020年的煤炭产量将达到25亿吨。尽管如此，供需矛盾仍没得到根本性地扭转，而煤炭开采量不可能

219

无限制地增长下去，同时煤炭产量的过快增长会给煤炭工业的发展带来沉重的压力和不良影响。

现在我国约60%的煤炭用来发电（美国约90%），提高燃煤电厂的效率是节约煤炭资源的重要途径。目前提高燃煤电厂效率最行之有效的方式是提高蒸汽参数，即出口蒸汽温度和压力，发展超临界及超超临界机组。欧美一些国家在此方面走在世界前列，欧洲有一批60万千瓦的超超临界发电机组已安全运行多年，采用二次中间再热，蒸汽参数为30兆帕，600℃/600℃/600℃，净效率可达48%，目前正在发展蒸汽参数为35兆帕，700℃/720℃/720℃的发电机组，并采用深海取水冷却，实现热电联产。美国正在发展的发电机组主蒸汽出口压力达到40兆帕，温度达到760℃。

除改进燃煤设备使煤炭得到清洁有效地利用外，还有其他方式实现煤炭的节约，如实现规模开发，提高集约化水平，最大限度地提高煤炭资源的回采率；推广洁净煤技术，提高煤炭资源的科技和价值含量；建立科学的煤炭资源保护制度，加强对煤炭资源开发总量的控制。

集中供热

世界上很多地区冬季都需要供暖，各个国家分散供热都占很大的比例，例如，我国目前用于分散供热的采暖锅炉和工业锅炉有50多万台，每年消耗煤炭4亿多吨。这种落后的分散供热方式给环境带来了极大的压力，加剧了温室效应，解决途径是以集中供热取代分散的小型供热锅炉，既节约能源又减少污染。

俄罗斯、丹麦、芬兰、瑞典、德国等国家发展供热较早，集中供热程度较高，热电联产比例较大。俄罗斯集中供热占全国总需求热量的70%，其中热电联产提供的热量占50%以上，采用的能源有煤、石油、天然气，也有核能、垃圾焚烧等。丹麦的集中供热占全国总需求热量的50%，其中热电联产提供的热量占30%。近年来我国也鼓励发展集中供热，目前全国668个城市中有286个城市建设了集中供热设施。年供蒸汽1.746 3 × 10^8吨，供热水64 684吉焦，总供热面积为8.654 0 × 10^8平方米，热力管道总长度已达32 500千米。在总共热量中热电联产占62.9%，锅炉房占35.75%，其他的占1.35%。城市民用建筑集中供热面积增长较快，全国集中供热面积中，公共建筑占33.12%，民有建筑占59.76%，其他占7.11%。

城镇集中供热系统由热网、热源、热用户三部分组成，它们之间相互联系又相互制约。我国城镇供热的热源主要有三种方式：热电厂、集中供热的大型供热公司、分散供热的小锅炉房，其他还有如核能供热、垃圾焚烧、燃气热电联产、利用地热采暖空调、太阳能空调、燃料电池用于采暖，以及农业秸秆和木材工业废料用于热电联产，但这些都应根据当地的实际情况进行优化对比后加以选择。热源的选择关系着我国集中供热能否实现环保和节能双重效益。

热电联产

工业生产过程以及居民采暖、热水供应都需要消耗大量的热水或蒸汽，如果这些热量都由用户自己解决，那就要建很多分散的小型锅炉房。小型锅炉不仅燃煤效率低、污染大，而且供热稳定性不好，对能源浪费极大，给环境带来很大的负面影响。

目前火电厂的锅炉虽然容量、效率都很高，但是汽轮机做功后的排汽温度仍然很高，所含热量约为锅炉吸热量的60%～70%，这部分热量需要由凝汽器中的冷却水带走，所以单独生产电能的过程中，燃料的利用效率也是很低的。研究人员尝试利用汽轮机做功后的乏汽给居民供热，实现了热电联产。热能和电能联合生产叫热电联产，它先将燃料的化学能转化为具有高压力和温度的高品位热能用以发电，然后将已在供热式汽轮机中做功后排出的乏汽对外供热，这样可以大大提高电厂的经济性。

从20世纪20年代以来，热电联产在全世界，尤其是丹麦、芬兰、瑞典、德国、美国等欧美国家得到长足发展，随后在亚太地区的澳大利亚、日本、韩国、菲律宾、中国等国家也有了一定的发展。欧盟各国热电联产仍有相当的发展潜力，热电联产发电量年增量约为2 300兆瓦，欧盟国家计划到2010年热电联产总发电量的翻一番。在美国，近年来热电联产发展迅速，政府实施了"能源效率调节税"，以鼓励提高能源的生产与使用效率，在税收方面给予优惠。在日本的能源供应系统中，主要以热电联产为热源的供热系统是仅次于燃气、电力的第三大公益事业。

发展热电联产的意义在于，热电联产节约能源，而且可以燃用小型锅炉无法燃用的劣质煤；众多分散的小型锅炉房烟囱低矮、热效率低，而且多集中于城市人口稠密的地区，危害严重，热电联产以大型电站锅炉取代小型供热锅炉，烟囱高、热效率高、除尘率高，可以大大改善对环境的压力。

联合循环发电

燃汽轮机是一种广泛应用的动力机械，其平均吸热温度较高，而蒸汽动力循环由于受材料耐温、耐压程度的限制，汽轮机进汽温度不可能很高。为进一步提高动力循环效率，可以利用燃气轮机平均吸热温度高而蒸汽轮机循环放热平均温度低的特点，将两种循环联合起来组成燃气—蒸汽联合循环，由此循环效率大大提高。

燃气—蒸汽联合循环发电有很多优点：大大提高电站的经济性；联合循环使用的燃料有石油、天然气、煤等，对环境污染相对较小；常规的燃煤蒸汽轮机电厂为减少二氧化硫的排放需使用脱硫装置，其安装费用约占电厂总投资费用的20%～25%，采用联合循环可降低投资运行费用；联合循环电厂不需要大量的冷却水，适用于少水或缺水的地区；联合循环机组自动化程度高，启停迅速。

从20世纪40年代燃气轮机投入商业运行，几乎同时有了联合循环，伴随着燃气轮机技术的迅速发展，联合循环技术不断进步，效率可达45%～55%，比常规的超临界凝汽式发电机组节省燃料10%以上。1998年，欧洲21个国家新增装机容量中81%采用燃气轮机及联合循环；美国近年来新增装机容量几乎全部采用燃气轮机及联合循环，据美国能源部估计，美国烧天然气的电厂发电量将会从1997年的5.09×10^{11}千瓦小时增加到2020年的1.582×10^{12}千瓦小时。当前全球每年增长的发电容量中有35%～36%是采用燃气—蒸汽联合循环机组。

我国从20世纪70年代初开始研制联合循环，天津第二热电厂用哈尔滨汽轮机厂生产的2.24兆瓦燃气轮机建成补燃余热锅炉型联合循环；1984.年又从美国CE公司引进第一套50兆瓦燃气—蒸汽联合循环机组；1996年7月23日正式验收了首套全部采用国产设备的51兆瓦余热锅炉联合循环机组。

20世纪70年代石油危机后，西方国家开始在燃气—蒸汽联合循环的基础上开发了整体煤气化联合循环发电（IGCC）。整体煤气化联合循环发机组，是在已经完全成熟的燃气—蒸气联合循环发电机组上叠置一套煤的气化和净化设备，将煤炭变成干净的合成煤气，以煤炭代替油或天然气，实现洁净煤发电。世界上第一台具有工业规模的IGCC机组1972年在德国克尔曼电厂建成，容量为170兆瓦，第一个完整地进行工业性试验研究的IGCC机组1984年在美国加州冷水电厂建成，1984～1986年用该机组对4个煤种进行实验，证实了IGCC技术发电的可行性。

联合循环发电无论从技术、经济、市场和环境保护方面都已成熟，具有巨大的市场潜力。

油能源的节约

一些经济学家认为，20世纪世界经济的快速发展是建立在廉价的石油基础上的，但是石油储量有限，许多研究报告指出，石油将于21世纪中叶趋于枯竭。根据BP Amoco石油公司发表的世界能源统计报告，截至2001年末，全球石油剩余可采储量为1.43×10^{11}吨，按2001年世界石油产量2.25×10^{9}吨计算，储采比约为40年。虽然随着科技的发展，可能会发现新的油气田，开采方式也会有所进步，但是关于石油将在21世纪中叶枯竭是众多研究报告共同的结论，所以节约石油资源已刻不容缓，与此同时科研人员也在加紧开发代油产品。

对于我国，石油能源的节约更加迫切。虽然我国资源丰富，但是人口众多，人均资源相对匮乏。我国人口约占世界21%，而石油储量仅占世界总储量的2.4%，人均石油能源仅为世界平均水平的十分之一。伴随着国民经济的飞速增长，对石油的需求量越来越大，如何保障能源安全问题，如何延长石油为我们服务的年限，如何减小对环境的压力，这是必须解决的问题。

内燃机节油

石油供应紧张，内燃机车的台数却不断增加，内燃机车所消耗的油量不断增长，所以，耗油大户——内燃机的节油就越来越受到人们的关注。

内燃机节油的方式有很多，在许多情况下，燃油效率与司机能否熟练操纵直接相关。合理适时地换挡是节油的一种方法；经常对喷油器进行清洗检修，提高雾化质量，改善燃烧性能，也可以提高柴油机的经济性；经常清洗空气滤清器、燃油滤清器，使燃烧状态达到最佳等都是达到节油目的的途径。

但是这些人为节油的方法毕竟是不稳定，还有什么技术上的节油措施呢？目前，研究人员开发了混合动力电动汽车，这种汽车通过限制发动机怠速、制动能量回收、降低发动机排量、提高发动机效率、提高发动机附件的工作效率等来提高车辆的燃油经济性。

使用掺合燃料及改质燃料也是内燃机节油的一种途径，如醇类燃料与柴油或汽油掺合使用；还可以在燃料中加入多种添加剂，使燃料具有良好的着火性、抗爆性、无腐蚀性等全面较优的性能。用柴油发动机替代汽油发动机降低油耗，是世界汽车工业发达国家大力提倡的方法。同时，研究发现，柴油机上燃用乳化油的节油效果良好，因而各国也在大力研究开发。

欧洲汽车工业提出如下技术措施提高燃料效率：采用直喷汽油机、直喷柴油机；开发新概念汽车，包括混合动力车、燃料电池车和生物燃料车等；改进传统汽车技术，如改善燃油喷嘴、自动变速器及发动机低负荷时的压缩比，减少机械摩擦、空气阻力和轮胎滚动阻力；采用发动机计算机控制技术等。

燃油锅炉节油

目前，一些发达国家通过强化燃烧和传热、改善燃烧器与炉膛的匹配、加强水处理、降低排烟温度以及提高自动化水平等措施，已将燃油锅炉的效率提高到95%，大大节约了油气燃料。而我国的燃油锅炉从20世纪80年代后期才开始迅速发展，有的是从燃煤锅炉的基础上发展而来的燃油锅炉，还有引进的燃油锅炉及国产燃油锅炉，这些燃油锅炉实际运行效率大多在86%～88%，与国外先进水平相比差距不小，因而节能潜力还是很大的。

我国的燃油锅炉节油即提高热效率的途径：

（1）选用新型节油燃油喷嘴：燃料油是经喷嘴到炉膛进行燃烧的。燃料燃烧好坏与喷嘴的结构及其操作有很大关系。目前，我国生产的喷嘴可分为两类：一是介质雾化喷嘴，一是机械雾化喷嘴。研究表明，正确选用燃油喷嘴可使锅炉效率提高2%以上，节油效果十分显著。

（2）利用燃油掺水节油新技术：燃油掺水乳化燃烧新技术，是节约能源的重要手段。采用该技术制备的乳化油可改善燃油的性能，使燃料燃烧得更充分。根据有关资料，乳化油在燃烧过程中，产生良好的油滴雾化，一般可节油8%～10%。

（3）回收利用烟气余热：利用烟气余热回收利用，提高燃油温度，可使品质较差的渣油替代原油。余热回收是在不改变炉体结构的情况下，在烟囱尾部旁通一个便于安装和拆卸的换热装置。利用高温烟气对换热管内的燃料油，以对流为主、辐射为辅的方式加热，从而达到利用烟气余热实现加热燃料油的目的。

（4）加强管理提高操作技术水平：及时检修标定锅炉监测仪表，保证锅炉用水水质标准。提高司炉工操作技术水平，杜绝"跑、冒、滴、漏"，并尽量使锅炉稳定运行在最佳状态。

除这些方法外，根据锅炉自身的特点进行其他的炉体改造也可提高热效率。

燃油掺水乳化燃烧技术

随着原油加工技术的不断发展，重油的质量越来越差，其中夹带的水分亦较高，严重影响了油的燃烧特性，为了有效地解决这个问题，人们提出了燃油掺水乳化技术。

所谓燃油掺水乳化燃烧，是指将燃油乳化，形成油包水颗粒，然后将这种乳化油经喷嘴喷入高温炉膛后燃烧，由于水珠的热容量小，受热首先汽化、膨胀，产生微爆效应，将外层油膜炸裂直接汽化（又称二次雾化），使其充分燃烧。良好的油滴雾化一般可节油8%～10%。

乳化油的燃烧能缩短燃尽时间，使燃料在炉膛中充分燃烧，具有降低排烟温度的功效。乳化油的作用不仅仅在于节油，乳化油燃烧时产生的水蒸气还具有"汽提效应"，能除去二氧化碳、氮气等燃油火焰外围形成的气膜，对传热表面起清洁作用，这样能减轻结焦与积碳现象。同时能实现低氧燃烧，显著降低二氧化碳、氧化氮等物质的生成，对设备有防腐作用。

既然乳化油有如此的功效，它是如何制成的呢？燃油掺水乳化技术一般分为两类：混即用型和制成乳化油型。混即用型，是制备乳化油的同时进行燃烧利用，具有乳化组织均匀、燃烧效果好、掺水率较难稳定的特点；制成乳化油型，是将制成的乳化油储存在油罐中，然后再将乳化油作为燃油燃烧，它具有掺水率恒定，但添加剂量较多、成本高等。

按掺水方式燃油掺水乳化过程分为自然掺水、动力掺水和自控掺水3种类型。

（1）自然掺水系统：一般需要两个水箱交替使用，一个预制，一个使用。在水中加入多功能添加剂，并将水温加热到80℃左右，由流量计控制流量，重油和水共同流过油泵并在油泵中进行初混，再经静混器静混后形成乳化燃油直接燃烧。静混器旁路是为静混器检修时考虑的。

（2）动力掺水系统：动力掺水系统是在自然掺水系统中流量计后面增加一个水泵。当水的自然压力小于油压时，水就不能掺入油路中，因而需要用泵（计量泵）将水强制注入。

（3）自控掺水系统：在水箱中配好多功效添加剂，当智能水箱中的水位达到第一个指定的位置时，水泵自动启动，水位向上升到第二个指定的位置时自动关闭，温度传感器控制智能水箱中的水温，再用电磁阀控制流量，一定流量比的水和油经油泵进行初混，再经静混器静混形成乳化油燃烧。

近年来，燃油掺水乳化燃烧技术得到了很好的发展，节油的效果是肯定的，所以该技术应用前景广泛。

水煤浆代油技术

随着石油危机的发生，人们开始将目光转向了煤，开始重视煤替代石油的技术，即水煤浆代油技术。水煤浆可以像油一样管运、储存、泵送、雾化和稳定着火燃烧，其热值相当于燃料油的一半，因而可直接替代燃油作为工业锅炉或电站锅炉的直接燃料；水煤浆代替石油技术可以利用原有设备，改动量小，投资少。

水煤浆是如何制备的呢？一般生产水煤浆的方法有干法、干湿法和湿法制浆三大类。由于干法和干湿法的能耗高，制浆效果不如湿法，因而近年来工业中常用湿法制浆。

水煤浆的制备需要通过对煤炭颗粒、水和添加剂等原料进行洗选、破碎、磨矿、搅拌、混合、过滤、调浆等工艺来完成。

（1）洗选：通过洗选对煤进行净化，除去煤中的部分灰分和硫等杂质。一般选煤放在磨矿之前，但有时煤须经磨洗方可分离出杂质，这时可采用先磨矿后洗选的工艺。

（2）破碎和磨矿：这是制浆过程中最为重要也是能耗最高的环节。在湿法制浆中，通常将水、添加剂和破碎的煤粒混合后进行湿磨，使其达到要求的粒度，并使其分布具有较高的堆积效率。

（3）混合和搅拌：混合和搅拌是使煤浆混合均匀，并使其在搅拌过程中经受强力剪切，加强添加剂与煤粒表面的作用，改善其流变性能。混合一般用在干磨或中浓度磨矿之后，使其磨制后的产物经过滤机脱水所得的滤饼与分散剂均匀混合，形成具有一定流动性的浆体，便于后续搅拌。

（4）过滤加工：在装运储存之前，对工艺过程中产生的粗颗粒或其他杂物进行过滤脱除，以免对水煤浆的输送和燃烧带来影响。

水煤浆的制作工序如此麻烦，不仅是为了代替锅炉用油，它还是理想的气化原料，产生的煤气可以用于煤化工或用于联合循环发电；对于特制的精细水煤浆，还可作为燃气轮机的燃料使用。发展水煤浆技术具有十分重要的意义。我国从1981年开始实验研究水煤浆，1983年5月在浙江大学实验台架上首次实现水煤浆稳定燃烧。目前国内最大的烧水煤浆锅炉为华能白杨河电厂改造的230吨/小时燃油锅炉。

水煤浆技术涉及多门科学，它包括煤浆的制备、储运、装卸、燃烧等技术。虽然我国在水煤浆技术的各个领域都已经取得了很好的发展，但由于它作为一种特定的技术，其应用范围有一定的限制，其缺点也很突出，例如，水煤浆的制备和运输要消耗较多的电力和水，制备1吨水煤浆耗电46~60千瓦小时；所选用的煤炭是较优质的煤等，因而对大型燃油锅炉不适于改用煤粉时才有意义。

油气混烧

油气混烧技术在我国的一些钢厂中常用，利用厂里富余的高炉煤气与重油在加热炉内混合燃烧，能够充分利用能源，提高燃料的利用率。

韶钢第三轧钢厂为了充分利用公司富余的高炉煤气，提高公司能源利用的整体水平，减少对环境的污染，减少燃用高价重油，提高整个公司的经济、环保和社会效益，于1998年10月完成了对第三轧钢厂的1号加热炉油气混烧改造。改造后根据运行情况又进行了一些改进和维修，最终加热质量有所提高，钢坯黑印减少，有利于提高产量和成材率。由于合理有效地利用了公司富余的高炉煤气，以气代油，不但降低了公司高炉煤气放散，同时也减少了燃烧重油而产生的有毒含硫烟气，起到了减轻污染、保护环境的双重效果，社会效益也相当可观。

江西南昌钢铁有限责任公司小型厂有一加热炉，为三段式侧出料油气混烧推钢式加热炉，设计燃料为重油或混合煤气（焦气：高气 = 1∶2）。长治钢铁（集团）有限公司轧钢厂有一座三段连续推钢式加热炉，燃料结构为重油及高炉煤气混合燃烧。

延安炼油厂于1997年4月，通过技术改造，首次在催化重整加热炉成功使用了油气混烧技术，获得了很好的经济效益和社会效益。延安炼油厂的15万吨/年催化重整装置于1996年底建成并投产，重整加热炉原设计以液化气作燃料。每天烧掉液化气约35吨。而装置自产的30吨/天干气量少，且含有80%以上的氢气（没有柴油加氢装置，宝贵的氢气无法利用），不敢贸然使用，只能放火烧掉，这样大大增加了重整的加工成本。形势所迫，对加热炉进行了油气混烧技术改造。油气混烧技术在催化重整加热炉上实现了安全、平稳长期运行，该技术既保证了炉出口温度在 ± 1℃波动范围内稳定操作，又节约了大量的能源，减少了污染。

交通运输节油

国际能源机构（IEA）的研究报告指出，2000年全球约50%的石油消耗在运输部门，到2020年全球运输用油将占石油总消耗的60%以上。运输用油将是未来全球石油需求增长的主要驱动力。在石油危机的威胁下，开发新型交通工具和技术，提高运输的能源效率，以减少对石油的依赖程度已成为一种必要。

交通运输节油开发技术及采取的措施主要表现在4个方面：

（1）汽车节油技术的发展：①研究发现，车体质量每减重10%，能耗降低6%～8%；减少10%的滚动阻力，油耗减少3%；车轴、变速器等传动效率提高10%，油耗降7%。因而通过改进发动机的设计提高燃烧效率、改进外形设计降低空气阻力以及采用新型材料减轻汽车质量等措施可降低油耗。②柴油发动机替代汽油发动机，燃烧效率比汽油机的燃烧效率高，功率大，因而节能性好。世界汽车工业发达国家对柴油发动机给予高度重视，车用动力"柴油化"已成为一种趋势。③提高润滑油的质量和性能，是汽车节油不可忽视的一个重要方面。高档润滑油的使用可延长汽车的换油期，节省大量的润滑油，还能改善发动机的磨损和机油消耗，提高燃油经济性。

（2）改变运输结构、优化城市交通系统：不同的交通工具能效也不同，使用同样油品，船运效率为45%，柴油机火车为30%，而汽车仅为25%，因而以水运、铁路代替汽车公路运输有利于节油。同时加强物流管理，合理组织汽车运输，有效利用返空车，以降低空载率，也有利于节油。

在城市交通方面应因地制宜发展轻轨、地铁、电车和高架火车等多种现代高效交通方式，为市民提供快捷、便利、舒适的服务。如此将极大地减少私人汽车的出行，缓解交通拥堵，减少燃料的消耗和二氧化碳的排放。

（3）车用替代燃料的发展：目前全球替代燃料汽车已经形成了相当规模。例如，车用天然气代替油燃料在国际上已大量应用；巴西已大量应用车用乙醇燃料，我国车用乙醇代汽油的技术也正在推广中；国外和我国山西省已在汽油中大量掺用甲醇，效果较好；纯甲醇燃料车也在开发中；电动车减污效果最好，我国也已推出了大量的电动车。

（4）产业的合理布局可以减少运输量，从根本上降低运输用油：例如，产煤大省的煤炭主要靠火车和汽车外运，如果在产煤区就地发电并利用当地原料生产电解铝、铁合金或其他高电耗产品后外运，则可大幅度节约运力和运输用油。农业大省因地制宜发展农作物深加工，非产棉地区的纺织工业向新疆等产棉区转移，都将利于节约运力和运输用油。

为实现交通运输节油的目标，开发节油型汽车和降低燃料消耗是关键。同时，应进一步优化城市交通运输结构，大力发展便捷、高效的公共和轨道交通，减少私车出行，以缓解大中城市交通紧张的压力，减少交通用油。

图书在版编目（CIP）数据

走进能源王国/程林主编.—济南：山东科学技术出版社，2013.10（2020.10重印）

（简明自然科学向导丛书）

ISBN 978-7-5331-7040-0

Ⅰ.①走… Ⅱ.①程… Ⅲ.①能源－青年读物 ②能源－少年读物 Ⅳ.①TK01-49

中国版本图书馆CIP数据核字(2013)第205774号

简明自然科学向导丛书

走进能源王国

ZOUJIN NENGYUAN WANGGUO

责任编辑：王洪胜

装帧设计：魏　然

主管单位：山东出版传媒股份有限公司

出 版 者：山东科学技术出版社

地址：济南市市中区英雄山路189号

邮编：250002　电话：（0531）82098088

网址：www.lkj.com.cn

电子邮件：sdkj@sdcbcm.com

发 行 者：山东科学技术出版社

地址：济南市市中区英雄山路189号

邮编：250002　电话：（0531）82098071

印 刷 者：天津行知印刷有限公司

地址：天津市宝坻区牛道口镇产业园区一号路1号

邮编：301800　电话：（022）22453180

规格：小16开（170mm×230mm）

印张：15.25

版次：2013年10月第1版　　2020年10月第3次印刷

定价：29.00元